浙江省普通高校“十三五”新形态教材

自动控制原理

（微课版）

主编　赵晓东　彭冬亮

参编　陈张平　郭云飞　范影乐
　　　马玉良　骆吉安　李　真

西安电子科技大学出版社

内 容 简 介

本书以控制科学与工程中广泛应用的经典控制系统理论及应用为主要内容，按照60学时、30讲进行教学内容编排，系统介绍了自动控制的基本概念、系统数学模型；控制系统的时域分析法、根轨迹分析法、频域分析法和校正方法；线性离散控制系统分析与校正、非线性系统分析。本书以纸质教材为载体，嵌入精讲视频、拓展阅读、主题思考、实例分析、随堂练习、单元作业等资源，以期将教材、课堂、教学资源三者融合，方便读者通过扫描二维码进行多样化的自主学习和个性化学习。本书在任务区域给出任务完成的思路提示并留白，使教材同时成为笔记，让学习者可以留下思考和实践的痕迹。

本书适合作为高等院校自动化相关专业“自动控制原理”课程的教材，也可作为自动化相关专业不同层次培训的教材和参考书，对工程技术人员也有一定的参考意义。

图书在版编目(CIP)数据

自动控制原理／赵晓东，彭冬亮主编. --西安：西安电子科技大学出版社，2023.11
ISBN 978-7-5606-6791-1

Ⅰ. ①自…　Ⅱ. ①赵…　②彭…　Ⅲ. ①自动控制理论—高等学校—教材
Ⅳ. ①TP13

中国国家版本馆CIP数据核字(2023)第047653号

策　　划　陈　婷
责任编辑　陈　婷
出版发行　西安电子科技大学出版社(西安市太白南路2号)
电　　话　(029)88202421　88201467　　邮　　编　710071
网　　址　www.xduph.com　　电子邮箱　xdupfxb001@163.com
经　　销　新华书店
印刷单位　陕西天意印务有限责任公司
版　　次　2023年11月第1版　2023年11月第1次印刷
开　　本　787毫米×1092毫米　1/16　印张　16.5
字　　数　389千字
定　　价　42.00元
ISBN 978-7-5606-6791-1/TP

XDUP 7093001-1

前　言

自动控制技术广泛应用于先进制造业、航空航天、国防军工、现代农业等领域，随着人类社会的不断进步，自动化装置在今天的社会生活中几乎无处不在，社会对掌握自动控制技术的应用型人才的需求也越来越大。自动控制原理是研究自动控制基本规律的科学，是分析和设计自动控制系统的理论基础，也是控制类专业的基础课程，是运动控制、过程控制、机器人控制、人工智能控制等课程的最重要的先修课程。本书以控制科学与工程中广泛应用的经典控制系统理论及应用为主要内容，介绍自动控制的基本概念、系统数学模型，控制系统的时域分析法、根轨迹分析法、频域分析法和校正方法，线性离散控制系统分析与校正、非线性系统分析。

自动控制原理具有极强的工程应用背景，因此本书内容的编排注重基本概念和基本方法的阐述，简化繁琐的理论推导，侧重系统分析和设计方法，加强理论联系实际的应用案例分析，力求做到内容精练、概念清晰、循序渐进、联系实例，使读者更容易将基础理论和具体工程应用实例相融合。同时本书案例大量采用 MATLAB 进行仿真分析和控制器设计，有助于培养学生今后进行控制系统计算机辅助分析设计的能力。

随着互联网的发展，人们的学习模式发生了很大的改变。本书作为适应新时代学习要求的专业课程教材，改变了传统自动控制原理教学授课模式，采用基于移动互联网技术的线上线下混合课堂形式，按照 60 学时、30 讲进行教学内容编排。以纸质教材为载体，嵌入精讲视频、拓展阅读、主题思考、实例分析、随堂练习、单元作业等资源，由全体参编人员分章节完成数字资源的录制和建设，以期将教材、课堂、教学资源三者融合，方便读者通过扫描二维码进行多样化的自主学习和个性化学习。本书在任务区域给出任务完成的思路提示并留白，使教材同时成为笔记，让学习者可以留下思考和实践的痕迹。

本书在编写过程中查阅和参考借鉴了大量文献资料和相关教材，并得到了国内相关专家学者支持与建议，在此谨向上述作者和专家致以诚挚的谢意。由于时间仓促，加之水平有限，书中疏漏和不足之处在所难免，敬请广大读者批评指正。

编　者

2023 年 8 月 8 日

目　　录

第 1 讲　自动控制系统简介与实例

学习内容

(1) 自动控制系统的定义。

(2) 控制系统的基本组成。

(3) 自动控制系统实例。

学习目标

(1) 熟悉自动控制一般概念，掌握反馈控制原理。

(2) 了解控制系统的基本组成，熟练划分相关组成元件与功能。

(3) 熟悉自动控制系统实例，能够从工程案例中得出控制系统框图。

随着生产水平和科学技术的发展，自动控制技术在国民经济和国防建设中所起的作用越来越大。从最初的对机械转速、位置的控制到工业过程中对温度、压力、流量的控制，从远洋巨轮到深水潜艇的控制，从飞机自动驾驶、神舟飞船的返回控制、“天问一号”火星登陆，到神舟飞船与“天宫一号”的交会对接，以及“嫦娥”登月和“玉兔”月球漫步，自动控制技术的应用几乎无处不在。从电气、机械、航空航天、化工到经济管理、生物工程，自动控制理论和技术已经介入到许多学科，渗透到各个工程领域。

拓展阅读

1.1　自动控制系统的定义

自动控制是指在没有人直接参与的情况下，利用外加的设备或装置(称为控制装置或控制器)，使机器、设备或生产过程(统称为被控对象)的某个工作状态或参数(即被控量)自动地按照预定的规律运行。

为了实现各种复杂的控制任务，首先要将被控对象和控制装置按照一定的方式连接起来，组成一个有机整体，这就是自动控制系统。在自动控制系统中，被控对象的被控量可以是要求保持为某一恒定值，如温度、压力、液位等，也可以是要求按照某个给定的规律运行，如飞行航迹、工艺曲线等。为实现对被控量的精确控制，控制装置需要不断地从被控对象获取反馈信息，用来不断地修正被控量与期望值之间的偏差，从而实现对被控对象进行控制的任务，这就是**反馈控制原理**。反馈控制的概念是自动控制中最重要、最基础的概念。

人本身就是一个具有高度复杂控制能力的反馈控制系统，人的一切活动都体现出反馈控制的原理。例如，人用手拿取桌上的书，司机操纵方向盘沿道路行驶等，这些日常生活中习以为常的动作都渗透着反馈控制的原理。

下面以一个水池液面高度的人工控制与自动控制为例，来进一步说明反馈控制原理和自动控制实现过程。

图 1-1 中，进水阀 F_1 控制进水量 Q_1，出水阀 F_2 控制出水量 Q_2。液面期望高度为 H，实际高度为 $H+h$。人工控制液面高度时，通过眼睛观察实际液位高度，然后大脑将实际液位高度与期望液位高度进行比较，如果有偏差，就通过大脑发出信息，指挥胳膊和手去调节进水阀的开度，从而调节进水量的大小，使液面高度达到期望值。这是一个不断观测获取偏差并减小偏差的过程，其实质就是一个反馈控制的过程。

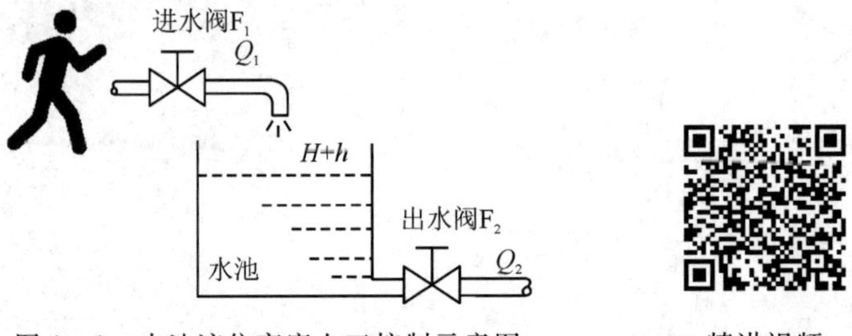

图 1-1　水池液位高度人工控制示意图　　　　精讲视频

人工控制液位可以看作是一个控制系统，其中，水池液位是被控对象，液位高度是被控量(即系统输出量)，控制装置是产生控制作用的机构，包括眼睛、大脑、胳膊、手、进水阀。人工控制液位系统可用图 1-2 来描述。

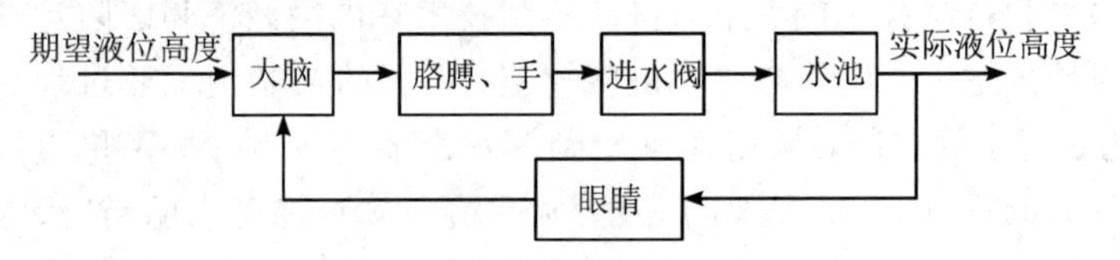

图 1-2　人工控制液位系统框图

人在参与液位控制时，进行了如下三种动作：

(1) 用眼睛观测实际液位高度。

(2) 用大脑比较实际液位高度与期望液位高度的偏差。

(3) 根据(2)中的偏差大小，用胳膊和手去调节进水阀阀门开度。

如果用自动控制装置来替代人工实现液位高度的自动控制，则控制系统也必须具有实现上述三种功能的装置，即测量装置、比较装置和执行装置。图 1-3 为液位高度自动控制系统示意图。

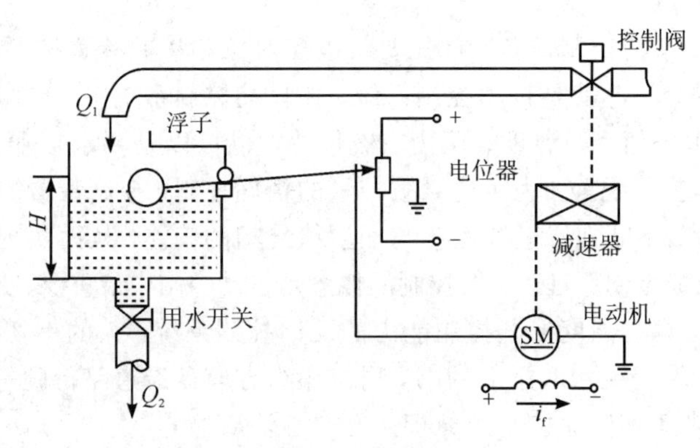

图 1-3　液位高度自动控制系统示意图

图 1－3 中，液位高度通过测量装置浮子去测量，比较装置是电位器，实际液位通过浮子与杠杆机构带动电位器的滑线变阻器和电位器接地零点(液位期望值设定点)进行比较运算得到偏差。该偏差信号通过电动机和减速器驱动控制阀改变开度，相应地改变进水量，从而使液位达到期望值。自动控制液位的系统结构如图 1－4 所示。

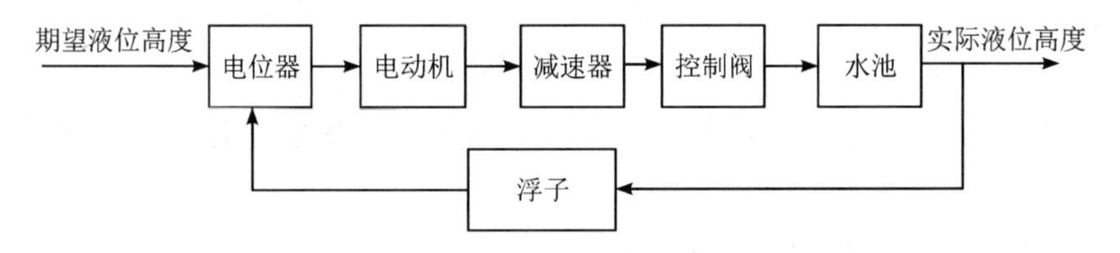

图 1－4　液位高度自动制系统框图

随堂练 画出人用手拿取桌上的书的控制系统框图。

1.2　控制系统的基本组成

精讲视频

为了使控制系统的表示简单明了，一般采用方框来表示系统中的各个组成部件，在每个方框中填入它所表示的部件名称或函数表达式，根据信号在系统中传递的方向，用带箭头的线段依次把它们连接起来，就可以得到控制系统框图。控制系统的常用功能框图如图 1－5 所示。

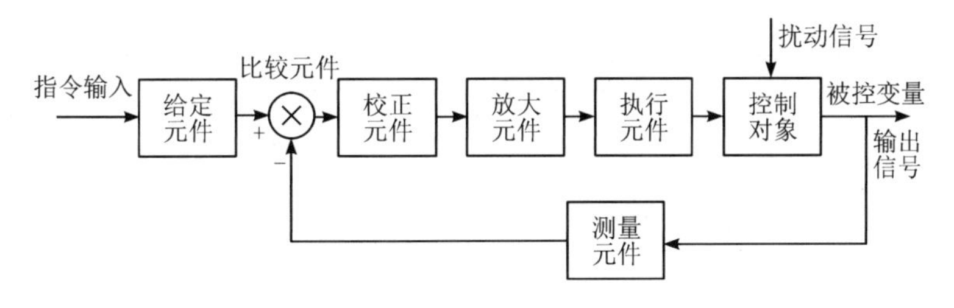

图 1－5　控制系统常用功能框图

组成控制系统的装置和元部件按照功能可以分成以下几种：

(1) 测量元件，其职能是检测被控制的物理量。如果这个物理量是非电量，一般还要通过转换装置再将其转换为信号。如液位控制的浮子将液位高度通过电位器转换成电压。

(2) 给定元件，其职能是将指令输入信号(期望值)变成参考输入量。如液位控制系统中，通过浮子与杠杆将期望液位值设定为电位器接地零点。

(3) 比较元件，其职能是将测量元件检测的被控量实际值与给定元件给出的参考输入量进行比较，求出它们之间的偏差。比较元件一般用“⊗”来表示，“+”和“-”表示信号的正负。

(4) 校正元件，也叫补偿元件(控制器)，其职能是用来改善系统的性能，一般用结构和参数便于调整的元器件组成。

(5) 放大元件，其职能是将比较元件给出的微小偏差电信号进行放大，用来推动执行元件去控制被控对象，一般由运算放大器和功率放大器组成。

(6) 执行元件，其职能是直接推动被控对象，使被控量发生变化。用来作为执行元件的一般有阀门、电动机、液压马达等。

控制系统中还有一些常用的信号和变量。

(1) 输入信号：由系统外部加到系统中的变量，它不受系统中其他变量的影响和控制，一般是指令信号或者被控量期望值。

(2) 输出信号：由系统输出到外部的变量，一般将被控对象的被控量作为系统输出信号。

(3) 控制信号：由控制器产生的信号，它通过放大元件和执行元件作用在控制对象上，影响和改变被控变量。

(4) 反馈信号：被控变量经传感器等元件测量变换并返回到输入端的信号，一般与被控变量成正比。

(5) 偏差信号：比较元件计算的输入信号与反馈信号之差，用来驱动控制器和校正元件产生控制信号。

(6) 扰动信号：加于系统上的不希望的外来信号，它会对被控变量产生不利的影响，一般为噪声信号或者干扰信号。

1.3 自动控制系统实例

例 1-1 图 1-6 是仓库大门自动控制系统示意图，说明系统自动控制大门开闭的工作原理并画出系统框图。

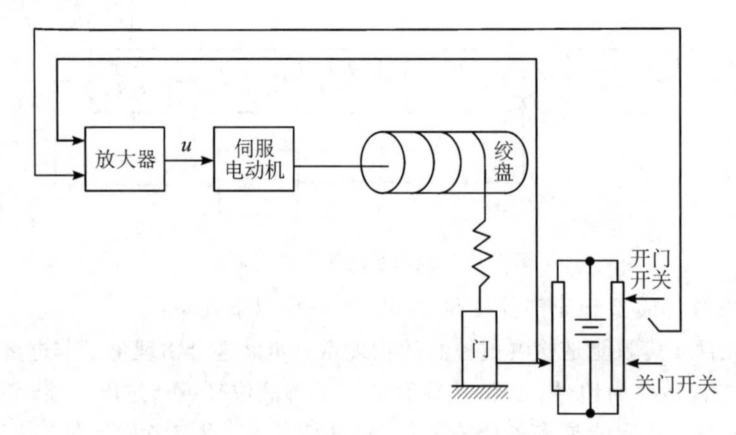

图 1-6 仓库大门自动控制系统示意图

解 当合上开门开关时，电位器桥式测量电路产生一个偏差电压信号，此偏差电压经放大器放大后驱动伺服电动机带动绞盘转动，使大门向上提起，与此同时与大门连在一起的电位器电刷上移，使桥式测量电路重新达到平衡，电动机停止转动开门。反之，当合上关门开关时，伺服电动机反向转动，带动绞盘转动，使大门关闭。

随堂练 画出例 1－1 仓库大门的系统框图，分别指出仓库大门自动控制系统中的不同元部件。

例 1－2　图 1－7 是电炉温度控制系统示意图，分析系统保持电炉温度恒定的工作原理并画出系统框图。

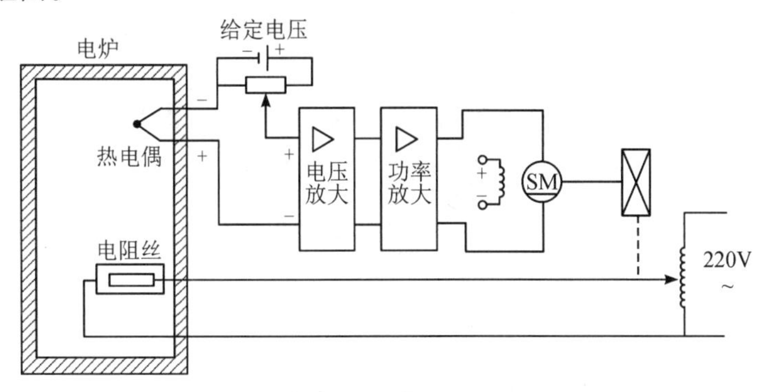

图 1－7　电炉温度控制系统示意图

解　电炉使用电阻丝加热，采用热电偶来测量炉温，并将其转化为电压信号反馈到输入端，与给定电压信号反极性连接，实现负反馈。当炉温偏低时，测量电压小于给定电压，二者的偏差电压为正，经电压放大和功率放大后，驱动直流伺服电动机正转，并经减速器带动调压变压器的可动触头上移，电阻丝供电电压增加，电阻丝放热量增加，炉温上升。直至炉温升至给定值时，偏差电压为 0，电动机停止转动，炉温保持恒定。反之，当炉温偏高时，偏差电压为负，电动机反转，调压器可动触头下移，供电电压减小，炉温下降直至等于给定值。系统框图如图 1－8 所示。

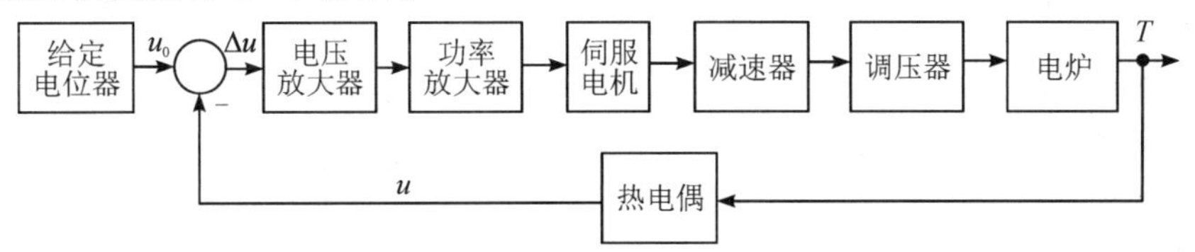

图 1－8　电炉温度控制系统框图

随堂练 分别指出例 1－2 电炉温度控制系统中的不同元部件。

例 1－3　图 1－9 是离心调速器控制系统示意图，分析系统保持速度恒定的工作原理并画出系统框图。

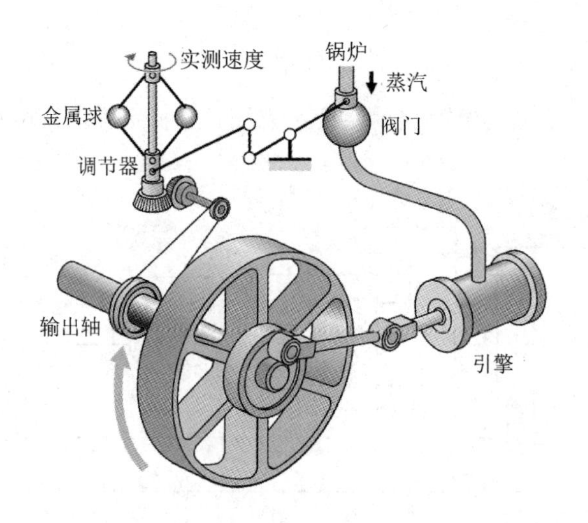

图 1－9　离心调速器控制系统示意图

解　轮机速度通过齿轮系统传递到离心测速调节装置，速度偏差信号通过杠杆改变蒸汽阀门开度大小，进而改变引擎做功快慢，从而改变轮机速度。当外界扰动导致轮机转速过高时，离心球转速提高导致调节器套筒上升，通过杠杆减小蒸汽阀门开度，导致引擎做功减慢，从而减小轮机速度，直至达到给定值。反之，当轮机转速偏低时，离心球转速减小导致调节器套筒下降，通过杠杆增加蒸汽阀门开度，导致引擎做功加快，从而增加轮机速度，直至达到给定值。系统框图如图 1－10 所示。

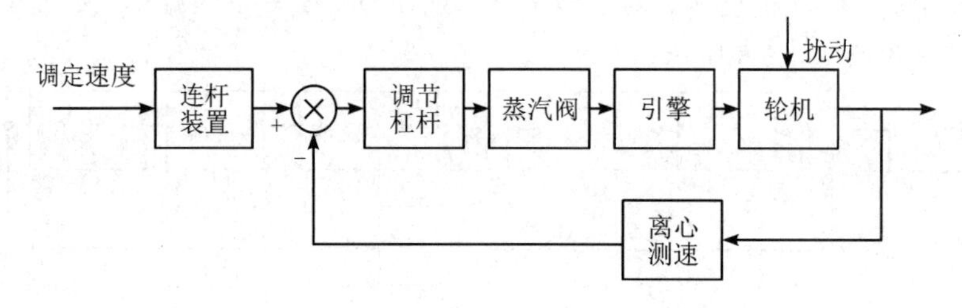

图 1－10　离心调速器控制系统框图

单元作业

1. 分析图1-11所示家用电冰箱温度控制系统原理并画出系统框图。

提示：控制盒包含温度设定、温度检测、温度比较。

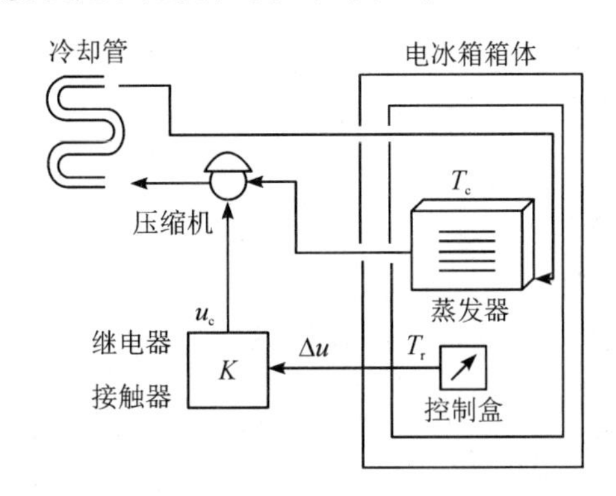

图1-11　家用电冰箱控制系统

2. 分析图1-12所示位置伺服系统原理并画出系统框图。

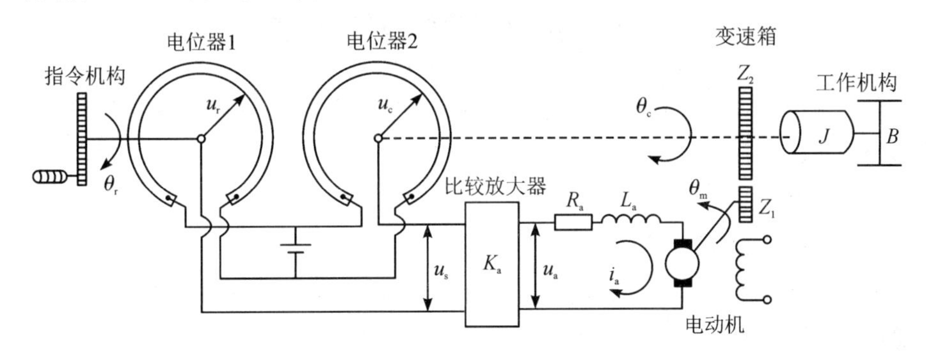

图1-12　位置伺服系统结构图

第2讲　自动控制系统分类与性能要求

学习内容

(1) 自动控制系统分类。

(2) 控制系统的基本要求。

(3) 控制理论发展历史。

学习目标

(1) 熟悉自动控制系统的不同分类方法，能够判断控制系统属于哪类。

(2) 了解对控制系统的基本性能要求，掌握不同性能的含义。

(3) 了解控制理论的发展历史。

2.1　自动控制系统分类

在工程实际中，从不同的角度出发，可以对自动控制系统进行不同的分类。了解控制系统的各种类型，从而分门别类地掌握各种控制系统的工作原理与相互区别，对于控制系统的分析和设计都是很有必要的。

1. 运动控制与过程控制系统

按照被控量属性的不同，自动控制系统可以分为运动控制系统和过程控制系统。

运动控制系统是指被控量为力、位移、速度、加速度、力矩、角位移、角速度、角加速度等运动过程参数的自动控制系统。运动控制被广泛应用在机器人、数控机床、包装、装配工业中。

过程控制系统是指被控量为温度、流量、液位、压力、浓度等生产过程参数的自动控制系统。这里的“过程”是指在生产装置或者设备中进行物质和能量相互作用和转换的过程。过程控制被广泛应用在石油、化工、冶金、电力、轻工和建材等工业生产中。

2. 连续与离散控制系统

按照系统中传输信号与时间的函数关系，控制系统可以分为连续控制系统与离散控制系统。

当系统中各环节的输入输出信号都是时间的连续函数时，此类系统称为连续控制系统。连续控制系统的运动状态或特性一般用微分方程来描述。模拟式的工业自动化仪表以及用模拟仪表实现的过程控制系统都属于连续控制系统。

在控制系统各部分的信号中，只要有一个是时间的离散信号，该系统就是离散控制系统。脉冲和数码信号都属于离散信号，连续信号经过采样开关采样后就可以转化成离散信号。计算机控制系统就是一种常见的离散控制系统，离散控制系统的运动状态或特性一般用差分方程来描述。

3. 线性与非线性控制系统

按照系统元部件特性是否满足叠加原理，控制系统可分为线性系统和非线性系统两类。

在线性系统中，组成控制系统的元件都具有线性特性。这种系统的输入输出关系一般可以用微分方程、差分方程或传递函数等来描述。线性系统的主要特点是具有齐次性和适用叠加原理。如果线性系统中的参数不随时间变化，则称其为线性定常系统；否则称为线性时变系统。本书主要讨论线性定常系统。

在控制系统中，若至少有一个元件具有非线性特性，则称该系统为非线性控制系统。非线性系统一般不具有齐次性，不适用叠加原理。非线性系统也有时变和定常系统之分。

严格地讲，绝对线性的控制系统(或元件)是不存在的，因为所用的物理系统和元件在不同程度上都具有非线性特性。但为了简化系统的分析和设计，在一定的条件下，可以用分析线性系统的理论和方法对控制系统进行研究。

随堂练 以下各式是描述系统的微分方程，其中 $r(t)$，$c(t)$ 分别为系统的输入和输出变量。试判断系统属性。

随堂练解析

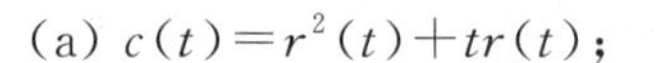

(a) $c(t)=r^2(t)+tr(t)$；　(b) $c(t)=r(t)\sin\omega t$；

(c) $tc(t)=3r'(t)+2r(t)$；　(d) $c'(t)+2c(t)=r(t)$

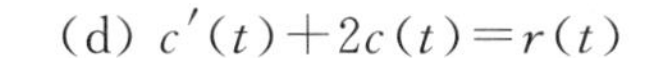

例 2-1　洛伦兹方程与蝴蝶效应。

洛伦兹方程是描述空气流体运动的一个简化微分方程组。1963 年，美国气象学家洛伦兹(E. N. Lorenz)将描述大气热对流的非线性偏微分方程组通过傅里叶展开并近似，导出了描述垂直速度、上下温差的展开系数 $x(t)$、$y(t)$、$z(t)$ 的三维自治动力系统：

$$\begin{cases} x=P(y-z) \\ \dot{y}=R_a x-y-xz \\ \dot{z}=xy-bz \end{cases}$$

拓展阅读

其中，P 为普朗特数，R_a 为瑞利数。他发现当 R_a 不断增加时，系统就由定常态(空气静止)分岔出周期态(对流状态)，最后，当 $R_a>24.74$ 时，又分岔出非周期的混沌态(湍流状态)。

洛伦兹(图 2-1)在解释空气系统理论时提出：亚马逊雨林一只蝴蝶翅膀偶尔振动，也许两周后就会引起美国得克萨斯州的一场龙卷风。其含义是：任何微小的初始变化，经不断放大都会造成极其巨大的影响。这就是著名的蝴蝶效应。这一效应可以在 MATLAB 中用“lorenz”这一命令来演示动画效果。

图 2-1　洛伦兹

洛伦兹方程中系数和方程初始值的不同会导致方程的解产生不同现象，说明了非线性系统与线性系统相比还具有哪些特性?

4. 定值、伺服与程序控制系统

按照输入信号随时间变化规律的不同，控制系统可分为定值控制系统、伺服控制系统和程序控制系统。

定值控制系统的输入信号是恒值，要求被控变量保持相对应的数值不变。室温控制系统、直流电机转速控制系统、发电厂的电压频率控制系统、高精度稳压电源装置中的电压控制系统都是典型的定值控制系统。在过程控制系统中，一般都要求将过程参数(如温度、压力、流量、液位等)维持在工艺给定的数值。

伺服系统的输入信号是变化规律未知的任意时间函数，系统的任务是使被控变量按照同样规律变化并将与输入信号的误差保持在规定的范围内。导弹发射架控制系统、雷达天线控制系统都是典型的伺服控制系统。当被控量为位置或角度时，伺服系统又称为随动系统。

程序控制系统中的输入信号是按已知的规律(事先规定的程序)变化的，要求被控变量也按相应的规律随输入信号变化，误差不超过规定值。热处理炉的温控系统、数控加工系统和仿形控制系统都是典型的程序控制系统。

5. 开环、闭环和复合控制系统

按照控制方式和策略的不同，控制系统可分为开环控制系统、闭环控制系统和复合控制系统三大类。

开环控制系统是一种最简单的控制方式，在控制器和控制对象间只有正向控制作用，系统的输出量不会对控制器产生任何影响，如图 2-2 所示。

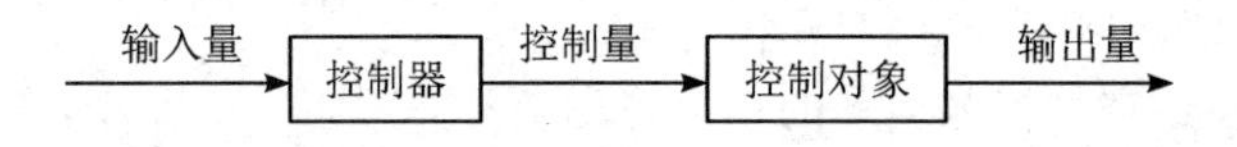

图 2-2　开环控制系统

在该类控制系统中，对于每一个输入量，就有一个与之对应的工作状态和输出量，系统的精度仅取决于元器件的精度和执行机构的调整精度。这类系统结构简单，成本低，容易控制，缺点是控制精度低。因为如果在控制器或控制对象上存在干扰，或者由于控制元器件老化、控制对象结构或参数因工作环境而发生变化，均会导致系统输出的不稳定，使输出值偏离预期值。因此，开环控制系统一般适合于干扰不强或可预测的、控制精度要求不高的场合。如果系统的给定输入与被控量之间的关系固定，且其内部参数或外来扰动的变化都比较小，或这些扰动因素可以事先确定并能给予补偿，则采用开环控制也能取得较为满意的控制效果。

闭环控制系统指的是系统输出量对控制作用有直接影响的控制系统。在闭环控制系统中，需要对系统输出不断地进行测量、变换并反馈到系统的控制端与参考输入信号进行比较，产生偏差信号，实现按偏差控制。因此闭环控制又称为反馈控制，其控制结构如图 2-3 所示。

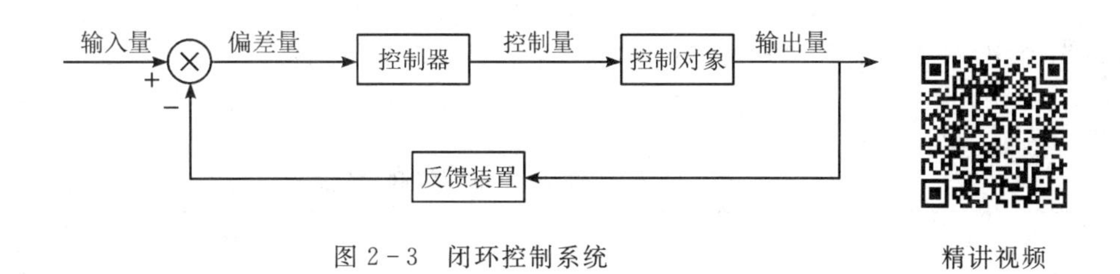

图 2-3　闭环控制系统　　精讲视频

在这样的结构下，系统的控制器和控制对象共同构成了前向通道，而反馈装置构成了系统的反馈通道。如果将反馈环节取得的实际输出信号加以处理，并在输入信号中减去这个反馈量，再将结果输入到控制器中去控制被控对象，这样的反馈称为负反馈；反之，若由输入量与反馈量相加作为控制器的输入，则称为正反馈。

在一个实际的控制系统中，具有正反馈形式的系统一般是不能改进系统性能的，而且容易使系统性能变坏，因此不被采用。而具有负反馈形式的系统，它通过自动修正偏离量，使系统输出趋于给定值，并能抑制系统回路中存在的内扰和外扰的影响，最终达到自动控制的目的。通常而言，反馈控制就是指负反馈控制。

与开环控制系统相比，闭环控制系统的最大特点是检测偏差、纠正偏差。从系统结构上看，闭环系统具有反向通道，即反馈；从功能上看，闭环系统具有如下特点：

(1) 由于增加了反馈通道，系统的控制精度得到了提高，若采用开环控制，要达到同样的精度，则需要高精度的控制器，从而大大增加了成本。

(2) 由于存在系统的反馈，可以较好地抑制系统各环节中可能存在的扰动和由于器件的老化而引起的结构和参数的不确定性。

(3) 反馈环节的存在可以较好地改善系统的动态性能。

但闭环控制也有其缺点，一是结构复杂，元件较多，成本较高；二是稳定性要求较高，由于系统中存在反馈环节和元件惯性，而且靠偏差进行控制，因此偏差总会存在时正时负，很可能引起震荡，导致系统不稳定。

例 2-2　直流电动机调速控制系统。

图 2-4 所示为直流电动机调速控制系统，其中图(a)为开环控制，图(b)为闭环控制。在开环控制中，控制量 $u_d=ku_g$，当负载变化导致转速 n 发生改变时，控制量不会发生变化，因而无法实现转速的恒定控制。在闭环控制中，控制量 $u_d=k(u_g-u_b)$，电动机转速通过测速电机将转速变换为电压 u_b 反馈到控制端，实现按照偏差的调节。当负载变化导致转速 n 增加时，反馈电压 u_b 也增加，因而控制量 u_d 会减小，从而减小电动机转速；反之，当负载变化导致转速 n 减小时，反馈电压 u_b 也减小，因而控制量 u_d 会增加，从而增大电动机转速，实现转速的恒定控制。

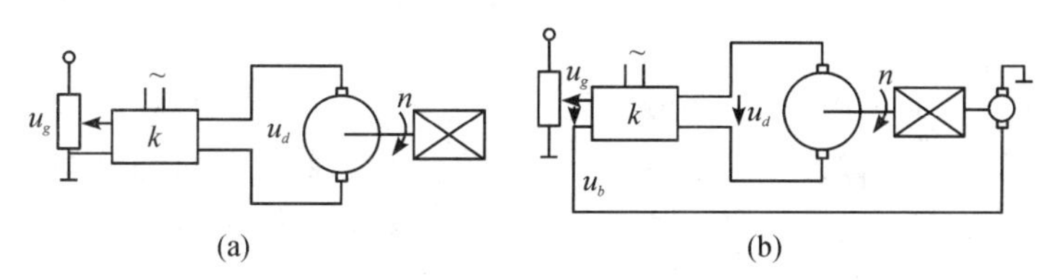

图 2-4　直流电动机调速控制系统

比较开环控制与闭环控制的区别和特点，填写表 2-1。

表 2-1　开环控制与闭环控制的比较

特点	开环控制	闭环控制
结构		
精度		
抗扰动		
稳定性		

复合控制是开环控制和闭环控制相结合的一种控制，是在闭环控制回路的基础上，附加了一个输入信号或扰动作用的顺馈通路，来提高系统的控制快速性和控制精度。

在反馈控制系统中，从输入端顺馈补偿结构如图 2-5 所示，通常顺馈补偿提供对输入信号的微分或者滤波作用，并与反馈控制相结合，构成复合控制，顺馈补偿与偏差信号一起对被控对象进行控制。

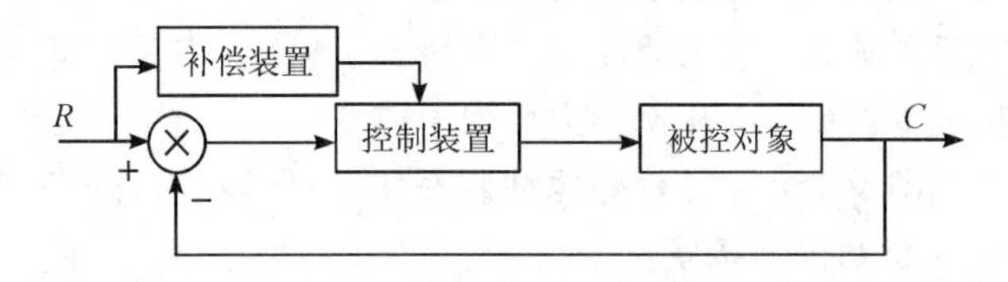

图 2-5　按输入顺馈补偿的复合控制

如果扰动已知并且可直接或间接地加以检测，则可利用该扰动信号通过扰动顺馈补偿装置，产生一个与扰动影响相反的补偿作用以抵消扰动的影响。按扰动顺馈补偿的复合控制结构如图 2-6 所示。

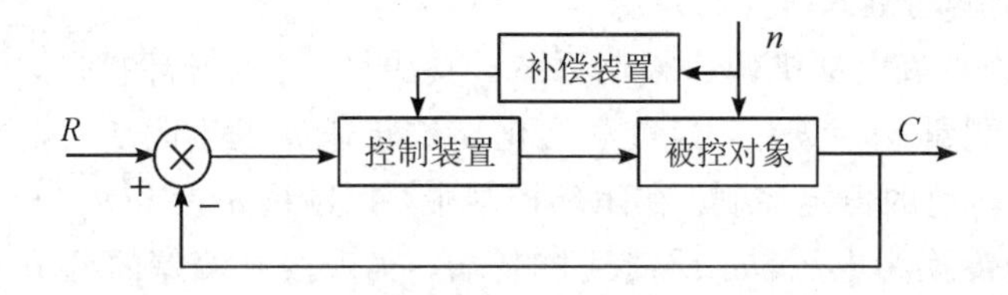

图 2-6　按扰动顺馈补偿的复合控制

2.2　控制系统的基本要求

精讲视频

对于一个闭环控制系统而言，当输入量和扰动量均不变时，系统输出量也恒定不变，这种状态称为平衡态或静态、稳态。通常系统在稳态时的输出量是我们所关心的，当输入量或扰动量发生变化时，反馈量将与输入量产生偏差，通过控制器的作用，从而使输出量最终稳定，即达到一个新的平衡状态。但由于系统中各环节总存在惯性，系统从一个平衡点到另一个平衡点无法瞬间完成，即存在一个过渡过程，该过程称为动态过程或暂态过程。

在分析和设计自动控制系统的时候，需要一个评价控制系统性能优劣的标准，这个标准通常用性能指标来表示。经典控制理论常用的性能指标主要包括稳定性能、动态性能和稳态性能三个方面。

1. 稳定性能

稳定性是保证控制系统正常工作的先决条件，是控制系统重要特性。所谓稳定性是指控制系统偏离平衡状态后，自动恢复到平衡状态的能力。在扰动信号的干扰、系统内部参数发生变化和环境条件改变的情况下，系统状态偏离了平衡状态。如果在随后所有时间内，系统的输出响应能够最终回到原先的平衡状态，则系统是稳定的；反之，如果系统的输出响应逐渐增加趋于无穷，或者进入振荡状态，则系统是不稳定的。不稳定的系统是不能工作的。

2. 动态性能

为了很好完成控制任务，控制系统必须对过渡过程的形式和快慢提出要求，这个要求一般称为系统的动态性能。通常情况下，当系统由一个平衡态过渡到另一个平衡态时都希望过渡过程既快速又平稳。因此，在控制系统设计时，对控制系统的过渡过程时间(即快速性)和最大振荡幅度(即超调量)都有一定的要求。系统在跟踪过程中，被控量偏离给定值越小，偏离时间越短，说明系统的动态性能越高。

3. 稳态性能

系统响应的稳态性能指标是指在系统的自动调节过程结束后，输出量与给定量之间仍然存在的偏差大小，也称稳态精度。它是评价控制系统工作性能的重要指标。准确性就是要求被控量和设定值之间的误差达到所要求的精度范围。准确性反映了系统的稳态精度，通常控制系统的稳态精度可以用稳态误差来表示。根据输入点的不同，一般可以分为参考输入稳态误差和扰动输入稳态误差。对于随动系统或其他有控制轨迹要求的系统，还应当考虑动态误差。误差越小，控制精度或准确性就越高。

对控制系统的基本要求就是稳、快、准，但在同一系统中稳、快、准是相互制约的，快速性好，可能引起剧烈震动；改善稳定性，特别是提高相对稳定程度，可能会使响应速度趋缓，稳态精度下降。因此对实际系统而言，必须根据被控对象的具体情况，对稳、快、准的要求各有侧重。例如，恒值控制系统对准确性要求较高，随动系统对快速性要求较高。

2.3 控制理论发展历史

拓展阅读

自动控制理论的形成，远比人类对自动控制装置的应用要晚，它产生于人们对自动控制技术的长期探索和大量实践，工业生产和军事技术的需要，促进了经典自动控制理论和技术的产生和发展。它的发展也得到了其他学科，如数学、物理学的推动，自动控制理论的发展大致可分为经典控制理论阶段、现代控制理论阶段和后现代控制理论三个阶段。

1. 经典控制理论阶段

闭环自动控制的应用，可以追溯到1788年瓦特(J. Watt)发明的飞锤调速器，最终形成完整的自动控制理论体系，是在20世纪40年代末。19世纪60年代期间是控制系统高速发展的时期，1868年麦克斯韦尔(J. C. Maxwell)基于微分方程描述从理论上给出了控制系统的稳定性条件。1877年劳斯(E. J. Routh)、1895年霍尔维茨(A. Hurwitz)分别独立给出了高阶线性系统的稳定性判据；1892年，李雅普诺夫(A. M. Lyapunov)给出了非线性系统的稳定性判据。

1922年米罗斯基(N. Minorsky)给出了位置控制系统的分析，并对PID三作用控制给出了控制规律公式。1942年，齐格勒(J. G. Zigler)和尼科尔斯(N. B. Nichols)又给出了PID控制器的最优参数整定法。上述方法基本上是时域方法。

1932年奈奎斯特(Nyquist)提出了负反馈系统的频率域稳定性判据，这种方法只需利用频率响应的实验数据。1940年，波德(H. Bode)进一步研究通信系统频域方法，提出了频域响应的对数坐标图描述方法。1943年，霍尔(A. C. Hall)利用传递函数(复数域模型)和方框图，把通信工程的频域响应方法和机械工程的时域方法统一起来，人们称此方法为复域方法。频域分析法主要用于描述反馈放大器的带宽和其他频域指标。

第二次世界大战结束时，经典控制技术和理论基本建立。1948年伊文斯(W. Evans)又进一步提出了属于经典方法的根轨迹设计法，它给出了系统参数变换与时域性能变化之间的关系。至此，复数域与频率域的方法进一步完善。1954年，钱学森的《工程控制论》问世，成为这一领域奠基式著作，是维纳控制论之后又一个辉煌成就。

经典控制理论的分析方法为复数域方法，以传递函数作为系统数学模型，常利用图表进行分析设计，比求解微分方程简便。可通过试验方法建立数学模型，物理概念清晰，得到广泛的工程应用。但经典控制理论大部分只适应单变量线性定常系统，对系统内部状态缺少了解，且复数域方法研究时域特性，得不到精确的结果。

2. 现代控制理论阶段

空间技术需要和电子计算机的应用，推动了现代控制理论和技术的产生与发展。20世纪50年代末60年代初，空间技术的发展迫切要求对多输入多输出、高精度、参数时变系统进行分析与设计，这是经典控制理论无法有效解决的问题，于是出现了新的自动控制理论，称为“现代控制理论”。

为现代控制理论的状态空间法的建立作出贡献的有，1954年贝尔曼(R. Bellman)的动态规划理论，1956年庞特里雅金(L. S. Pontryagin)的极大值原理。1960年卡尔曼(Kalman)发表了“控制系统的一般理论”，1961年卡尔曼又与Bush发表了“线性过滤和预测问题的新结果”。卡尔曼奠定了现代控制理论的基础，他的工作是控制论创始人维纳(Wiener)工作的发展，主要引进了数学计算方法中的“校正”概念。现代控制理论主要内容为：状态空间法、系统辨识、最佳估计、最优控制和自适应控制。其中状态空间方法属于时域方法，其核心是最优化技术。它以状态空间描述(实质上是一阶微分或差分方程组)作为数学模型，利用计算机作为系统建模分析、设计乃至控制的手段，适应于多变量、非线性、时变系统。

3. 后现代控制理论

20世纪70年代后，控制理论向广度和深度发展，特别是进入21世纪以来，网络、通讯、人机交互为代表的信息自动化集成的理论与技术蓬勃发展进一步推动了控制理论的发展。针对复杂控制对象的大系统理论、模拟人思维活动的智能控制理论，以及其他的先进控制理论是后现代控制理论的重要组成部分。大系统是指规模庞大、结构复杂、变量众多的信息与控制系统，它涉及生产过程、交通运输、计划管理、环境保护、空间技术等多方面的控制和信息处理问题。而智能控制系统是具有某些仿人智能的工程控制与信息处理系统，其中最典型的例子就是智能机器人。智能控制的方法包括模糊控制、神经网络控制、专家控制等方法。

单元作业

以下各式是描述系统的微分方程，其中 $r(t)$，$c(t)$分别为系统的输入和输出变量，试判断系统属性。

(1) $c(t)=r^2(t)+t\cdot r(t)+7$

(2) $c(t)=2r(t)+3\dot{r}(t)+4\int_0^t r(\tau)\mathrm{d}\tau$

(3) $c(t)=r(t-1)$

(4) $c(t)=\begin{cases}0 & t<3\\ r(t) & t\geqslant 3\end{cases}$

第3讲　线性系统时域模型

学习内容

(1) 控制系统微分方程模型。

(2) 非线性系统线性化。

(3) 单位脉冲响应模型。

学习目标

(1) 能够熟练建立简单控制系统的微分方程模型。

(2) 掌握非线性系统微分方程在平衡点附近线性化的方法。

(3) 熟悉单位脉冲响应模型，掌握利用该模型求取系统在任意输入信号下的输出响应的方法。

分析和设计控制系统，首先要建立它的数学模型。数学模型就是用数学的方法和形式表示和描述系统中各变量间的关系。数学模型的建立和简化是定量分析和设计控制系统的基础。

如果系统中各变量随时间变化缓慢，以至于它们对时间的变化率(导数)可以忽略不计时，则这些变量之间的关系称为静态关系或静态特性。静态特性的数学表达式中不含有变量对时间的导数。如果系统中变量对时间的变化率不可忽略，则此时各变量之间的关系称为动态关系或动态特性，系统称为动态系统，相应的数学模型称为动态模型。控制系统中的数学模型绝大部分都指的是动态系统的数学模型。

数学模型可以有许多不同的形式，较常见的有三种：

(1) 把系统的输入量和输出量之间的关系用数学方式表达出来，称之为输入输出描述，或外部描述，例如微分方程式、传递函数和差分方程。

(2) 不仅可以描述系统输入、输出之间的关系，而且还可以描述系统的内部特性，称之为状态空间描述或内部描述，它特别适用于多输入、多输出系统。

(3) 用比较直观的结构图(方块图)和信号流图模型进行描述。同一系统的数学模型可以表示为不同的形式，需要根据不同的使用目的和研究问题的方便程度对这些模型进行取舍，以利于对控制系统进行有效的分析。

建立控制系统数学模型的方法有解析法和实验法两种。解析法是对系统各部分的运动机理进行分析，根据它们所依据的物理规律或化学规律分别列写相应的运动方程。实验法是人为的给系统施加某种测试信号，记录其输出响应，并用适当的数学模型去逼近，这种方法也称为系统辨识。

3.1 控制系统微分方程模型

微分方程是控制系统最基本的数学模型，采用微分方程把系统的输入量和输出量之间的关系表达出来，可用于在时域中描述系统的动态性能。若已知系统的输入信号和初始条件，通过求解该微分方程就可以得到系统的输出响应。

控制系统一般由若干个具有不同功能的环节和元器件组成，列出控制系统输入输出微分方程的步骤如下：

(1) 根据系统变量之间的相互关系，确定系统和各元件的输入量和输出量，根据基本的物理、化学等定律写出描述系统中每个元件的输入输出关系的微分方程。

(2) 在上述微分方程中，消去中间变量，获得仅包含系统输入变量和输出变量的微分方程。

(3) 将微分方程标准化，即将与输出量有关的各项放到方程的左边，与输入量有关的各项放到方程的右边，且变量各阶导数项按降幂排列。

对于单输入、单输出线性定常系统，其标准化微分方程如下：

$$\begin{aligned}&a_0c^{(n)}(t)+a_1c^{(n-1)}(t)+a_2c^{(n-2)}(t)+\cdots+a_{n-1}\dot{c}(t)+a_nc(t)\\=&b_0r^{(m)}(t)+b_1r^{(m-1)}(t)+b_2r^{(m-2)}(t)+\cdots+b_{m-1}\dot{r}(t)+b_mr(t)\end{aligned}\tag{3-1}$$

式中，$r(t)$，$c(t)$分别是系统的输入信号和输出信号，$c^{(n)}(t)$为输出$c(t)$对时间t的n阶导数；$a_i(i=0,1,\cdots,n)$和$b_j(j=0,1,\cdots,m)$是由系统的结构参数决定的系数，$n\geqslant m$。n称为微分方程的阶次或系统的阶次。

下面以电路系统和机械系统为例，说明如何建立系统微分方程。

例 3-1 图 3-1 是由电阻R、电感L、电容C组成的无源网络，列写以$u(t)$为输入量，以电容电量$q(t)$为输出量的电路微分方程。

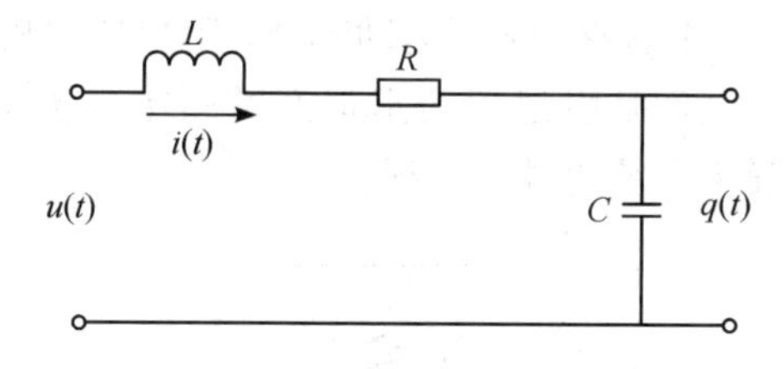

图 3-1 *RLC* 无源网络

解 设回路电流为$i(t)$，由基尔霍夫定律可写出回路方程为

$$u(t)=L\frac{\mathrm{d}i(t)}{\mathrm{d}t}+\frac{1}{C}\int i(t)\mathrm{d}t+Ri(t)$$

$$q(t)=\int i(t)\mathrm{d}t$$

消去中间变量$i(t)$，便得到描述该无源网络输入输出关系的微分方程

$$LC\frac{\mathrm{d}^2q(t)}{\mathrm{d}t^2}+RC\frac{q(t)}{\mathrm{d}t}+q(t)=Cu(t)\tag{3-2}$$

式(3-2)也可以改写成

$$T_1 T_2 \frac{d^2 q(t)}{dt^2} + T_2 \frac{dq(t)}{dt} + q(t) = Cq(t) \tag{3-3}$$

式中，$T_1 = L/R$，$T_2 = RC$ 称为该系统的时间常数。

这是一个典型的二阶线性常系数微分方程，对应的系统称为二阶线性定常系统。

例 3－2　图 3－2 是由理想运算放大器组成的电容负反馈电路，列写以 $u_i(t)$为输入量，以 $u_o(t)$为输出量的电路微分方程。

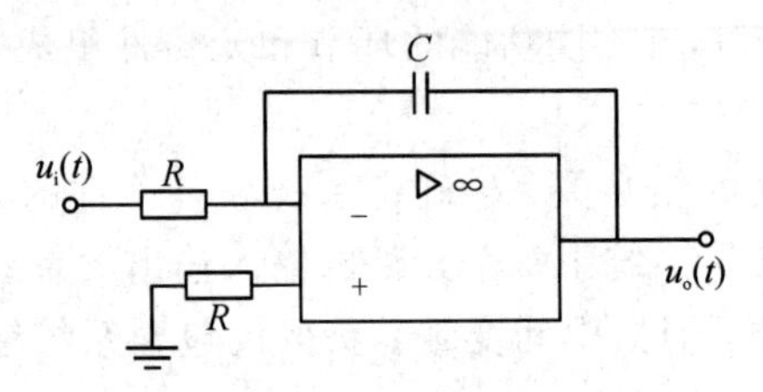

图 3－2　理想运放反馈电路

解　理想运算放大器正、反相输入端电位相同，且输入电流为零。根据基尔霍夫电流定律有

$$\frac{u_i(t) - 0}{R} + C \frac{d(u_o(t) - 0)}{dt} = 0$$

整理可得

$$RC \frac{du_o(t)}{dt} = -u_i(t) \tag{3-4}$$

或

$$T \frac{du_o(t)}{dt} = -u_i(t) \tag{3-5}$$

这是一个典型的一阶线性定常系统。式中，$T = RC$，称为该系统的时间常数。

例 3－3　图 3－3 表示一个含有弹簧、运动部件、阻尼器的机械位移装置。其中 k 是弹簧系数，m 是运动部件质量，μ 是阻尼器的阻尼系数；外力 $f(t)$是系统的输入量，位移 $y(t)$是系统的输出量。试确定系统的微分方程。

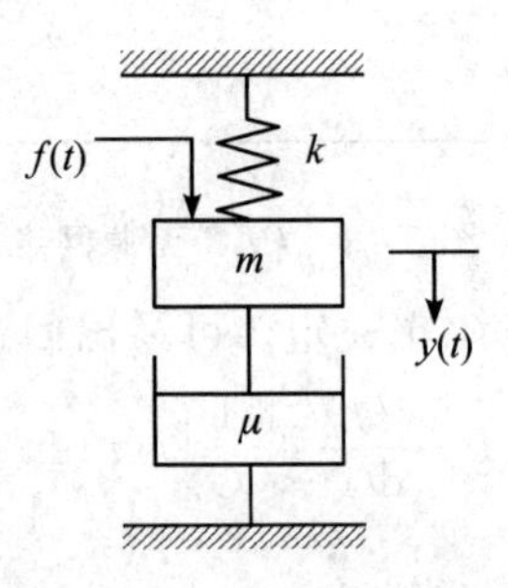

图 3－3　机械阻尼系统

解　根据牛顿运动定律，运动部件在外力作用下需克服弹簧拉力 $ky(t)$、阻尼器的阻力 $\mu \frac{dy(t)}{dt}$，系统运动方程为

$$m\frac{\mathrm{d}^2y(t)}{\mathrm{d}t^2}+\mu\frac{\mathrm{d}y(t)}{\mathrm{d}t}+ky(t)=f(t) \tag{3-6}$$

或改写为

$$\frac{m}{\mu}\frac{\mu}{k}\frac{\mathrm{d}^2y(t)}{\mathrm{d}t^2}+\frac{\mu}{k}\frac{\mathrm{d}y(t)}{\mathrm{d}t}+y(t)=\frac{1}{k}f(t) \tag{3-7}$$

思考题

(1) 比较式(3-3)和式(3-7)，能找出什么相似点？

(2) 例 3-1 和例 3-3 中的储能元件有哪些？

(3) 例 3-1 和例 3-3 中有哪些作用相似的元器件？

数学模型相同的各种物理系统称为相似系统；在相似系统的数学模型中，作用相同的变量称为相似变量。例 3-1 和例 3-3 就是相似系统。表 3-1 列出了相似系统中的相似变量对应关系。

表 3-1　相似系统中的相似变量对应关系

RLC 串联网络	弹簧阻尼系统	机械旋转系统
电压 u	力 F	力矩 T
电感 L	质量 m	转动惯量 J
电阻 R	阻尼系数 μ	摩擦系数 f
电容倒数 $1/C$	弹簧系数 k	扭转系数 k
电荷 q	线位移 y	角位移 θ
电流 i	速度 v	角速度 ω

许多表面上完全不同的系统(如机械系统、电气系统、液压系统和经济学系统)，有时却可能具有完全相同的数学模型。从这个意义上讲，数学模型表达了这些系统的共性，所以只要将一种数学模型研究透彻，也就能完全了解具有这种数学模型形式的各式各样系统的本质特征，一种物理系统研究的结论也就可以推广到其相似系统中。可以用一种比较容易实现的系统模拟其他较难实现的系统。因此数学模型建立以后，研究系统主要是以数学模型为基础分析并综合系统的各项性能，而不再涉及实际系统的物理性质和具体特点。

随堂练 列写图 3-4 以 u_i 为输入量，以 u_o 为输出量的电路微分方程。

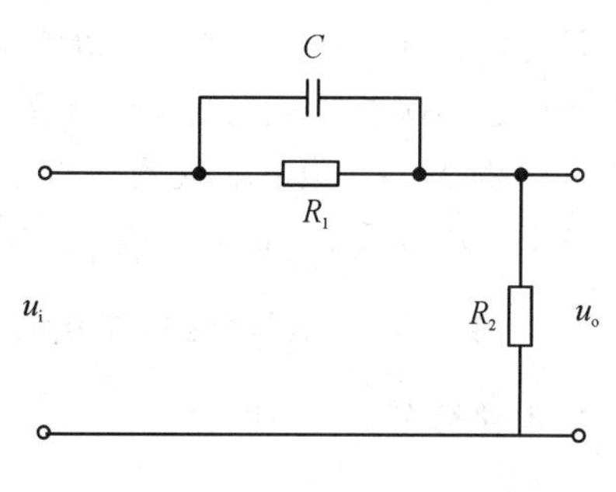

图 3-4　随堂练系统电路

3.2 非线性系统线性化

精讲视频

严格来说，实际物理元件或系统都是非线性的。比如，弹簧的刚度与其形变有关，因此弹簧系数实际上是其位移的函数，而并非常数；电阻、电容和电感等参数值与周围的环境(温度、湿度、压力等)及流经它们的电流有关，也并非常值；电动机本身的摩擦、死区等非线性因素会使其运动方程复杂化而成为非线性方程。

非线性微分方程的求解一般比较困难，其分析方法远比线性系统复杂。但在一定条件下，可将非线性问题简化处理成线性问题，即所谓线性化。非线性系统线性化通常有两种方法：一种是在非线性因素对系统影响很小时，直接忽略非线性因素；另一种方法是切线法或微小偏差法。该方法基于这样一种合理假设：控制系统在正常状态下，通常会工作在一个稳定的工作状态，即平衡态。所有的变量都只在平衡态附近产生微小的偏差。在平衡点附近变量的偏差之间具有近似线性关系。因此在建立控制系统的数学模型时，通常将系统的平衡点作为起始状态，仅研究小偏差的运动情况。也就是只研究相对平衡状态下，系统输入量和输出量的运动特性及增量式线性化方程。

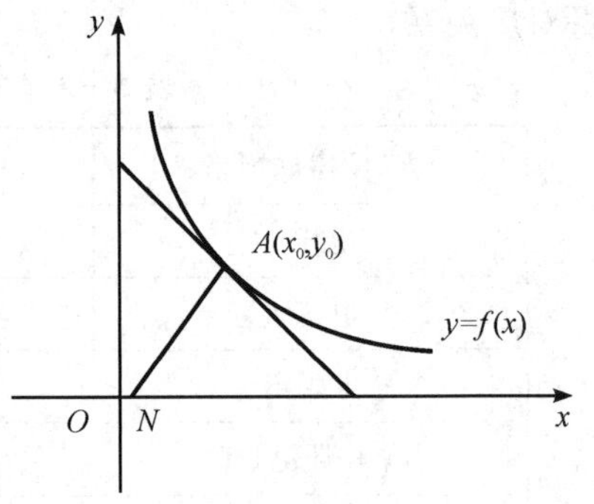

图 3-5 小偏差线性化示意图

考虑输入、输出变量之间的连续变化的非线性函数 $y=f(x)$，如图 3-5 所示。设平衡状态 A 为系统工作点，有 $y_0=f(x_0)$。当 $x=x_0+\Delta x$ 时，有 $y=y_0+\Delta y$。将函数 $y=f(x)$在该点附近做泰勒展开：

$$y=f(x)=f(x_0)+\left(\frac{\mathrm{d}f}{\mathrm{d}x}\right)_{x_0}(x-x_0)+\frac{1}{2!}\left(\frac{\mathrm{d}^2 f}{\mathrm{d}x^2}\right)_{x_0}(x-x_0)^2+\cdots \tag{3-8}$$

当增量 $\Delta x=x-x_0$ 很小时，略去其高次幂项，可得

$$\Delta y=y-y_0=f(x)-f(x_0)=\left(\frac{\mathrm{d}f}{\mathrm{d}x}\right)_{x_0}(x-x_0)=K\Delta x \tag{3-9}$$

略去增量符号 Δ，便得到函数 $y=f(x)$在平衡状态 A 附近的线性化方程 $y=Kx$。式中，$K=(\mathrm{d}f/\mathrm{d}x)_{x_0}$ 是函数在平衡状态 A 的切线斜率。采用平衡点处的切线方程代替非线性方程，是小偏差线性化的几何意义。

例 3-4 设铁芯线圈电路如图 3-6(a)所示，其磁通 ϕ 与线圈中电流 i 之间的关系如图 3-6(b)所示。试列写以 u_r 为输入量，电流 i 为输出量的电路微分方程。

解 设铁芯线圈磁通变化时产生的感应电势为 $u_\phi=K_1\dfrac{\mathrm{d}\phi(i)}{\mathrm{d}t}$，根据基尔霍夫定律写出电路微分方程，即

$$u_r=K_1\frac{\mathrm{d}\phi(i)}{\mathrm{d}t}+Ri=K_1\frac{\mathrm{d}\phi(i)}{\mathrm{d}i}\frac{\mathrm{d}i}{\mathrm{d}t}+Ri \tag{3-10}$$

式中，$\mathrm{d}\phi(i)/\mathrm{d}i$ 是线圈中电流 i 的非线性函数，因此，式(3-10)是一个非线性方程。

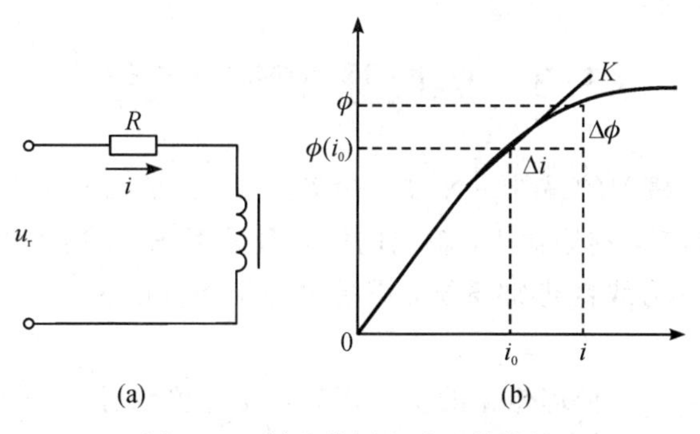

图 3-6　铁芯线圈电路及其特性

在实际工程应用中，假定电路电压和电流只在某个平衡点(u_0，i_0)附近微小变化，将 $\phi(i)$在 i_0 附近泰勒展开为

$$\phi(i)=\phi(i_0)+\left(\frac{\mathrm{d}\phi(i)}{\mathrm{d}i}\right)_{i_0}\Delta i+\frac{1}{2!}\left(\frac{\mathrm{d}^2\phi(i)}{\mathrm{d}i^2}\right)_{i_0}(\Delta i)^2+\cdots \tag{3-11}$$

当增量 Δi 很小时，略去其高次幂项，可得

$$\Delta\phi=\phi(i)-\phi(i_0)=\left(\frac{\mathrm{d}\phi(i)}{\mathrm{d}i}\right)_{i_0}\Delta i=K\Delta i \tag{3-12}$$

略去增量符号 Δ，便得到磁通与电流在平衡点附近的增量线性化方程：

$$\phi(i)=Ki \tag{3-13}$$

由式(3-13)可得 $\mathrm{d}\phi(i)/\mathrm{d}i=K$。带入式(3-10)，有

$$KK_1\frac{\mathrm{d}i}{\mathrm{d}t}+Ri=u_r \tag{3-14}$$

式(3-14)就是铁芯线圈电路在平衡点(u_0，i_0)的线性化微分方程。

思考题　(1) 例 3-4 中，若系统工作在另外一个平衡点(u_1，i_1)附近，线性化方程有何变化？

(2) 若某个非线性特性函数不满足泰勒展开条件，能否线性化？

随堂练　图 3-7 为一个单摆系统，输入量为零(不加外力)，输出量为摆幅 $\theta(t)$。摆锤的质量为 M，摆杆长度为 L，阻尼系数为 μ，重力加速度为 g。试建立系统的运动方程，并在平衡点(垂直方向)线性化。

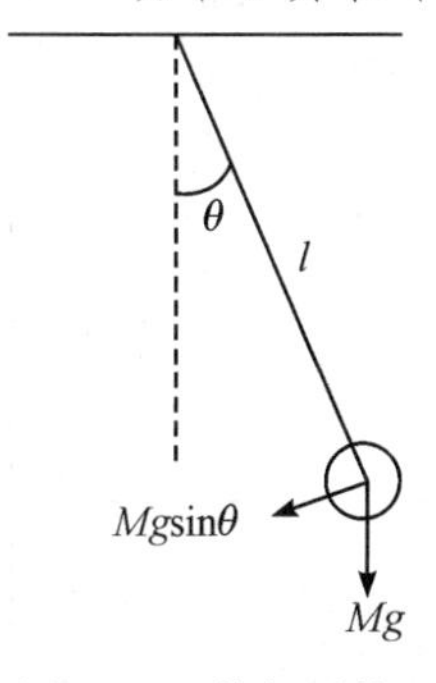

图 3-7　单摆系统

3.3　单位脉冲响应模型

建立控制系统数学模型的另外一种方式是实验法。实验法是人为地给系统施加某种测试信号，记录其输出响应，利用输入、输出的实验数据用适当的数学模型去逼近。进行系统辨识的前提条件是系统为线性定常系统，满足零初始条件($t=0$ 时刻系统的响应及其各阶导数均为零)。

单位脉冲响应模型是一种理想化的实验模型，通过单位脉冲响应模型，可以确定任意输入信号作用下系统的响应，因此在控制系统研究中具有重要意义。脉冲信号是持续时间极短的方波信号，如图 3-8(a)所示。它是宽度为 ε、高度为 A/ε 面积为 A 的矩形脉冲，其数学表达式为

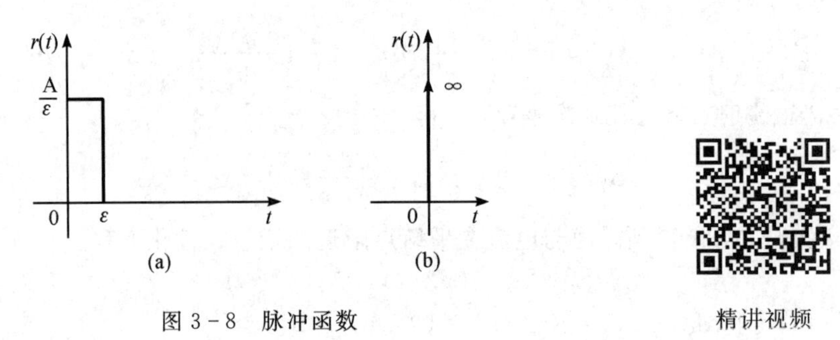

图 3-8　脉冲函数

精讲视频

$$r(t)=\begin{cases}0 & t<0,\ t>\varepsilon \\ \dfrac{A}{\varepsilon} & 0\leqslant t\leqslant\varepsilon\end{cases}\tag{3-15}$$

脉冲函数的强度通常用其面积表示。当 $\varepsilon\to 0$ 时，面积为 1 的脉冲函数称为(理想)单位脉冲函数或 δ 函数，如图 3-8(b)所示。它是对脉冲宽度足够小的实际脉冲的数学抽象，实际的脉冲信号、撞击力等均可近似为理想脉冲。强度为 A 的脉冲函数可表示为 $A\delta(t)$。

线性时不变系统(或线性定常系统)在零初始条件下，输入信号为单位脉冲函数 $\delta(t)$时的响应，称为单位脉冲响应，用 $g(t)$表示。

线性时不变系统有一个重要性质就是满足线性叠加原理：输入信号放大几倍，则输出响应同样放大几倍；输入信号是几个信号的叠加时，则输出响应等于各输入信号单独作用时产生的响应的叠加。因此对单位脉冲响应存在表 3-2 所示的线性叠加关系。

表 3-2　单位脉冲响应线性叠加关系

输入信号	输出信号
$\delta(t)$	$g(t)$
$r\delta(t)$	$rg(t)$
$\delta(t-\tau)$	$g(t-\tau)$
$r_1\delta(t-\tau_1)+r_2\delta(t-\tau_2)$	$r_1 g(t-\tau_1)+r_2 g(t-\tau_2)$
$\sum_{\tau=0}^{\infty} r(\tau)\delta(t-\tau)$	$\sum_{\tau=0}^{\infty} r(\tau)g(t-\tau)$

任意一个连续输入信号 $r(t)$ 都可以用一系列脉冲信号的叠加来近似表示：

据展阅读

$$r(t) \approx \sum_{\tau=0}^{\infty} r(\tau)\delta(t-\tau)\varepsilon$$

则零初始条件下，线性时不变系统在输入信号 $r(t)$ 作用下的输出响应可以近似表示如下：

$$c(t) \approx \sum_{\tau=0}^{\infty} r(\tau)g(t-\tau)\varepsilon \tag{3-16}$$

若脉冲宽度足够小，有 $\varepsilon=\mathrm{d}\tau$，将求和式改为积分式，可得

$$c(t) = \int_0^{\infty} r(t)g(t-\tau)\mathrm{d}\tau \tag{3-17}$$

因果系统零初始条件满足 $g(t-\tau)=0$，$t<\tau$，所以有

$$c(t) = \int_0^{t} r(t)g(t-\tau)\mathrm{d}\tau \tag{3-18}$$

或利用换元法得如下卷积公式

$$c(t) = \int_0^{t} g(t)r(t-\tau)\mathrm{d}\tau \tag{3-19}$$

式(3-19)说明，线性时不变系统在任意输入信号 $r(t)$ 下的输出响应 $c(t)$ 可以通过单位脉冲响应 $g(t)$ 与输入信号 $r(t)$ 的卷积求得。因此单位脉冲响应模型在控制系统研究中具有重要理论意义。

单元作业

列写图 3-9 以 u_i 为输入量，以 u_o 为输出量的电路微分方程。

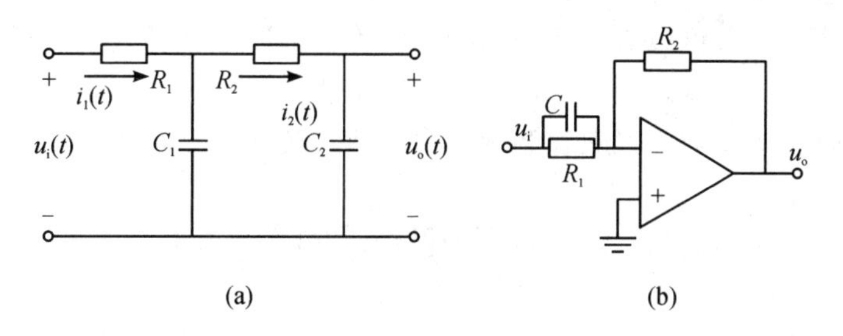

图 3-9 系统电路图

第4讲 传递函数

学习内容

(1) 拉氏变换及其性质。

(2) 传递函数的定义。

(3) 传递函数的性质。

(4) 典型环节传递函数。

(5) MATLAB 建立系统数学模型。

学习目标

(1) 熟悉拉氏变换的性质和传递函数的定义。

(2) 能够熟练建立简单控制系统的传递函数。

(3) 熟悉传递函数的特点和性质。

(4) 能够熟练进行传递函数三种形式的转换。

(5) 掌握典型环节的传递函数及特点、实例。

(6) 熟练掌握 MATLAB 建立系统数学模型的方法。

控制系统的微分方程是在时间域内描述系统动态性能的数学模型,通过求解微分方程,可以把握其运动规律,但计算繁琐,尤其是对于高阶系统,难以根据微分方程的解找到改进控制系统品质的有效方案。在拉普拉斯变换的基础上引入描述线性定常系统复数域的数学模型传递函数,不仅可以表征系统的动态特性,而且可以研究系统结构或参数变化对系统性能的影响。经典控制理论中广泛应用的频率法和根轨迹法都是在传递函数基础上建立起来的,可以说传递函数是经典控制理论中最基本最重要的概念。

4.1 拉氏变换及其性质

拉普拉斯(Laplace)变换(简称拉氏变换)是求解线性常微分方程的有力工具,它可以将时域的微分方程转化为复频域中的代数方程,拉氏变换是传递函数的数学基础,下面先介绍拉氏变换的有关概念、性质。

若将实变量 t 的函数 $f(t)$ 乘上指数函数 e^{-st}(其中 $s=\sigma+j\omega$ 是一个复数),并且在 $[0, \infty)$ 上对 t 积分,就可以得到一个新函数 $F(s)$,称 $F(s)$ 为 $f(t)$ 的拉氏变换,并用符号 $L[f(t)]$ 表示。

$$F(s)=L[f(t)]=\int_0^{\infty} f(t)e^{-st}\,dt \tag{4-1}$$

式(4-1)就是拉氏变换的定义式。从这个定义可以看出,拉氏变换将原来的实变量函数 $f(t)$ 转化为复变量函数 $F(s)$。通常将 $F(s)$ 称作 $f(t)$ 的象函数,将 $f(t)$ 称作 $F(s)$ 的原函数。常用函数的拉氏变换见附录 A。

下面介绍拉氏变换非常重要的 5 个基本定理。

精讲视频

(1) 线性定理。

两个函数和的拉氏变换，等于每个函数拉氏变换之和，即

$$L[f_1(t)+f_2(t)]=L[f_1(t)]+L[f_2(t)]=F_1(s)+F_2(s) \tag{4-2}$$

函数放大 k 倍的拉氏变换等于该函数拉氏变换放大 k 倍，即

$$L[kf(t)]=kF(s) \tag{4-3}$$

(2) 微分定理。

如果初始条件

$$f(0)=f'(0)=\cdots=f^{(n-1)}(0)=0$$

成立，则有

$$L[f^{(n)}(t)]=s^nF(s) \tag{4-4}$$

(3) 积分定理。

函数积分后再取拉氏变换，等于这个函数的拉氏变换除以复参数 s，即

$$L\left[\int_0^t f(t)\mathrm{d}t\right]=\frac{1}{s}L[f(t)]=\frac{1}{s}F(s) \tag{4-5}$$

重复运用式(4-5)，可得函数 n 重积分的拉氏变换

$$L\left[\int_0^t \mathrm{d}t\int_0^t \mathrm{d}t\cdots\int_0^t f(t)\mathrm{d}t\right]=\frac{1}{s^n}L[f(t)]=\frac{1}{s^n}F(s) \tag{4-6}$$

(4) 初值定理。

函数 $f(t)$ 在 $t=0$ 时的函数值可以通过其拉氏变换 $F(s)$求得，即

$$f(0)=\lim_{t\to 0}f(t)=\lim_{s\to\infty}sF(s) \tag{4-7}$$

(5) 终值定理。

函数 $f(t)$ 在 $t\to\infty$时的终值可以通过其拉氏变换 $F(s)$求得，即

$$f(\infty)=\lim_{t\to\infty}f(t)=\lim_{s\to 0}sF(s) \tag{4-8}$$

4.2　传递函数定义

精讲视频

线性定常系统的传递函数，定义为零初始条件下，系统输出 $c(t)$的拉氏变换 $C(s)$与输入 $r(t)$拉氏变换 $R(s)$之比，即

$$G(s)=\frac{L[c(t)]}{L[r(t)]}=\frac{C(s)}{R(s)} \tag{4-9}$$

传递函数是在零初始条件下定义的，零初始条件有以下两方面的含义：一是指输入作用是在 $t=0$ 以后才作用于系统，因此系统输入量及其各阶导数，在 $t\leqslant 0$ 时均为零；二是指输入作用于系统之前，系统是“静止”的，即系统输出量及各级导数在 $t\leqslant 0$ 时的值也是零。大多数实际工程系统都满足这样的条件，零初始条件的规定不仅能简化运算，而且有利于同等条件下比较系统的性能。

设单输入、单输出线性定常系统的微分方程如下：

$$
\begin{aligned}
& a_0 c^{(n)}(t) + a_1 c^{(n-1)}(t) + a_2 c^{(n-2)}(t) + \cdots + a_{n-1}\dot{c}(t) + a_n c(t) \\
& = b_0 r^{(m)}(t) + b_1 r^{(m-1)}(t) + b_2 r^{(m-2)}(t) + \cdots + b_{m-1}\dot{r}(t) + b_m r(t)
\end{aligned} \tag{4-10}
$$

式中，$r(t)$，$c(t)$分别是系统的输入信号和输出信号，$c^{(n)}(t)$为输出$c(t)$对时间t的n阶导数；$a_i(i=0, 1, \cdots, n)$和$b_j(j=0, 1, \cdots, m)$是由系统的结构参数决定的系数，$n \geqslant m$。

如果$r(t)$，$c(t)$及其各阶导数在$t=0$时的值均为零，即满足如下的零初始条件

$$
c(0) = \dot{c}(0) = \ddot{c}(0) = \cdots = c^{(n-1)}(0) = 0
$$

$$
r(0) = \dot{r}(0) = \ddot{r}(0) = \cdots = r^{(m-1)}(0) = 0
$$

则根据拉氏变换的定义和性质，对式(4-10)进行拉氏变换，可得

精讲视频

$$
[a_0 s^n + a_1 s^{n-1} + \cdots a_{n-1} s + a_n]C(s) = [b_0 s^m + b_1 s^{m-1} + \cdots b_{m-1} s + b_m]R(s)
$$

因此式(4-10)的传递函数为

$$
G(s) = \frac{C(s)}{R(s)} = \frac{b_0 s^m + b_1 s^{m-1} + \cdots + b_{m-1} s + b_m}{a_0 s^n + a_1 s^{n-1} + \cdots + a_{n-1} s + a_n} \tag{4-11}
$$

上面是从微分方程出发建立系统的传递函数，也可以从单位脉冲响应的角度来得到系统的传递函数。

设线性定常系统的单位脉冲响应为$g(t)$，任意输入信号$r(t)$作用下的输出为$c(t)$。令

$$
G(s) = L[g(t)],\ R(s) = L[r(t)],\ C(s) = L[c(t)]
$$

则由输出卷积公式(3-17)可得

$$
C(s) = L[c(t)] = \int_0^\infty c(t) e^{-st} dt = \int_0^\infty \left[\int_0^\infty g(t-\tau) r(\tau) d\tau\right] e^{-st} dt \tag{4-12}
$$

做变量代换，令$\alpha = t - \tau$，则有

$$
C(s) = \int_0^\infty g(\alpha) e^{-s\alpha} d\alpha \int_0^\infty r(\tau) e^{-s\tau} d\tau = G(s)R(s) \tag{4-13}
$$

由式(4-13)可以得到重要结论：传递函数是单位脉冲响应函数$g(t)$的拉氏变换。

$$
G(s) = \frac{C(s)}{R(s)} = \int_0^\infty g(t) e^{-st} dt \tag{4-14}
$$

随堂练 求图4-1所示机械系统的微分方程式和传递函数。图中力$F(t)$为输入量，位移$x(t)$为输出量，m为质量，k为弹簧的刚度系数。

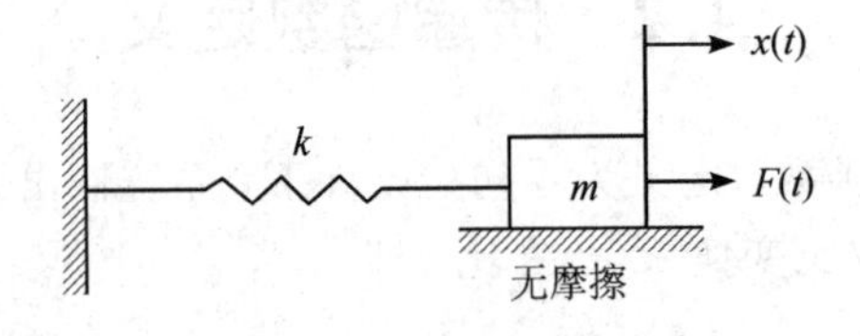

图4-1 随堂练机械系统

思考题 若不满足零初始条件，则拉氏变换微分定理如何表达？

4.3　传递函数的性质

(1) 传递函数的概念适用于线性定常系统，传递函数的结构和各项系数(包括常数项)完全取决于系统本身结构，因此，它是系统的动态数学模型，而与输入信号的具体形式和大小无关，也不反映系统的任何内部信息。但是同一个系统若选择不同的量作为输入量和输出量，所得到的传递函数可能不同。所以谈到传递函数，必须指明输入量和输出量。

(2) 传递函数不能反映系统或元件的学科属性和物理性质，物理性质和学科类别截然不同的系统可能具有完全相同的传递函数。另一方面，研究某一种传递函数所得到的结论，可以适用于具有这种传递函数的各种系统，不管它们的学科类别和工作机理如何不同。

(3) 传递函数是在零初始条件下定义的。控制系统的零初始条件有两层含义：一是指输入量在 $t\geqslant 0$ 时才起作用；二是指输入量加于系统之前，系统处于稳定工作状态。

(4) 传递函数的概念主要适用于单输入、单输出的情况。若系统有多个输入信号，在求传递函数时，除了指定的输入量以外，其他输入量(包括常值输入量)一概视为零；对于多输入、多输出线性定常系统，求取不同输入和输出之间的传递函数将得到系统的传递函数矩阵。

(5) 传递函数是复变量 s 的有理真分式函数，理论分析和实验都指出，对于实际的物理系统和元件而言，输入量和它所引起的响应(输出量)之间的传递函数，分子多项式的阶次 m 总是小于分母多项式的阶次 n。这个结论可以看作是客观物理世界的基本属性。它反映了一个基本事实：一个物理系统的输出不可能立即复现输入信号，只有经过一段时间后，输出量才能达到输入量所要求的数值。

思考题　在经典物理学体系内，若传递函数分子阶次大于分母多项式的阶次，会导致什么现象？你听说过外祖母悖论吗？

(6) 传递函数与线性常微分方程一一对应，传递函数分子多项式系数和分母多项式系数分别与相应微分方程的右端及左端微分算符多项式系数相对应。将微分方程的算符 d/dt 用复数 s 置换便可以得到传递函数，反之，将传递函数中的复数 s 用算符 d/dt 置换便可以得到微分方程。例如，由传递函数

拓展阅读

$$G(s)=\frac{C(s)}{R(s)}=\frac{b_1 s+b_2}{a_0 s^2+a_1 s+a_2}$$

可得关于复数 s 的代数方程

$$(a_0 s^2+a_1 s+a_2)C(s)=(b_1 s+b_2)R(s)$$

用算符 d/dt 置换复数 s，可得相应微分方程

$$a_0 \frac{d^2}{dt^2}c(t)+a_1 \frac{d}{dt}c(t)+a_2 c(t)=b_1 \frac{d}{dt}r(t)+b_2 r(t)$$

(7) 传递函数$G(s)$是单位脉冲响应函数$g(t)$的拉氏变换，单位脉冲响应完全描述了系统的动态特性，也是系统的一种数学模型，通常称为脉冲响应函数。

(8) 传递函数的特征方程、零点和极点。设系统传递函数为

$$G(s)=\frac{C(s)}{R(s)}=\frac{b_0 s^m+b_1 s^{m-1}+\cdots+b_{m-1}s+b_m}{a_0 s^n+a_1 s^{n-1}+\cdots+a_{n-1}s+a_n}=\frac{M(s)}{N(s)} \tag{4-15}$$

式中，$M(s)$、$N(s)$分别称为传递函数的分子多项式和分母多项式。$N(s)=0$ 称为系统的特征方程，$N(s)=0$ 的解称为系统的特征根。特征方程和特征根决定了系统的动态特性。

将传递函数分子多项式和分母多项式做因式分解，可得

$$G(s)=\frac{M(s)}{N(s)}=k\frac{(s-z_1)(s-z_2)\cdots(s-z_m)}{(s-p_1)(s-p_2)\cdots(s-p_n)} \tag{4-16}$$

式中，$M(s)=0$ 的根 $z_i(i=1, \cdots, m)$称为传递函数的零点，$N(s)=0$ 的根 $p_j(j=1, \cdots, n)$称为传递函数的零点，$k=a_0/b_0$ 称为传递函数增益。式(4－16)也称为传递函数的零极点增益形式，常用于根轨迹法分析。传递函数的极点就是传递函数的特征根。

传递函数还具有另外一种常用形式：

$$G(s)=\frac{M(s)}{N(s)}=K\frac{(\tau_1 s+1)(\tau_2 s+1)\cdots(\tau_m s+1)}{(T_1 s+1)(T_2 s+1)\cdots(T_n s+1)} \tag{4-17}$$

式(4－17)称为传递函数的时间常数形式，τ_i、T_j 称为系统各环节的时间常数，K 为系统放大倍数。

随堂练 求出式(4－16)和式(4－17)中各系数之间的转换关系。

4.4 典型环节传递函数

复杂系统的传递函数往往是高级的，但总可以化成有限个典型环节的组合。典型环节是根据微分方程划分的，不是具体的物理装置或元件，同一元件在不同系统中的作用不同。熟悉和掌握这些典型环节的传递函数和特性，有助于对复杂系统的分析研究。

1. 比例环节

比例环节又称放大环节，该环节运动方程和相对应传递函数分别为

$$c(t)=Kr(t), G(s)=\frac{C(s)}{R(s)}=K \tag{4-18}$$

式中，K 为该环节的放大系数或增益。

特点：输入输出量成比例，无失真和时间延迟。

实例：电子放大器、齿轮、电阻(电位器)、感应式变送器等。

2. 惯性环节

惯性环节又称非周期环节，该环节的微分方程和相对应的传递函数分别为

$$T\frac{\mathrm{d}c(t)}{\mathrm{d}t}+c(t)=Kr(t),\ G(s)=\frac{C(s)}{R(s)}=\frac{K}{Ts+1} \tag{4-19}$$

式中，T 为时间常数，K 为比例系数。

特点：含一个独立储能元件，对突变的输入，其输出不能立即复现，输出无振荡。

实例：直流伺服电动机的励磁回路、RC 电路。

3. 积分环节

积分环节的动态方程和传递函数分别为

$$c(t)=K\int r(t)\mathrm{d}t,\ G(s)=\frac{C(s)}{R(s)}=\frac{K}{s} \tag{4-20}$$

式中，K 为比例系数。

特点：输出量与输入量的积分成正比例，当输入消失，输出具有记忆功能；具有明显的滞后作用；可以改善稳态性能。

实例：电动机角速度与角度间的传递函数、电容充电、模拟计算机中的积分器等。

4. 纯微分环节

纯微分环节常简称为微分环节，其运动方程和传递函数为

$$c(t)=T\frac{\mathrm{d}r(t)}{\mathrm{d}t},\ G(s)=\frac{C(s)}{R(s)}=Ts \tag{4-21}$$

式中，T 为时间常数。

特点：输出量正比输入量变化的速度，能预示输入信号的变化趋势。

实例：实际中没有纯粹的微分环节，它总是与其他环节并存的。实际中可实现的微分环节都具有一定的惯性，其传递函数如下：

$$G(s)=\frac{Ts}{Ts+1} \tag{4-22}$$

5. 一阶微分环节

一阶微分环节其运动方程和传递函数为

$$c(t)=T\frac{\mathrm{d}r(t)}{\mathrm{d}t}+r(t),\ G(s)=\frac{C(s)}{R(s)}=Ts+1 \tag{4-23}$$

式中，T 为时间常数。

特点：输出量等于输入量加上输入量变化的速度，能预示输入信号的变化趋势。

实例：实际中没有纯粹的一阶微分环节，它也总是与其他环节并存的。实际中可实现的微分环节都具有一定的惯性，其传递函数如下：

$$G(s)=\frac{\tau s+1}{Ts+1} \tag{4-24}$$

6. 振荡环节

振荡环节的运动方程和传递函数分别为

$$T^2\frac{\mathrm{d}^2c(t)}{\mathrm{d}t^2}+2\zeta T\frac{\mathrm{d}c(t)}{\mathrm{d}t}c(t)=r(t),\ 0<\zeta<1$$

$$G(s)=\frac{C(s)}{R(s)}=\frac{1}{T^2s^2+2\zeta Ts+1}=\frac{\omega_{\mathrm{n}}^2}{s^2+2\zeta\omega_{\mathrm{n}}s+\omega_{\mathrm{n}}^2} \tag{4-25}$$

式中，ζ 称为振荡环节的阻尼比，T 为时间常数，ω_{n} 为系统的自然振荡角频率(无阻尼自振角频率)，并且有 $T=1/\omega_{\mathrm{n}}$。

特点：环节中有两个独立的储能元件，可进行能量交换，输出有振荡。

实例：RLC 电路传递函数，机械弹簧阻尼系统的传递函数。

7. 延迟环节

延时环节的动态方程和传递函数分别为

$$c(t)=r(t-\tau),\ G(s)=\frac{C(s)}{R(s)}=\mathrm{e}^{-\tau s} \tag{4-26}$$

式中，τ 称为该环节的延迟时间。

特点：输出量能准确复现输入量，但要延迟一固定的时间间隔 τ。

实例：管道压力、流量等物理量的控制，其数学模型就包含有延迟环节。

思考题　(1) 延迟环节与惯性环节有什么区别？

(2) 如何将延迟环节近似为惯性环节？

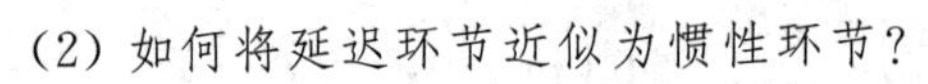

思考题解析

4.5　MATLAB 建立系统数学模型

对控制系统的分析研究经常要进行系统仿真，首先必须建立系统的数学模型。利用 MATLAB 可以建立线性定常系统的数学模型。下面通过示例说明 MATLAB 建立线性定常系统三种数学模型的方法。

例 4-1　系统传递函数如下，用 MATLAB 实现表示该传递函数。

$$G(s)=\frac{12s^3+24s^2+12s+20}{s^4+4s^3+6s^2+2s+2}$$

解　表示上述传递函数的 MATLAB 程序如下：

```
%ex_4-1
num=[12 24 12 20];
den=[1 4 6 2 2];
G=tf(num, den)
```

程序第一行是注释语句，不执行；第二、三行分别按降幂顺序输入给定传递函数的分子和分母多项式的系数；第四行建立系统的传递函数模型。运行结果显示如下：

```
G =

    12 s^3 + 24 s^2 + 12 s + 20
    ------------------------------------------
    s^4 + 4 s^3 + 6 s^2 + 2 s + 2
Continuous-time transfer function.
```

注意如果给定的分子或分母多项式缺项，则所缺项的系数用 0 补充，例如分子多项式为 $3s^2+1$，则相应的 MATLAB 输入为：num=[3 0 1]；

如果分子或分母多项式是多个因子的乘积，可以调用 MATLAB 提供的多项式乘法处理函数 conv( )。

例 4-2　系统传递函数如下，用 MATLAB 实现表示该传递函数。

$$G(s)=\frac{4(s+2)(s^2+6s+7)}{s(s+1)(s^3+3s^2+2s+5)}$$

解　表示上述传递函数的 MATLAB 程序如下：

```
%ex_4-2
num=4*conv([1 2], [1 6 7]);
den=conv([1 0], conv([1, 1], [1 3 2 5]));
G=tf(num, den)
```

程序中的 conv( ) 表示两个多项式的乘法，并且可以嵌套。运行结果为：

```
G =

   4 s^3 + 32 s^2 + 76 s + 56
  ----------------------
  s^5 + 4 s^4 + 5 s^3 + 7 s^2 + 5 s
Continuous-time transfer function.
```

例 4-3　已知系统的零极点增益形式传递函数，用 MATLAB 实现表示该传递函数。

$$G(s)=\frac{10(s+1)(s+2)}{(s+3)(s+4+j5)(s+4-j5)}$$

解　表示上述传递函数的 MATLAB 程序如下：

```
%ex_4-3
z=[-1 -2]; p=[-3 -4+j*5 -4-j*5]; k=10;
G=zpk(z, p, k)
```

程序中的 zpk( ) 表示系统的零极点增益模型(Zero-Pole-Gain Model)，运行结果为

```
G =

   10(s+1)(s+2)
  -----------------
  (s+3)(s^2 + 8s + 41)
Continuous-time zero/pole/gain model.
```

为了分析系统的特性有时需要在不同模型之间进行转换。MATLAB 提供了相应的转

换函数。若 tf 模型为 G_{tf}，zpk 模型为 G_{zpk}，则可以通过下面语句实现相互转换：Gtf=tf(Gzpk)，Gzpk=zpk(Gtf)。

单元作业

1. 求出图 4-2 所示无源网络的传递函数，图中电压 u_1、u_2 分别为输入、输出量。

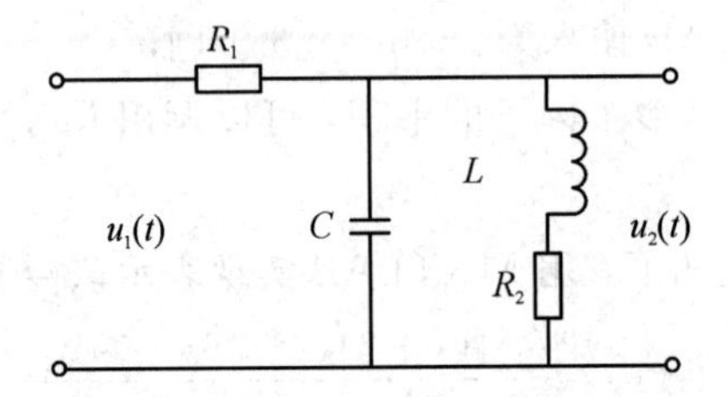

图 4-2 单元作业 1 无源网络

2. 用 MATLAB 实现下面的传递函数模型。

$$G(s)=\frac{s^3+4s^2+3s+1}{s^2(s+3)[(s+2)^2+5]}$$

第 5 讲　结　构　图

学习内容

(1) 结构图组成与建立。

(2) 典型闭环系统结构图。

(3) 结构图等效变换与化简。

学习目标

(1) 熟悉结构图的组成，能熟练建立系统结构图。

(2) 掌握闭环系统结构图概念与术语，会求取相关术语函数。

(3) 掌握结构图等效变换规则，能熟练利用这些规则进行结构图化简。

控制系统的微分方程和传递函数是描述系统特性的两种数学模型。控制系统的结构图是另外一种用图形方式表征的系统数学模型。结构图是一种系统原理图与数学方程(传递函数)相结合的复合模型，结构图能够清晰地表示出系统输入信号在各个元器件之间的信息传递过程，方便地揭示出组成系统每个环节对系统的影响。

5.1　结构图组成与建立

1. 结构图组成

(1) 控制系统都是由一些元部件组成的。根据不同的功能，可将系统划分为若干环节或者叫子系统，每个子系统的功能都可以用一个单向性的函数方块来表示。方块外面带箭头的线段表示这个环节的输入信号(箭头指向方框)和输出信号(箭头离开方框)，其方向表示信号传递方向。箭头处标有代表信号物理量的符号字母，如图 5-1 所示。

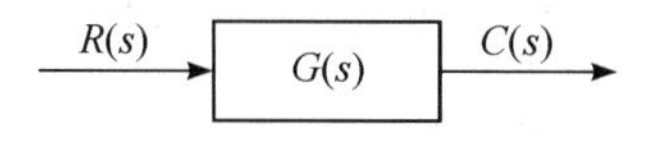

图 5-1　元件结构图

(2) 把系统中所有元件都用上述方框形式表示，按系统输入信号经过各元件的先后次序，依次将代表各元件的方块用连接线连接起来。显然，前后两方块连接时，前面方块输出信号必为后面方块的输入信号。

(3) 对于闭环系统，需引入两个新符号，分别称为相加点(比较点、综合点)和分支点(引出点、测量点)。相加点如图 5-2(a)所示，是系统的比较元件，表示两个以上信号的代数运算。箭头指向的信号流线表示它的输入信号，箭头离开它的信号流线表示它的输出信号；相加点附近的＋、－号依次表示信号之间的相加和相减运算关系。在结构框图中，可以从一条信号流线上引出另一条或几条信号流线，而信号引出的位置称为分支点或引出点，如图 5-2(b)所示。需要注意的是，无论从一条信号流线或一个分支点引出多少条信号流线，它们都代表一个信号，即原始信号的大小。

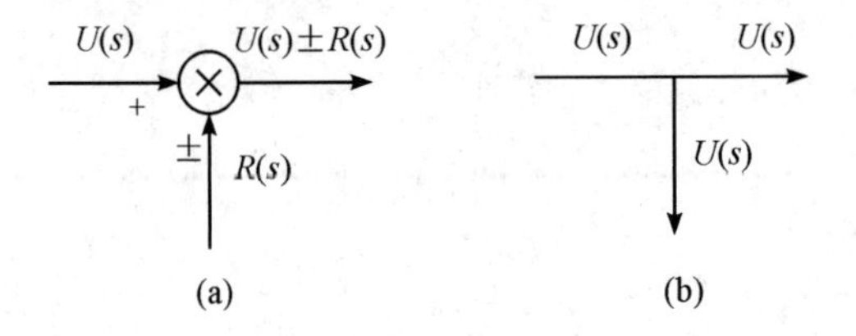

图 5-2　结构图相加点和分支点

2. 结构图的建立

绘制系统结构图主要依据系统各环节的动态微分方程式(或方程组)及其拉氏变换。为了方便绘制结构图，对于复杂系统，可按下述顺序绘制系统的结构图：

(1) 列写系统的微分方程组，并求出其对应的拉氏变换方程组。

(2) 从输出量开始写，将系统输出量作为第一个方程左边的量。

(3) 每个方程左边只有一个量。从第二个方程开始，每个方程左边的量是前面方程右边的中间变量。列写方程时尽量用已出现过的量。

(4) 输入量至少要在一个方程的右边出现，除输入量外，在方程右边出现过的中间变量一定要在某个方程的左边出现。

(5) 按照上述整理方程组的顺序，从输出端开始绘制系统的结构图。

例 5-1　建立图 5-3(a)电路结构图，电压 $u_1(t)$，$u_2(t)$分别为输入和输出变量。

解　系统运算阻抗电路如图 5-3(b)所示。设 $I_1(s)$，$I_2(s)$，$U_3(s)$为中间变量。从输出量 $U_2(s)$开始按上述步骤列写系统方程式

$$U_2(s)=\frac{1}{C_2 s}I_2(s)$$

$$I_2(s)=\frac{1}{R_2}[U_3(s)-U_2(s)]$$

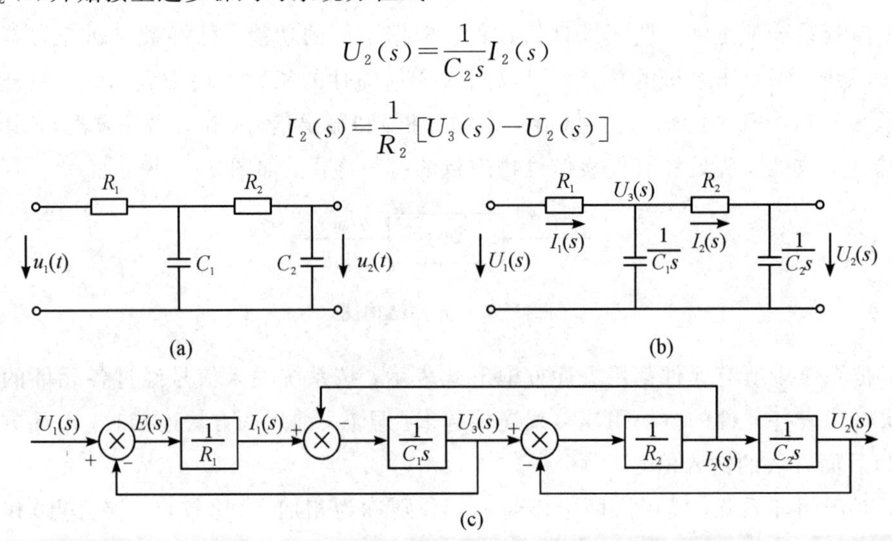

图 5-3　例 5-1 系统电路图

$$U_3(s)=\frac{1}{C_1 s}[I_1(s)-I_2(s)]$$

$$I_1(s)=\frac{1}{R_1}[U_1(s)-U_3(s)]$$

按照上述方程的顺序，从输出量开始绘制系统的结构图，其绘制结果如图 5-3(c)所示(注意这是一个还没有经过简化的系统结构图)。

思考题　(1) 选取不同的中间变量，会对系统的结构图有什么影响?

(2) 选取不同的中间变量，会对系统的输出和输入关系有什么影响?

随堂练　建立图 5-4 电路结构图，电压 $u_1(t)$，$u_2(t)$分别为输入和输出变量。

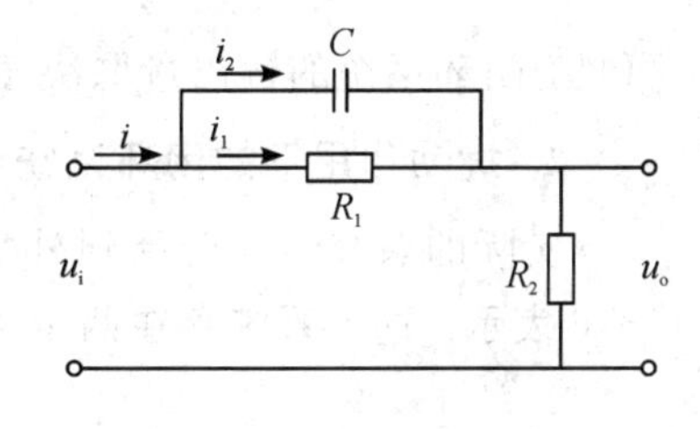

图 5-4　电路结构图

5.2　典型闭环系统结构图

精讲视频

1. 闭环结构图概念和术语

闭环负反馈系统通常用图 5-5 所示结构图来表示。输出量 $C(s)$反馈到相加点，并且在相加点与参考输入量 $R(s)$进行比较。图中各信号之间的关系为

$$\begin{cases} C(s)=G(s)E(s) \\ E(s)=R(s)-B(s) \\ B(s)=H(s)C(s) \end{cases} \tag{5-1}$$

式中，$E(s)$，$B(s)$分别为偏差信号和反馈信号的拉氏变换，$H(s)$为闭环系统中的反馈传递函数。

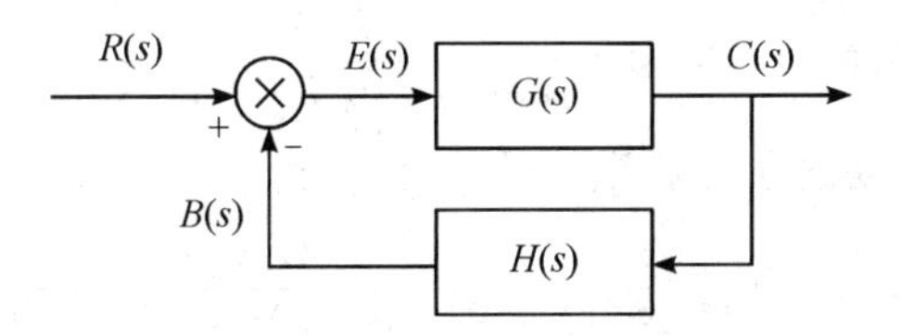

图 5-5　闭环系统结构图

反馈信号 $B(s)$与偏差信号 $E(s)$之比，叫做**开环传递函数**，即

$$\frac{B(s)}{E(s)}=G(s)H(s) \tag{5-2}$$

输出量 $C(s)$和偏差信号 $E(s)$之比，叫做**前向传递函数**，即

$$\frac{C(s)}{E(s)}=G(s) \tag{5-3}$$

如果反馈传递函数等于1，那么开环传递函数和前向传递函数相同，并称这时的闭环反馈系统为**单位反馈系统**。消去式(5-1)的中间变量，可以推出系统输出量$C(s)$和输入量$R(s)$之间的关系

$$\frac{C(s)}{R(s)}=\frac{G(s)}{1+G(s)H(s)} \tag{5-4}$$

上式就是系统输出量$C(s)$和输入量$R(s)$之间的传递函数，称为**闭环传递函数**。闭环传递函数将闭环系统的动态特性与前向通道环节和反馈通道环节的动态特性联系在一起。由式(5-4)可得

$$C(s)=\frac{G(s)}{1+G(s)H(s)}R(s) \tag{5-5}$$

可见，闭环系统的输出量取决于闭环传递函数和输入量的性质。

2. 扰动作用下的闭环系统结构图

实际的系统经常会受到外界扰动的干扰，通常扰动作用下闭环系统的结构图可由图5-6表示。这个系统存在两个输入量，即参考输入量$R(s)$和扰动量$N(s)$。

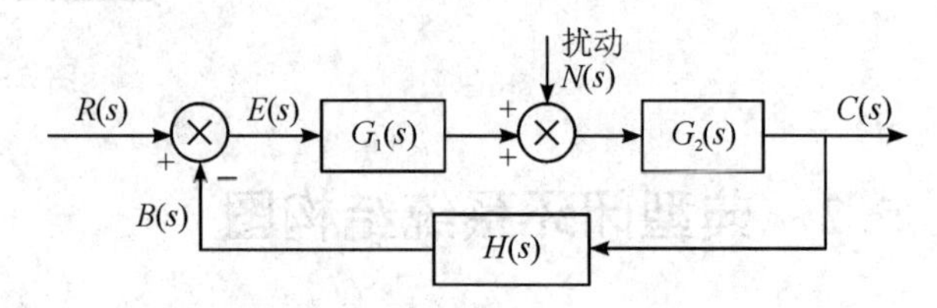

图5-6 扰动作用下的闭环系统

根据线性系统满足叠加性原理的性质，可以先对每一个输入量单独地进行处理，然后将每个输入量单独作用时相应的输出量进行叠加，就可得到系统的总输出量。研究扰动量$N(s)$对系统的影响时，可以假设参考输入信号$R(s)=0$，图中各信号之间的关系为

$$\begin{aligned}C(s)&=G_2(s)[N(s)+G_1(s)E(s)]\\E(s)&=0-B(s)\\B(s)&=H(s)C(s)\end{aligned} \tag{5-6}$$

消去式(5-6)的中间变量，可以推出系统对扰动$N(s)$的响应为

$$C_N(s)=C(s)=\frac{G_2(s)}{1+G_1(s)G_2(s)H(s)}N(s) \tag{5-7}$$

所以，系统输出对扰动的传递函数为

$$\Phi_N(s)=\frac{C_N(s)}{N(s)}=\frac{G_2(s)}{1+G_1(s)G_2(s)H(s)} \tag{5-8}$$

同样在分析系统对参考输入的响应时，可以假设扰动量$N(s)=0$，这时系统对参考输入量$R(s)$的响应为

$$C_R(s)=\frac{G_1(s)G_2(s)}{1+G_1(s)G_2(s)H(s)}R(s) \tag{5-9}$$

所以，系统输出对参考输入的传递函数为

$$\Phi_R(s)=\frac{C_R(s)}{R(s)}=\frac{G_1(s)G_2(s)}{1+G_1(s)G_2(s)H(s)} \tag{5-10}$$

根据线性系统的叠加原理可知，参考输入量 $R(s)$ 和扰动量 $N(s)$ 同时作用于系统时，系统的响应(总输出)为

$$C(s)=C_R(s)+C_N(s)=\frac{G_2(s)}{1+G_1(s)G_2(s)H(s)}[G_1(s)R(s)+N(s)] \tag{5-11}$$

5.3　结构图等效变换与化简

利用结构图分析和设计系统时，常常要对结构图进行简化和变换。对结构图进行简化和变换的基本原则是等效原则，即对结构图任何部分进行变换时，变换前后该部分的输入量、输出量及其相互之间的数学关系应保持不变。

(1) 串联环节化简。

几个环节的结构图首尾连接，前一个结构图的输出是后一个结构图的输入，称这种结构为串联环节。图 5-7(a)是三个环节串联的结构。三个环节串联的等效传递函数是它们各自传递函数的乘积，串联环节简化后的结构图如图 5-7(b)所示。

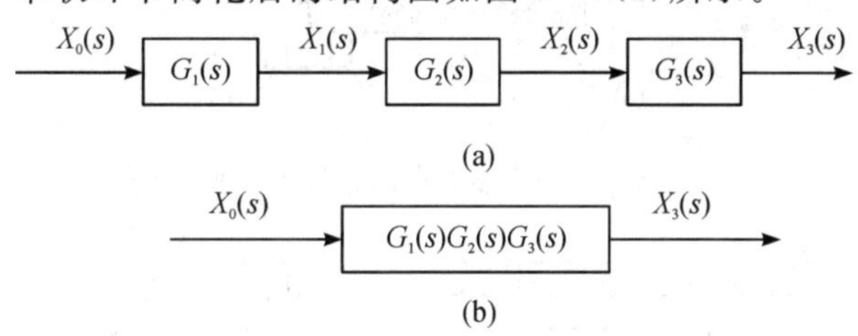

图 5-7　串联环节结构图化简

上述结论可以推广到任意个环节的串联。即 n 个环节(每个环节的传递函数为 $G_i(s)$，$i=1, 2, \cdots, n$，串联的等效传递函数等于 n 个传递函数相乘。

$$G(s)=G_1(s)G_2(s)\cdots G_n(s) \tag{5-12}$$

(2) 并联环节化简。

两个或多个环节具有同一个输入信号，而以各自环节输出信号的代数和作为总的输出信号，这种结构称为并联。图 5-8(a)表示三个环节并联的结构，三个环节串联的等效传递函数是它们各自传递函数的代数和，串联环节简化后的结构图如图 5-8(b)所示。

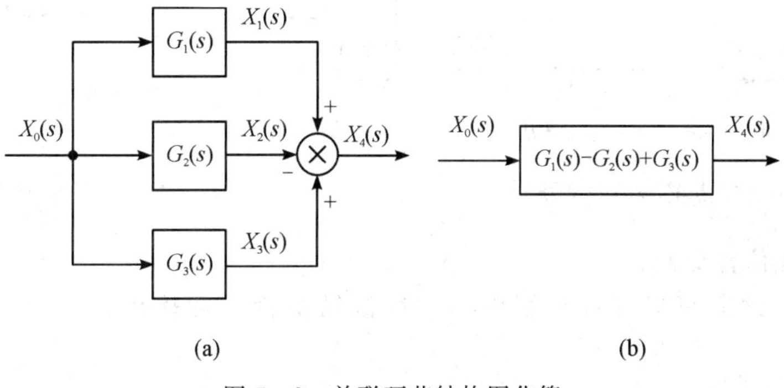

图 5-8　并联环节结构图化简

(3) 反馈回路化简。

反馈回路由前向通道和反馈通道组成，其典型结构如图 5-9(a)所示。反馈信号取“+”时为正反馈，取“-”时为负反馈，自控系统一般为负反馈形式。化简后的结构图如图 5-9(b)所示。

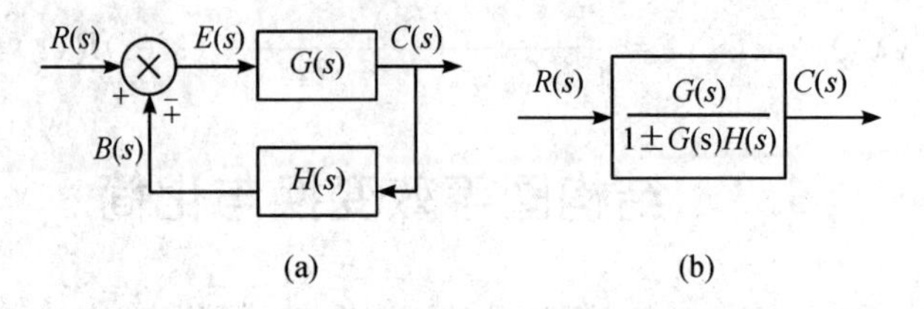

图 5-9　反馈回路结构图化简

(4) 相加点前后移动。

相加点移动共分为前移和后移两种情况。前移等效变换如图 5-10 所示，后移等效表换如图 5-11 所示。

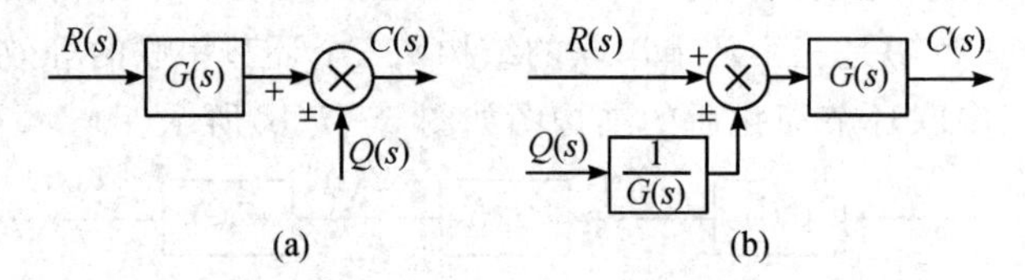

图 5-10　相加点前移等效变换

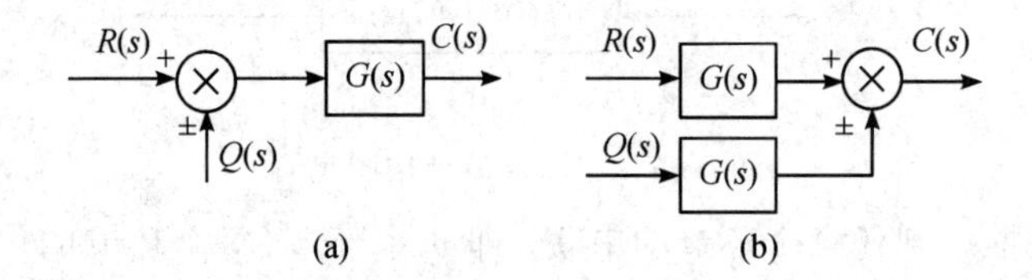

图 5-11　相加点后移等效变换

(5) 分支点前后移动。

分支点移动共分为前移和后移两种情况。前移等效变换如图 5-12 所示，后移等效变换如图 5-13 所示。

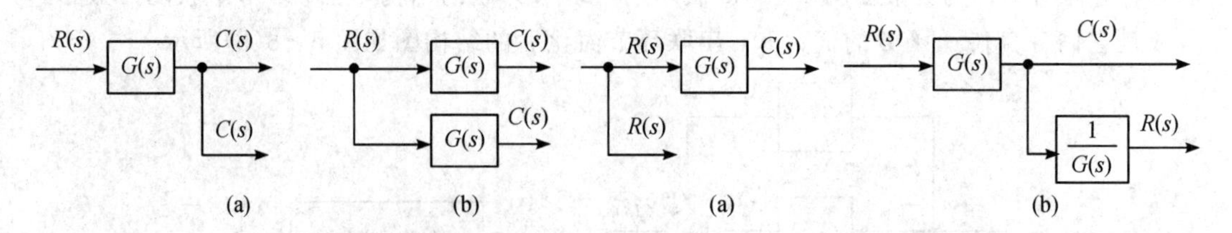

图 5-12　分支点前移等效变换　　图 5-13　分支点后移等效变换

(6) 相邻点位置交换。

相邻相加点之间可以互换位置而不改变该结构输入和输出信号之间的关系，如图 5-14 所示。

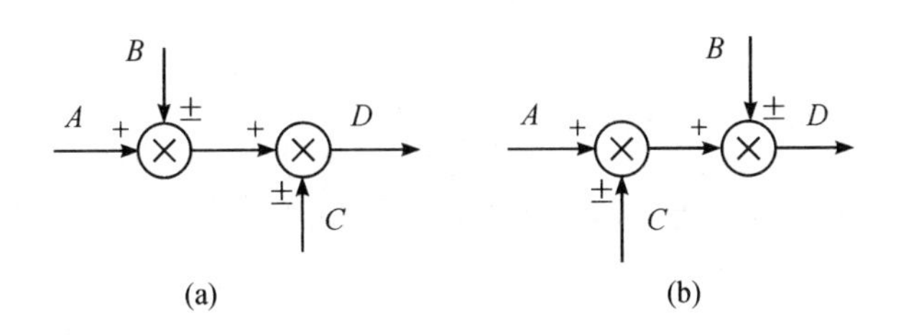

图 5-14　相邻相加点位置互换

相邻分支点引出的是同一个信号，它们的位置可以随意交换而不改变该结构信号之间的关系，如图 5-15 所示。

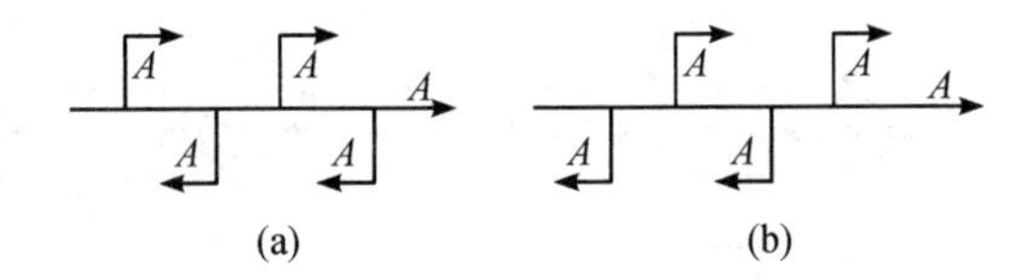

图 5-15　相邻分支点位置交换

采用结构图化简方法求取传递函数时，首先观察结构图，适当移动相加点和分支点，将结构图变换成串联、并联和反馈三种典型连接形式，对于具有多个回路的结构图，先求内回路的等效变换方框图，再求外回路的等效变换方框图，最后求出系统传递函数。但应当指出，在结构图化简过程中，两个相邻的相加点和分支点不能轻易交换。

例 5-2　试简化图 5-16 系统的结构图，并求系统的传递函数。

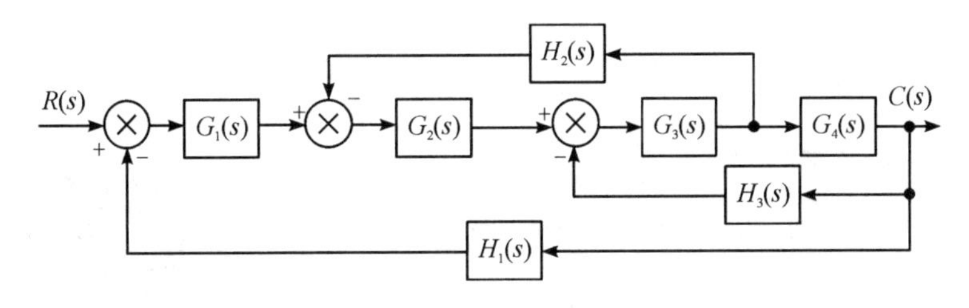

图 5-16　例 5-2 系统结构图

解　在图 5-16 中，如果不移动相加点或分支点的位置就无法进行结构图的等效运算。采用以下步骤简化原图。

(1) 利用分支点后移规则，将 $G_3(s)$，$G_4(s)$之间的分支点移到 $G_4(s)$方框的输出端，变换结果如图 5-17 所示。

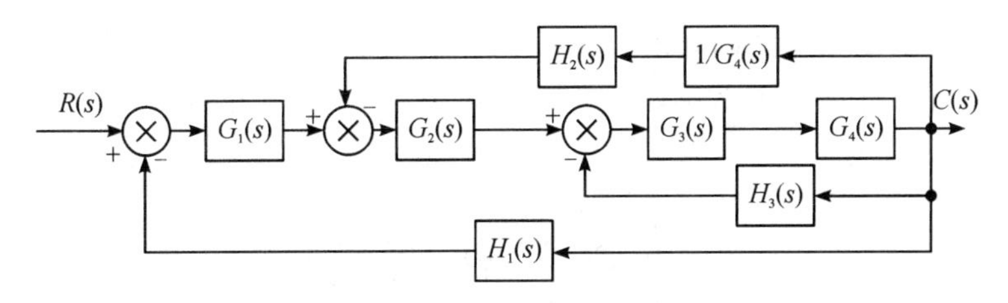

图 5-17　例 5-2 分支点后移

(2) 将 $G_3(s)$，$G_4(s)$和 $H_3(s)$组成的内反馈回路简化，如图 5-18(a)所示，其等效传

递函数为

$$G_{34}(s)=\frac{G_3(s)G_4(s)}{1+G_3(s)G_4(s)H_3(s)}$$

(3) 再将 $G_2(s)$，$G_{34}(s)$，$H_2(s)$和 $1/G_4(s)$组成的内反馈回路简化，见图 5-18(b)，其等效传递函数为

$$G_{23}(s)=\frac{G_2(s)G_{34}(s)}{1+G_2(s)G_{34}(s)H_2(s)/G_4(s)}=\frac{G_2(s)G_3(s)G_4(s)}{1+G_3(s)G_4(s)H_3(s)+G_2(s)G_3(s)H_2(s)}$$

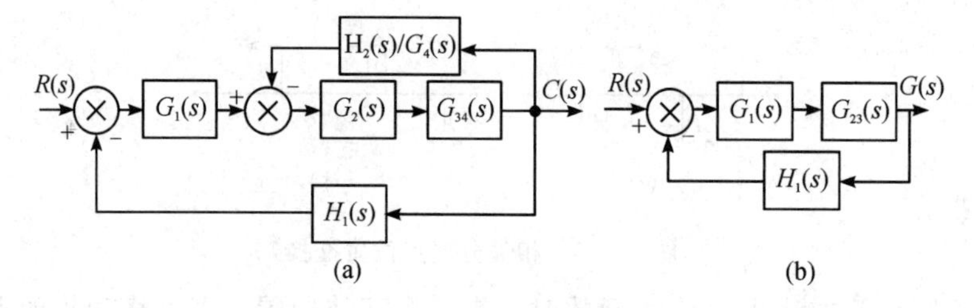

图 5-18　例 5-2 结构图化简

(4) 将 $G_1(s)$，$G_{23}(s)$和 $H_1(s)$组成的反馈回路简化便求得系统的传递函数为

$$\frac{G(s)}{R(s)}=\frac{G_1(s)G_2(s)G_3(s)G_4(s)}{1+G_2(s)G_3(s)H_2(s)+G_3(s)G_4(s)H_3(s)+G_1(s)G_2(s)G_3(s)G_4(s)H_1(s)}$$

随堂练 化简图 5-19 所示系统结构图。

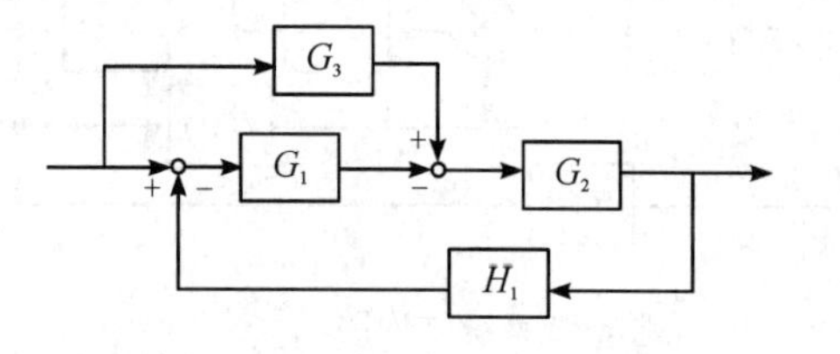

图 5-19　随堂练系统结构图

随堂练解析

MATLAB 提供了相应的函数来实现系统结构图的构建。其中 feedback( )是构建反馈回路的函数，对于几个传递函数串联和并联，分别用 series( )和 parallel( )实现，具体用法请查询 MATLAB 帮助。

单元作业

1. 将例 5-2 和图 5-16 中 $G_2(s)$，$G_3(s)$间的相加点前移，重新化简结构图。

2. 化简图 5－20 中的系统结构图。

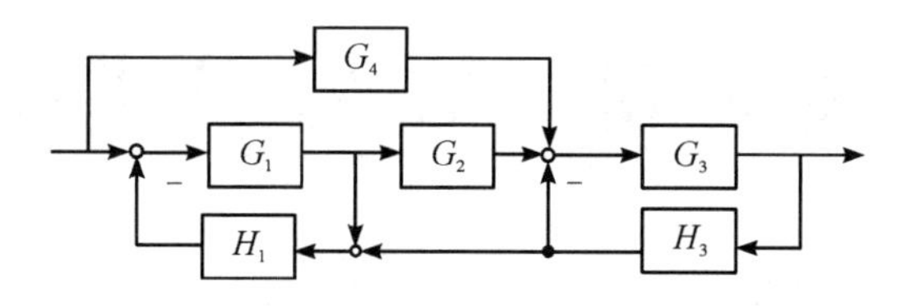

图 5－20　单元作业 2 系统结构图

第6讲　信号流图

学习内容

(1) 信号流图的组成与术语。

(2) 信号流图性质。

(3) 梅森公式。

学习目标

(1) 熟悉信号流图组成和术语，能熟练找出信号流图中的通道、回路。

(2) 掌握信号流图的性质。

(3) 掌握梅森公式，能熟练运用梅森公式求系统传递函数。

复杂控制系统的结构图往往是多回路的，并且是交叉的。在这种情况下，对结构图进行简化是很麻烦的，而且容易出错。如果把结构图变换为信号流图，再利用梅森(Mason)公式去求系统的传递函数，就比较方便。信号流图是由节点和支路组成的一种信号传递网络，是与结构图等价的描述变量之间关系的图形表述方法。

6.1　信号流图的组成与术语

信号流图是由节点和支路组成的一种信号传递网络。节点表示方程中的变量，用“O”表示；连接两个节点的线段叫支路，支路是有方向性的，用箭头表示；箭头由自变量(输入变量)指向因变量(输出变量)，标在支路上的增益代表变量之间的关系，即方程中的系数。

比如一个简单的例子：$x_2=a_{12}x_1$ 对应的信号流图如图 6-1 所示，其中 a_{12} 表示支路的增益。

下面结合图 6-2 介绍信号流图的有关术语。

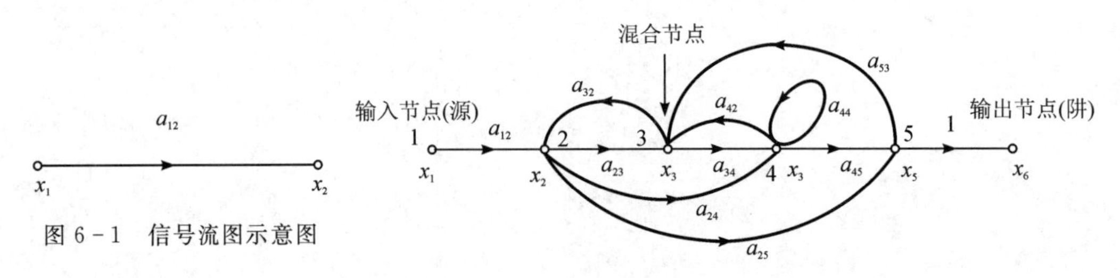

图 6-1　信号流图示意图

图 6-2　信号流图术语

(1) 输入节点(源)：仅具有信号输出支路而没有信号输入支路的节点，一般代表系统输入变量，如图 6-2 中的 x_1。

(2) 输出节点(阱)：仅有输入支路的节点。有时信号流图中没有一个节点是仅具有输入支路的。只要从输出变量(或感兴趣变量)节点引出一条增益为1的支路，即可形成一输出节点，如图6-2中的x_6。

(3) 混合节点：既有输入支路又有输出支路的节点。如图6-2中的x_2，x_3，x_4，x_5。

(4) 通道：沿支路箭头方向穿过各相连支路的途径，叫通道。如果通道与任一节点相交不多于一次，就叫开通道。如果通道的终点就是起点，并且与任何其他节点相交不多于一次，就称作闭通道。

(5) 前向通道：如果从输入节点(源)到输出节点(阱)的通道上，通过任何节点不多于一次，则该通道叫前向通道。前向通道上各支路增益之乘积，称为前向通道增益，用P_k表示。如图6-2中$x_1 \to x_2 \to x_3 \to x_4 \to x_5 \to x_6$就是一条前向通道，该前向通道的增益为$P_1 = a_{12}a_{23}a_{34}a_{45}$。

(6) 回路：起点和终点在同一节点，并与其他节点相遇仅一次的通路，也就是闭合通道。回路中所有支路的乘积称为回路增益，用L_k表示。如图6-2中$x_2 \to x_3 \to x_2$就是一条回路，该回路的增益为$L_1 = a_{23}a_{32}$。

(7) 不接触回路：回路之间没有公共节点，这种回路叫不接触回路。可以有两个或者两个以上的不接触回路。如图6-2中$x_2 \to x_3 \to x_2$和$x_4 \to x_4$就是不接触回路。

随堂练 找出图6-2中的所有前向通道、回路和不接触回路，并求出相应的前向通道增益和回路增益。

随堂练解析

6.2 信号流图性质

信号流图基本性质可归纳如下：

(1) 信号流图起源于图示法，用来描述一组线性代数方程式，仅适用于线性系统。

(2) 节点标志系统的变量，每个节点标志的变量是所有流入该节点信号的代数和。从同一节点流向各支路的信号为同一变量信号。

(3) 支路表示一个信号对另一个信号的函数关系，相当于乘法器。信号只能沿支路上的箭头指向传递，具有前后因果关系。

(4) 对于一个给定的系统，由于描述同一个系统的方程可以表示为不同的形式，所以可以画出不同种信号流程图，故信号流图不是唯一的。

(5) 信号流图的绘制可以从系统微分方程入手，通过拉氏变换为s的代数方程，再给系统每个变量指定一个节点，按照因果关系从左向右顺序排列，根据方程式将各节点变量正确连接并标注支路增益。

(6) 信号流图也可以由系统结构图等价转换来。只需要在结构图的信号线上，用小圆圈标志出传递的信号便可得到节点，用标有传递函数的线段代替结构图中的方框便可得到支路。

例 6-1　绘制图 6-3 系统结构图对应的信号流图。

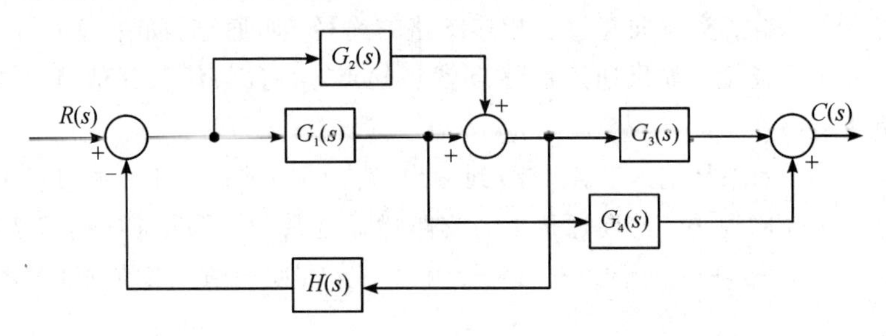

图 6-3　系统结构图

解　在系统结构图的信号线上，用小圆圈标注各变量对应的节点如图 6-4(a)所示，将各节点按原来顺序自左向右排列，连接各节点的支路与结构图中的方框相对应，连接有关的节点，得到系统的信号流图如图 6-4(b)所示。

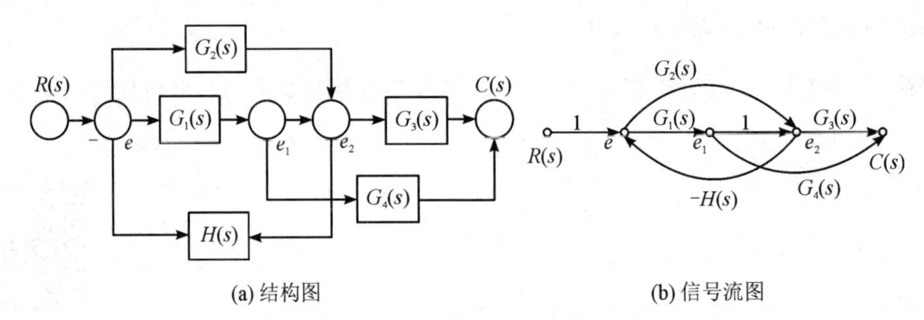

(a) 结构图　　(b) 信号流图

图 6-4　例 6-1 系统结构图与信号流图

6.3 梅森公式

精讲视频

对于比较复杂的系统，当结构图和信号流图的变换和简化方法非常繁琐时，可以使用梅森公式，直接求取结构图或者信号流图的传递函数。梅森公式表达式为

$$P=\frac{1}{\Delta}\sum_{k}P_{k}\Delta_{k} \tag{6-1}$$

式中，

P—系统总增益(结构图中从输入到输出的传递函数)；

k—前向通道数目；

P_k—第 k 条前向通道的增益；

Δ—信号流图的特征式，它是信号流图所表示方程组系数矩阵的行列式。在同一个信号流图中不论求图中任何一对节点之间的增益，其分母总是 Δ，变化的只是其分子。可通过下面的表达式计算。

$$\Delta=1-\sum L_{(1)}+\sum L_{(2)}-\sum L_{(3)}+\cdots+(-1)^{m}\sum L_{(m)} \tag{6-2}$$

其中，

$\sum L_{(1)}$— 所有不同回路增益之和；

$\sum L_{(2)}$— 所有任意两个互不接触回路增益乘积之和；

$\sum L_{(3)}$— 所有任意三个互不接触回路增益乘积之和；

$\sum L_{(m)}$— 所有任意 m 个不接触回路增益乘积之和；

Δ_k—信号流图中除去与第 k 条前向通道 P_k 相接触的支路和节点后余下的信号流图的特征式，称为 P_k 的余因式。

下面举例说明如何用梅森公式求取系统的传递函数。

例 6-2 系统的结构图如图 6-5 所示，试用梅森公式求系统的传递函数。

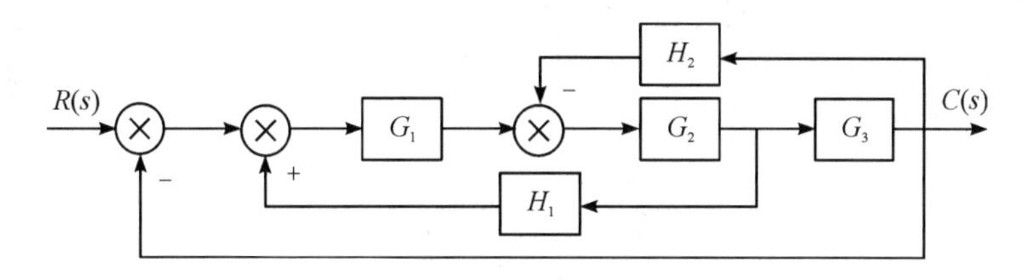

图 6-5 例 6-2 系统结构图

解 从图中可以看出，该框图只有一个前向通路，其增益为

$$P_1=G_1G_2G_3$$

有三个独立回路

$$L_1=-G_1G_2G_3,\ L_2=G_1G_2H_1,\ L_3=-G_2G_3H_2$$

没有两个及两个以上的互相独立回路。所以，特征式为

$$\Delta=1-\sum L_{(1)}=1-(L_1+L_2+L_3)=1-G_1G_2H_1+G_2G_3H_2+G_1G_2G_3$$

因为通道 P_1 与三个回路都接触，所以它的余因式为 $\Delta_1=1$。因此，输入量 $R(s)$ 和输出量 $C(s)$ 之间的总增益或闭环传递函数为

$$\frac{C(s)}{R(s)}=P=\frac{P_1\Delta_1}{\Delta}=\frac{G_1G_1G_3}{1+G_1G_2G_3-G_1G_2H_1+G_2G_2H_2}$$

随堂练 (1) 用梅森公式求图 6-6 系统的传递函数。

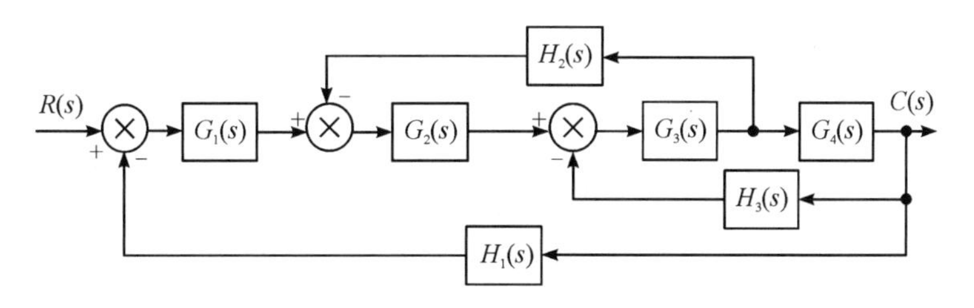

图 6-6 例 6-2 系统结构图

(2) 用梅森公式求图 6-7 系统的传递函数。

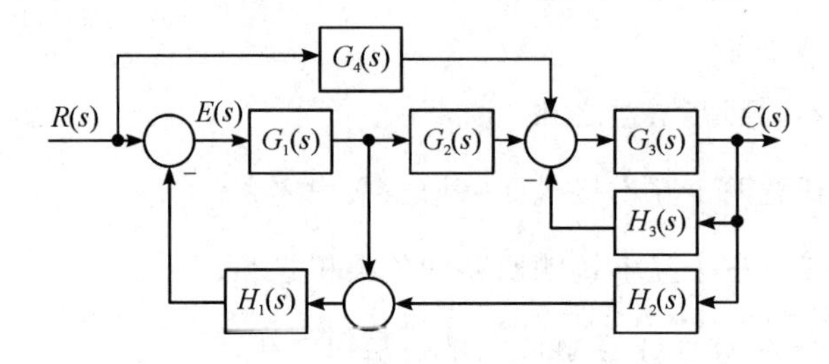

图 6-7 随堂练 2 系统结构图

单元作业

随堂练解析

1. 用梅森公式求图 6-8 系统的传递函数。

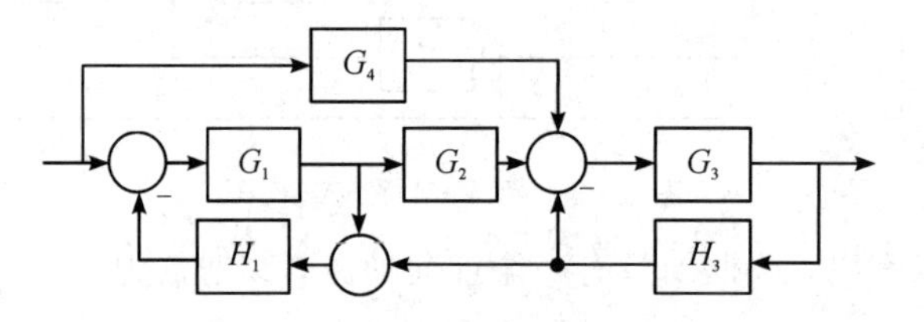

图 6-8 单元作业 1 系统结构图

2. 用梅森公式求图 6-9 系统的传递函数。

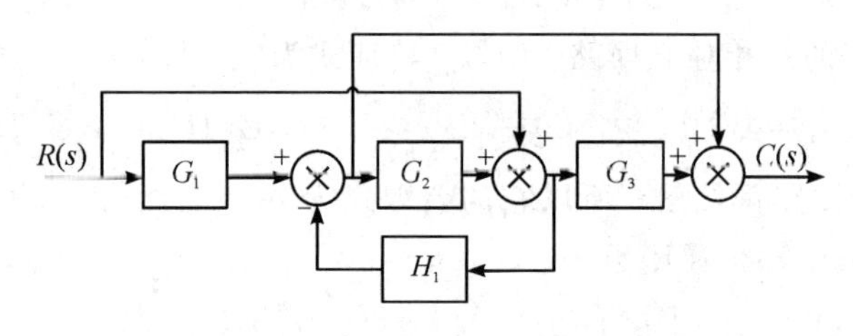

图 6-9 单元作业 2 系统结构图

第 7 讲　线性系统稳定性分析

学习内容

(1) 稳定性基本概念。

(2) 线性定常系统稳定性的充分必要条件。

(3) 劳斯稳定判据。

(4) 赫尔维兹稳定判据内容。

学习目标

(1) 掌握稳定性基本概念和稳定的类型。

(2) 掌握线性定常系统稳定性的充分必要条件。

(3) 能够熟练运用劳斯判据判别系统稳定性。

(4) 熟悉赫尔维兹稳定判据。

设计控制系统的前提是熟悉和了解被控对象的特性，其次需要确定系统的数学模型。在获得系统的数学模型后，就可以采用适当的方法对系统进行全面的性能分析和设计计算。对系统进行各类品质指标的分析必须在系统稳定的前提下进行。稳定是控制系统能够正常运行的先决条件，是控制系统的重要性能之一。

控制系统在实际运行过程中，总会受到外界和内部一些因素的扰动，例如负载和能量源的波动、系统参数的变化和环境条件的改变等。如果系统不稳定，就会在任何微小的扰动作用下偏离原来的平衡状态，并随着时间的推移而发散。因此分析系统的稳定性并提出保证系统稳定的措施，是自动控制理论的基本任务之一。

7.1　稳定性基本概念

设系统原处于某一平衡状态，在瞬间受到扰动作用时，会偏离原来的平衡状态。所谓稳定性，是指系统在扰动消失后，由偏差状态恢复到原来平衡状态的能力。当扰动消失后，如果系统还能回到原有的平衡状态，则称该系统是稳定的。反之，系统为不稳定的。稳定性是表征系统在扰动消失后自身的一种恢复能力，它是系统的一种固有特性。

下面以图 7－1 所示的两个单摆系统为例说明稳定的概念。左图中的单摆支点 o 位于上

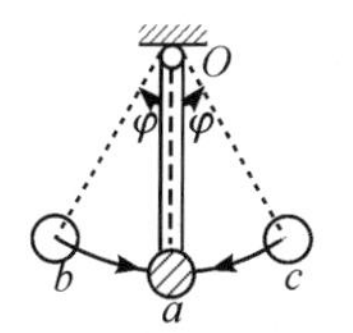

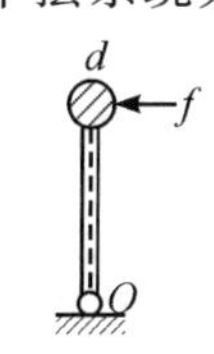

图 7－1　单摆稳定性示意图

拓展阅读

方，平衡点为 a。在外界扰动下，单摆偏离平衡点到达位置 b。扰动消失后，单摆在重力和惯性作用下，经过 a 点运动到 c 点，然后在空气阻力作用下，经过多次减幅运动最后回到并静止在原平衡点 a。因此称 a 为稳定的平衡点。

右图中的单摆，也称为倒立摆，支点 o 位于下方，平衡点为 d。在受到扰动时，会偏离原平衡点并倒掉，无论经过多长时间也不可能再回到原来的平衡点。因此称 d 为不稳定的平衡点。倒立摆系统是控制理论教学与科研中典型的物理模型，常被用来检验控制理论和算法的正确性及其在实际应用中的有效性。

系统的稳定性又分为两种：一是大范围的稳定，即初始偏差很大，但系统仍稳定；另一种是小范围的稳定，即初始偏差在一定限度内系统稳定，超出了这个限定值则不稳定。对于线性系统，如果小范围内是稳定的，则它一定也是大范围稳定的。而对于非线性系统不存在类似结论。

若线性控制系统在初始扰动的影响下，其动态过程随时间的推移逐渐衰减，并趋于零(原平衡点)，则称系统渐近稳定；反之，若在初始扰动影响下系统的动态过程随时间的推移而发散，则称系统不稳定。

这种稳定性也称零输入响应的稳定性(内稳定)，与之对应的，如果系统对于每一个有界输入的零状态响应仍保持有界，则称该系统的零状态响应是稳定的，或称有界输入有界输出稳定(BIBO 稳定，外部稳定)。线性定常系统的稳定性也可以通过系统零状态响应的收敛性来表达。

7.2 线性定常系统稳定性的充分必要条件

稳定性是系统在扰动消失后自身的一种恢复能力，是系统的一种固有特性。线性系统的稳定性只与系统本身的参数、结构有关，而与外部作用和条件无关。线性系统的特性或状态可以由线性微分方程的解来描述。微分方程的解通常就是系统输出量的时间表达式，它包含两个部分：静态分量和瞬态分量。其中静态分量对应微分方程的特解，与外部输入有关；瞬态分量对应微分方程的通解，研究系统的稳定性，就是研究系统输出量中瞬态分量的运动形式。这种运动形式完全取决于系统的特征方程式。

设线性定常系统传递函数为

$$G(s)=\frac{C(s)}{R(s)}=\frac{b_0s^m+b_1s^{m-1}+\cdots+b_{m-1}s+b_m}{a_0s^n+a_1s^{n-1}+\cdots+a_{n-1}s+a_n}$$

系统的特征方程式为

$$D(s)=a_0s^n+a_1s^{n-1}+\cdots+a_{n-1}s+a_n=0$$

此方程的根，称为特征根。它由系统本身的参数和结构决定。微分方程解的瞬态分量一般具有如下形式

$$c(t)=A_1\mathrm{e}^{s_1t}+A_2\mathrm{e}^{s_2t}+\cdots+A_n\mathrm{e}^{s_nt} \tag{7-1}$$

式中，s_i，$i=1, 2, \cdots, n$ 为系统的特征根。

从常微分方程理论可知，微分方程解的收敛性完全取决于其相应特征方程的根。如果特征方程的所有根都是负实数或实部为负的复数，则微分方程的解是收敛的；如果特征方程存在正实数根或正实部的复根，则微分方程的解中就会出现发散项。由上述讨论可以得

出下面的结论。

线性定常系统稳定的充分必要条件是：特征方程式的所有根均为负实根或其实部为负的复根，即特征方程的根均在复平面的左半平面。由于系统特征方程的根就是闭环系统的极点，所以也可以说，线性定常系统稳定的充分必要条件是闭环系统的极点均在复平面的左半部分。

对于复平面右半平面没有极点，但虚轴上存在极点的线性定常系统，称之为临界稳定的，此时对应的系统增益称为临界增益，该系统在扰动消除后的响应通常是等幅振荡的。在工程上，临界稳定属于不稳定，因为参数的微小变化就可能使极点具有正实部，从而导致系统不稳定。

7.3　劳斯稳定判据

根据线性定常系统稳定性的充分必要条件，可以通过求取系统特征方程式的所有根，并检查所有特征根实部的符号来判断系统是否稳定。但由于一般特征方程式为高次代数方程，要计算其特征根必须依赖计算机进行数值计算。采用劳斯稳定判据，可以不用求解方程，只根据方程系数做简单的运算，就可以确定方程是否有(以及有几个)正实部的根，从而判定系统是否稳定。

设系统的特征方程式为

$$D(s)=a_0s^n+a_1s^{n-1}+\cdots+a_{n-1}s+a_n=0 \tag{7-2}$$

首先，劳斯稳定判据给出控制系统稳定的必要条件是：控制系统特征方程式(7-2)的所有系数 a_0，a_1，…，a_n 均为正值，且特征方程式不缺项。其次，劳斯稳定判据给出控制系统稳定的充分条件是：劳斯表中第一列所有项均为正号。

如果式(7-2)所有系数都是正值，将多项式的系数按照下面的行和列形式排成劳斯表

精讲视频

$$\begin{array}{llllll}
s^n & a_0 & a_2 & a_4 & a_6 & \cdots \\
s^{n-1} & a_1 & a_3 & a_5 & a_7 & \cdots \\
s^{n-2} & b_1 & b_2 & b_3 & b_4 & \cdots \\
s^{n-3} & c_1 & c_2 & c_3 & \cdots & \cdots \\
\vdots & \vdots & \vdots & \vdots & & \\
s^2 & d_1 & d_2 & d_3 & & \\
s^1 & e_1 & e_2 & & & \\
s^0 & f_1 & & & &
\end{array}$$

其中，$b_1=\dfrac{a_1a_2-a_0a_3}{a_1}$，$b_2=\dfrac{a_1a_4-a_0a_5}{a_1}$，$b_3=\dfrac{a_1a_6-a_0a_7}{a_1}$，…

一直进行到后面的 b_i 全部为零时为止。同样采用上面两行系数交叉相乘的方法，可以求出 c_i，d_i，e_i，f_i 等系数，即

$$c_1=\frac{b_1a_3-a_1b_2}{b_1},\ c_2=\frac{b_1a_5-a_1b_3}{b_1},\ c_3=\frac{b_1a_7-a_1b_4}{b_1},\ \cdots,\ f_1=\frac{e_1d_2-d_1e_2}{b_1}$$

这个过程一共进行到 $n+1$ 行为止。其中第 $n+1$ 行仅第一列有值，且正好是方程最后一项 a_n，劳斯表是三角形。注意，在展开的劳斯表中，为了简化其后的数值运算，可以用一个正整数去除或乘某一整个行，这时并不改变稳定性结论。

劳斯稳定判据可表述为：如果必要条件不满足(即特征方程系数不全为正或缺项)，则可断定系统是不稳定或临界稳定的；如果必要条件满足，列出劳斯表，检查表中第一列的数值是否均为正值。如果是，则系统稳定；否则系统不稳定，并且系统在复平面右半平面极点的个数等于劳斯表第一列系数符号改变的次数。

例 7-1　已知三阶系统特征方程为 $a_0s^3+a_1s^2+a_2s+a_3=0$，求使系统稳定的充要条件。

解　列劳斯表如下

$$\begin{array}{lll} s^3 & a_0 & a_2 \\ s^2 & a_1 & a_3 \\ s^1 & \dfrac{a_1a_2-a_0a_3}{a_1} & \\ s^0 & a_3 & \end{array}$$

根据劳斯判据，系统稳定的充要条件是劳斯表第一列系数均大于零。所以有

$$a_1a_2>a_0a_3,\ a_i>0,\ i=0,1,2,3$$

随堂练　设系统特征方程为 $s^4+2s^3+3s^2+4s+5=0$，使用劳斯判据判断系统稳定性。若不稳定，求出系统右半平面极点数目。

在用劳斯稳定判据分析系统的稳定性时，有时会遇到下列两种特殊情况：

(1) 劳斯表中某一行第一例元素为零，而其余各元素不为零或不全为零。

此时，计算劳斯表下一行时，将出现无穷大，使劳斯稳定判据无法运用。可用一个很小的正数代替为零的元素，然后继续进行计算，完成劳斯表。

例 7-2　系统的特征方程为

$$D(s)=s^4+2s^3+3s^2+6s+1=0$$

用劳斯判据确定系统特征根在复平面的分布情况。

解　其劳斯表为

$$\begin{array}{llll} s^4 & 1 & 3 & 1 \\ s^3 & 2 & 6 & \\ s^2 & 0\to\varepsilon & 1 & \\ s^1 & \dfrac{6\varepsilon-2}{\varepsilon}\to-\infty & & \\ s^0 & 1 & & \end{array}$$

因为劳斯表第一列元素的符号改变了两次，所以系统不稳定，有两个特征根在左半平面，且有两个正实部在右半平面。

(2) 劳斯表中某一行全为零。

此时，特征根中出现关于原点对称的根，这些根或为共轭虚根；或为符号相异但绝对值相同的成对实根；或为实部符号相异而虚部数值相同的成对的共轭复根；或上述情况同时存在。

若遇到第二种情况，先用全零行的上一行元素构成一个辅助方程，它的次数总是偶数。再将上述辅助方程对 s 求导，用求导后的方程系数代替全零行的元素，继续完成劳斯表。

例 7-3　系统的特征方程为

$$D(s)=s^3+2s^2+s+2=0$$

用劳斯判据确定系统特征根在复平面的分布情况。

解　其劳斯表为

$$\begin{array}{lll} s^3 & 1 & 1 \\ s^2 & 2 & 2 \\ s^1 & 4 & 0 \\ s^0 & 2 & \end{array}$$

s^2 行 →辅助方程：$2s^2+2=0$

s^1 行 ←辅助方程求导：$4s=0$

劳斯表第一列元素符号均大于零，有一个特征根在左半平面，有一对纯虚根，可由辅助方程 $2s^2+2=0$ 解出根为 $\pm$j。

思考题　如何用劳斯判据判别特征根位于垂直线 $s=-1$ 右侧的数量？

7.4　赫尔维兹稳定判据

赫尔维兹判据也是不求方程只根据特征方程系数来判别系统稳定性。设系统特征方程为

$$D(s)=a_0s^n+a_1s^{n-1}+\cdots+a_{n-1}s+a_n=0$$

以上述特征方程系数组成如下行列式：

$$\Delta_1=a_1,\ \Delta_2=\begin{vmatrix} a_1 & a_0 \\ a_3 & a_2 \end{vmatrix},\ \Delta_3=\begin{vmatrix} a_1 & a_0 & 0 \\ a_3 & a_2 & a_1 \\ a_5 & a_4 & a_3 \end{vmatrix},\ \cdots$$

$$\Delta_n=\Delta=\begin{vmatrix} a_1 & a_0 & 0 & 0 & 0 & \cdots \\ a_3 & a_2 & a_1 & a_0 & 0 & \cdots \\ a_5 & a_4 & a_3 & a_2 & a_1 & \cdots \\ a_7 & a_6 & a_5 & a_4 & a_3 & \cdots \\ \vdots & \vdots & \vdots & \vdots & \ddots & \ddots \\ 0 & 0 & 0 & 0 & \cdots & a_n \end{vmatrix}$$

上述行列式中，对角线上各元为特征方程中第二项开始的各项系数。以对角线上各元为准，左边各元下标递增；右边递减。写到特征方程中不存在的系数时，以零代替。上述行列式称为系统主行列式 Δ 其各阶顺序主子式。

赫尔维兹判据内容为：系统稳定的充要条件是 $a_0>0$，且上述各阶顺序主子式 Δ_1，…，Δ_n 均大于零。

例 7-4 四阶系统的特征方程为

$$D(s)=a_0s^4+a_1s^3+a_2s^2+a_3s+a_4=0$$

用赫尔维兹判据求出系统稳定的充要条件。

解 列出系统各阶主子式并令其大于零

$$\Delta_1=a_1>0,$$

$$\Delta_2=\begin{vmatrix} a_1 & a_0 \\ a_3 & a_2 \end{vmatrix}=a_1a_2-a_0a_3>0$$

$$\Delta_3=\begin{vmatrix} a_1 & a_0 & 0 \\ a_3 & a_2 & a_1 \\ 0 & a_4 & a_3 \end{vmatrix}=a_3(a_1a_2-a_0a_3)-a_1^2a_4>0$$

$$\Delta_4=\begin{vmatrix} a_1 & a_0 & 0 & 0 \\ a_3 & a_2 & a_1 & a_0 \\ 0 & a_4 & a_3 & a_2 \\ 0 & 0 & 0 & a_4 \end{vmatrix}=a_4[a_3(a_1a_2-a_0a_3)-a_1^2a_4]>0$$

则系统稳定的充分必要条件是

$$a_i>0,\ i=0,1,\cdots,4,\ a_1a_2-a_0a_3>0,\ a_3(a_1a_2-a_0a_3)-a_1^2a_4>0$$

随堂练 (1) 已知三阶系统特征方程为 $a_0s^3+a_1s^2+a_2s+a_3=0$，用赫尔维兹判据求使系统稳定的充要条件，并与劳斯判据结果进行比较。

(2) 系统开环传递函数如下，K 取何值时，系统有位于虚轴上的闭环特征根？并求出此时系统的全部闭环特征根。

$$G(s)=\frac{K}{s(s+1)(s+2)}$$

思考题

到目前为止，你会用几种方法求系统的临界增益 K？

单元作业

1. 单位负反馈系统开环传递函数如下，确定使系统稳定的 K 的取值范围。

$$G_O(s)=\frac{K}{s(s+2)(s^2+s+1)}$$

2. 控制系统特征方程如下，试确定其特征根大于或等于－4 的根的数目。

$$D(s)=s^3+2s^2+5s+24=0$$

第8讲　时域性能指标、一阶系统时域分析

学习内容

(1) 典型输入信号。

(2) 时域性能指标。

(3) 一阶系统时域分析。

学习目标

(1) 熟悉五种典型输入信号，掌握其时域表达和拉氏变换。

(2) 掌握描述系统时域性能的常用指标。

(3) 掌握一阶系统时域解及其性能分析，能够熟练计算一阶系统时域指标。

对于线性定常系统，时域分析法、根轨迹法和频率响应法是经典控制理论中三种常用的分析方法。不同的分析方法有不同的特点和适用范围。相较而言，时域分析法是一种直接在时间域中对系统进行分析的方法，具有直观、准确的优点，并且可以提供系统时间响应的全部信息。控制系统的时域分析方法，着重分析对控制系统施加输入后，其输出随时间变化的响应特性，具体来说是使用特定的输入信号，作用于系统的微分方程或者传递函数，求取系统输出的时间响应。然后根据响应的时域表达式或者响应曲线来分析系统的平稳性、快速性和稳态精度等性能。

8.1　典型输入信号

控制系统的时间响应既由系统本身的特性决定，又与系统的输入信号有关。实际系统的输入信号并非都是确定的，许多系统的输入具有随机性，而且输入信号变化的快慢也不同。为了分析、比较各种控制系统的性能，就要有一个共同的基础，为此，预先规定一些特殊的试验信号作为系统的输入信号，然后比较各种系统对这些输入信号的响应。

这些特殊的输入信号常称为典型信号，所谓典型输入信号，是指根据系统经常遇到的输入信号形式，在数学描述上加以理想化的一些基本输入函数。选取典型输入信号时应注意，试验输入信号的典型形式应反映系统工作的大部实际情况，并尽可能简单，以便于分析处理。在控制工程中，经常采用的典型输入信号有以下几种。

(1) 阶跃信号。

阶跃信号如图 8-1(a)所示，其时域表达式为

$$r(t)=\begin{cases}A, & t\geqslant 0\\ 0, & t<0\end{cases} \tag{8-1}$$

式中，A 为常数。当 $A=1$ 时，称为单位阶跃信号，记为 $r(t)=1(t)$。单位阶跃信号的拉氏变换为

$$R(s)=L[r(t)]=\frac{1}{s} \tag{8-2}$$

有些场合也将阶跃信号称为位置信号，阶跃信号是评价系统动态性能时应用最多的一种典型输入信号。在实际工作中经常采用的输入信号就是阶跃信号，如室温调节系统和液位控制系统的输入信号。

(2) 斜坡信号。

斜坡信号如图 8-1(b)所示，其时域表达式为

$$r(t)=\begin{cases}At, & t\geqslant 0\\ 0, & t<0\end{cases} \tag{8-3}$$

式中，A 为常数。当 $A=1$ 时，称为单位斜坡信号。因为 $\mathrm{d}r(t)/\mathrm{d}t=A$ 为常数，相当于位置信号，所以斜坡信号也称为(匀)速度信号。单位斜坡信号的拉氏变换为

$$R(s)=L[r(t)]=\frac{1}{s^2} \tag{8-4}$$

斜坡信号表示信号随时间的变化率为常数的一类信号，如大型船闸的升降系统、跟踪通信卫星的天线控制系统的输入信号都可以看成斜坡信号。

(3) 抛物线信号。

抛物线信号如图 8-1(c)所示，其时域表达式为

$$r(t)=\begin{cases}\frac{1}{2}At^2, & t\geqslant 0\\ 0, & t<0\end{cases} \tag{8-5}$$

式中，A 为常数。当 $A=1$ 时，称为单位抛物线信号。因为 $\mathrm{d}^2r(t)/\mathrm{d}t^2=A$ 为常数，所以抛物线信号也称为(匀)加速度信号。单位抛物线信号的拉氏变换为

$$R(s)=L[r(t)]=\frac{1}{s^3} \tag{8-6}$$

抛物线信号表示信号随时间以匀加速度增长的一类信号，如宇宙飞船控制系统的输入信号就可以看成抛物线信号。

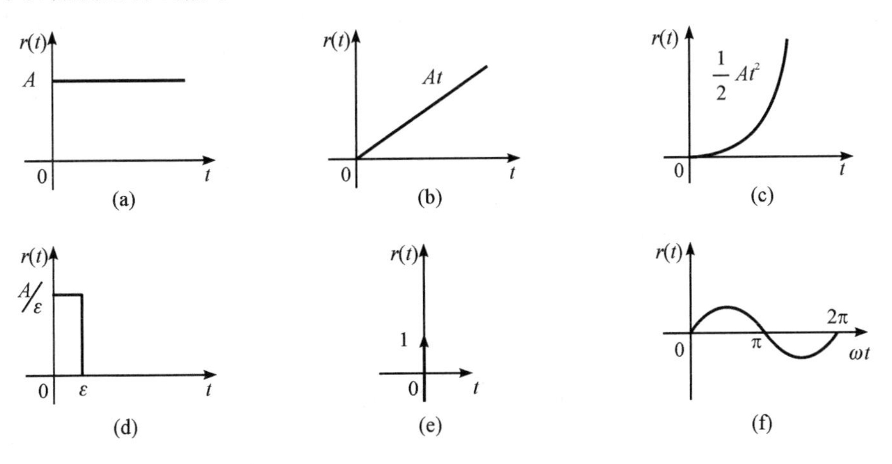

图 8-1　典型输入信号

(4) 脉冲信号

在第3讲学习单位脉冲响应模型时，已经介绍过脉冲信号。脉冲信号如图8-1(d)所示，其时域表达式为

$$r(t)=\begin{cases}\dfrac{A}{\varepsilon}, & 0\leqslant t\leqslant\varepsilon\\ 0, & t<0,\ t>\varepsilon\end{cases} \tag{8-7}$$

式中，A为常数，ε为脉冲宽度。当$A=1$时，脉冲面积等于1，称为单位脉冲信号。当$\varepsilon\to 0$时，称为理想脉冲信号，用$\delta(t)$表示，如图8-1(e)所示。即：

$$\delta(t)=\begin{cases}\infty, & t=0\\ 0, & t\neq 0\end{cases} \tag{8-8}$$

理想脉冲信号的拉氏变换为

$$R(s)=L[\delta(t)]=1 \tag{8-9}$$

理想脉冲信号的面积(又称脉冲强度)为

$$\int_{-\infty}^{\infty}\delta(t)=1 \tag{8-10}$$

显然，$\delta(t)$所描述的脉冲信号实际上是无法获得的，只有数学意义，但它却是一个重要的数学工具。在控制工程中，对于单位窄的脉冲信号可以用该函数来近似，如瞬间作用的冲击力、窄脉冲的电压信号等。

(5) 正弦信号。

正弦信号如图8-1(f)所示，其时域表达式为

$$r(t)=A\sin\omega t \tag{8-11}$$

式中，A为振幅，ω为角频率。正弦信号主要用于求取系统的频率特性，进行系统频率分析。正弦信号的拉氏变换为

$$R(s)=L[r(t)]=\frac{A\omega}{s^2+\omega^2} \tag{8-12}$$

在实际工程中，机床产生的震动和海浪对船体的冲击等都可以看成正弦信号。

以上5种典型信号都具有形式简单的特点，选它们作为系统的输入信号，对系统响应的数学分析和实验研究都是很容易的。在分析控制系统时，究竟选用哪一种输入信号作为系统的实验信号要根据所研究系统的实际输入信号而定。

(1) 单位脉冲信号、单位阶跃信号、单位斜坡信号以及单位抛物线信号之间有什么关系？它们的拉氏变换又有什么关系？

(2) 对同一系统，选择不同的典型输入信号，其响应不同，表征的系统特性是否相同？

8.2　时域性能指标

分析系统的时间响应，也即分析描述其运动特性的微分方程的解。线性微分方程的解通常可以表述为$c(t)=c_1(t)+c_2(t)$，其中$c_1(t)$为系统在零初始条件下的响应，称为零状态响应或受迫响应；$c_2(t)$为系统在非零初始条件下的零输入响应或自然响应。在分析系统

自身固有特性时，一般不考虑非零初始条件而采用典型输入信号作用下的零状态响应来研究系统时域性能。

高阶微分方程的求解一般非常困难，可以采用拉氏反变换的方法求解。设系统传递函数为

$$G(s)=\frac{C(s)}{R(s)}=\frac{M(s)}{N(s)} \tag{8-13}$$

式中，$N(s)$，$M(s)$分别为分母和分子多项式。设输入信号为$R(s)=P(s)/Q(s)$，$P(s)$，$Q(s)$分别为输入信号的分母和分子多项式。则有

$$C(s)=G(s)R(s)=\frac{M(s)P(s)}{N(s)Q(s)} \tag{8-14}$$

将式(8-14)进行部分分式展开，可得

$$C(s)=\sum_{i=1}^{n}\frac{A_i}{s-s_i}+\sum_{j=1}^{l}\frac{B_j}{s-s_j} \tag{8-15}$$

式中，s_i 为传递函数$G(s)$的极点，s_j 为输入信号$R(s)$的极点，A_i，B_j 为待定常数，其值与系统的结构、参量及输入有关。

拓展阅读

为简单起见，假设 s_i，s_j 为互异极点，通过查拉氏反变换表，可以得到系统的零状态响应为

$$c(t)=\sum_{i=1}^{n}A_i e^{s_i t}+\sum_{j=1}^{l}B_j e^{s_j t} \tag{8-16}$$

如果输入信号为 $r(t)=1(t)$，则输出为单位阶跃响应

$$h(t)=\sum_{i=1}^{n}A_i e^{s_i t}+B \tag{8-17}$$

思考题

(1) 如何保证式(8-17)单位阶跃响应收敛？

(2) 如何求系统非零初始条件下的零输入响应？

(提示：非零初始条件拉氏变换微分定理)

事实上，在典型输入信号的作用下，任何一个控制系统的时间响应 $c(t)$都由动态过程和稳态过程两部分组成。

动态过程又称过渡过程或瞬态过程，指系统在典型输入信号作用下，系统输出量从开始状态到最终状态的响应过程。由于实际控制系统的惯性、摩擦以及其他原因，系统输出量不可能完全复现输入量的变化。根据系统结构和参数选择的情况，动态过程表现为衰减、发散或等幅振荡形式。显然，一个可以实际运行的控制系统，在阶跃信号作用下，其动态过程必须是衰减的，即系统必须是稳定的。动态过程除提供系统的稳定性信息外，还可以给出响应速度、阻尼情况等信息。这些信息用动态性能描述。

稳态过程(稳态响应)，是指当时间 t 趋近于无穷大时，系统输出状态的表现形式，它表征系统输出量最终复现输入量的程度，提供系统有关稳态误差的信息，用稳态性能来描述。

控制系统的时域性能指标包括动态性能指标和稳态性能指标。通常时域性能指标以零初始条件下的单位阶跃响应曲线来定义，控制系统的典型阶跃响应曲线如图 8-2 所示。

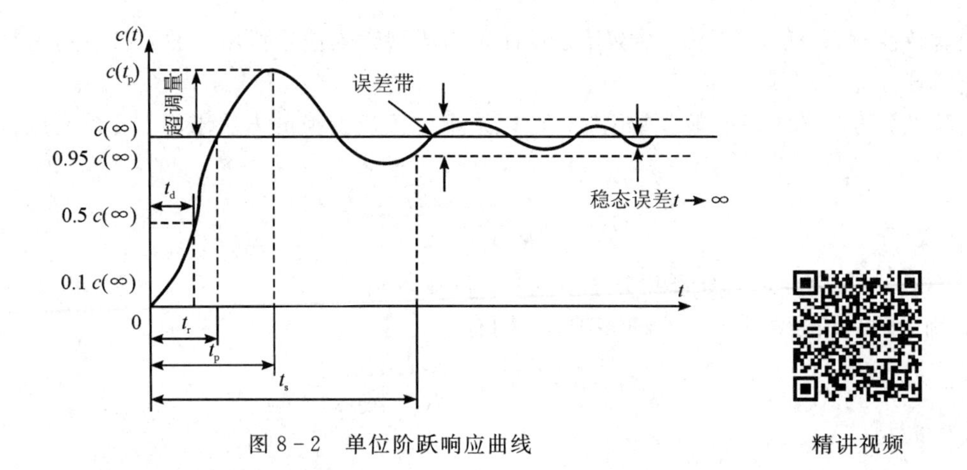

图 8-2　单位阶跃响应曲线

精讲视频

(1) 动态性能。

描述稳定系统在单位阶跃信号作用下动态过程随时间的变化状况的指标称为动态性能指标。动态性能指标通常有以下几种：

延迟时间 t_d：指响应曲线第一次达到稳态值的一半所需的时间。

上升时间 t_r：若阶跃响应不超过稳态值，上升时间指响应曲线从稳态值的 10%上升到 90%所需的时间；对于有振荡的系统，上升时间定义为响应第一次从零上升到达稳态值所需的时间。上升时间越短，响应速度越快。

峰值时间 t_p：指阶跃响应曲线超过稳态值，到达第一个峰值所需要的时间。

调节时间 t_s：在响应曲线上，用稳态值的百分数(通常取 5%或 2%)作一个允许误差范围，响应曲线达到并永远保持在这一允许误差范围内所需的时间。

最大超调量 σ_p：设阶跃响应最大值为 $c(t_p)$，则最大超调量 σ_p 可由下式确定

$$\sigma_p=\frac{c(t_p)-c(\infty)}{c(\infty)}\times 100\% \tag{8-18}$$

振荡次数 N：在 $0\leqslant t\leqslant t_s$ 内，阶跃响应曲线穿越稳态值 $c(\infty)$次数的一半称为振荡次数。

上述动态性能指标中，常用的指标有 t_r，t_s 和 σ_p。上升时间 t_r 评价系统的响应速度；σ_p 评价系统的运行平稳性或阻尼程度；t_s 是同时反映响应速度和阻尼程度的综合性指标。应当指出，除简单的一、二阶系统外，要精确给出这些指标的解析表达式是很困难的。

(2) 稳态性能。

稳定是控制系统能够运行的首要条件，因此只有当动态过程收敛时，研究系统的稳态性能才有意义。稳态误差是描述系统稳态性能的一种性能指标，通常在阶跃函数、斜坡函数或加速度函数作用下进行测定或计算。系统输出响应的期望值 $r(t)$与实际值 $c(t)$的差 $e(t)$在时间 $t\to\infty$时的极限定义为系统的稳态误差。

$$e_{ss}=\lim_{t\to\infty}e(t)=\lim_{t\to\infty}[r(t)-c(t)] \tag{8-19}$$

稳态误差是系统控制精度或抗扰动能力的一种度量，反映了控制系统输出复现或者跟踪输入信号的能力。

思考题　若已知系统阶跃响应 $c(t)$的解析表达式，如何求峰值时间 t_p 和最大超调量 σ_p？

8.3　一阶系统时域分析

凡是以一阶微分方程作为运动方程的控制系统，称为一阶系统，又常称为惯性环节。在工程实践中，一阶系统不乏其例，例如室温调节系统、恒温炉系统和液位调节系统等。研究图 8-3(a)所示的 RC 电路，其运动微分方程为

$$T\dot{c}(t)+c(t)=r(t) \tag{8-20}$$

其中，$c(t)$为电路输出电压，$r(t)$为电路输入电压，$T=RC$ 为系统时间常数，是表征系统惯性的主要参数。系统结构如图 8-3(b)所示，其传递函数为

$$G(s)=\frac{C(s)}{R(s)}=\frac{1}{Ts+1} \tag{8-21}$$

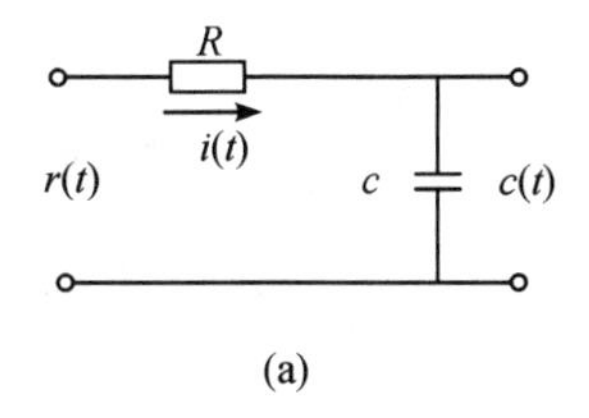

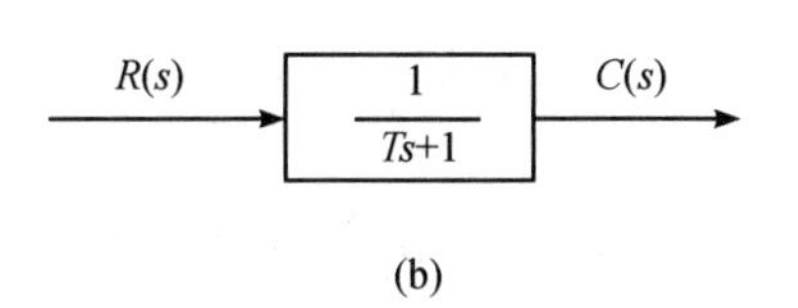

图 8-3　一阶控制系统

精讲视频

(1) 一阶系统单位阶跃响应。

对于单位阶跃输入，有

$$r(t)=1(t),\ R(s)=\frac{1}{s}$$

于是，输出 $C(s)$为

$$C(s)=\frac{1}{s(Ts+1)}=\frac{1}{s}-\frac{T}{Ts+1} \tag{8-22}$$

由拉氏反变换可以得到一阶系统的单位阶跃响应为

$$c(t)=c_s(t)+c_t(t)=1-e^{-t/T},\quad t\geqslant 0 \tag{8-23}$$

式中，$c_s(t)=1$ 是稳态分量，由输入信号决定。$c_t(t)=-e^{-t/T}$ 是瞬态分量(暂态分量)，它的变化规律由传递函数的极点 $s=-1/T$ 决定。当 $t\to\infty$时，瞬态分量按指数规律衰减到零。所以，一阶系统的单位阶跃响应是一条指数上升、渐近趋于稳态值的曲线，如图 8-4 所示。

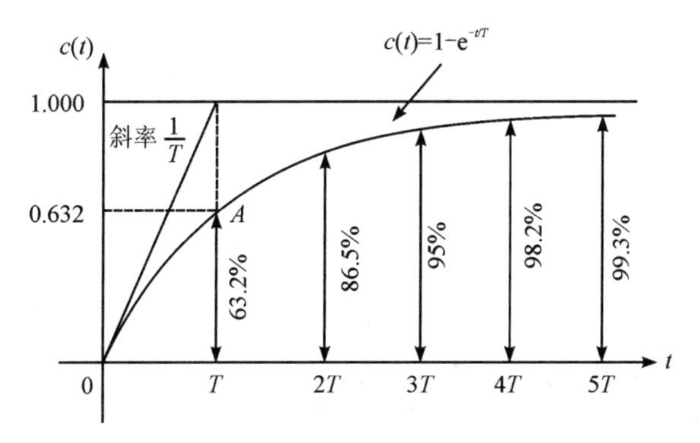

图 8-4　一阶系统单位阶跃响应

从图中可以用时间常数 T 去度量系统输出量的数值：

$$c(T)=0.632, c(2T)=0.865, c(3T)=0.982, c(4T)=0.982$$

根据动态性能的定义，系统时间响应进入稳态值的5%和2%允许误差带的过渡过程时间分别为 $t_s=3T$，$t_s=4T$。由于时间常数 T 反映系统的惯性，所以，时间常数越小，系统惯性越小，系统响应速度越快。反之，惯性越大，系统响应速度越慢。

随堂练 (1) 求阶跃响应曲线的斜率，并求斜率的初始值与终值。

(2) 求一阶系统的上升时间 t_r。

思考题 如何用实验法通过阶跃响应曲线去求系统时间常数？

(2) 一阶系统单位脉冲响应。

对于单位脉冲输入，有

$$r(t)=\delta(t), R(s)=1$$

于是，输出 $C(s)$ 为

$$C(s)=G(s)=\frac{1}{Ts+1} \tag{8-24}$$

由拉氏反变换可以得到一阶系统的单位脉冲响应为

$$c(t)=g(t)=\frac{1}{T}e^{-t/T}, t\geqslant 0 \tag{8-25}$$

一阶系统的单位脉冲响应是一条指数衰减趋于0的曲线，如图8-5所示。

思考题 (1) 单位脉冲响应的调节时间 t_s 是多少？

(2) 单位脉冲响应与单位阶跃响应之间有什么关系？

(3) 一阶系统单位斜坡响应。

对于单位斜坡输入，有

$$r(t)=t, R(s)=\frac{1}{s^2}$$

于是，输出 $C(s)$ 为

$$C(s)=\frac{1}{Ts+1}\frac{1}{s^2}=\frac{1}{s^2}-\frac{T}{s}+\frac{T^2}{Ts+1} \tag{8-26}$$

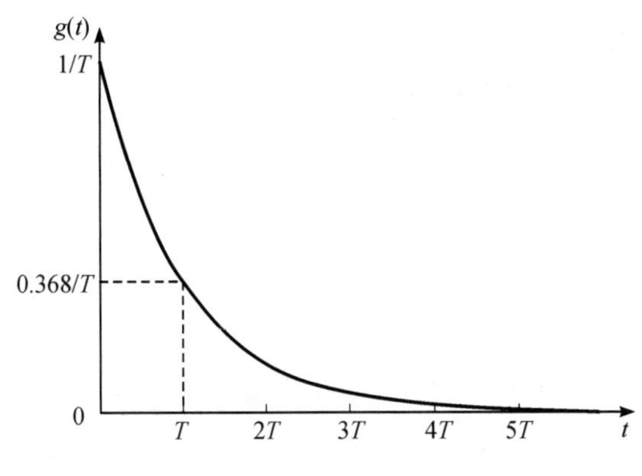

图 8－5　一阶系统单位脉冲响应

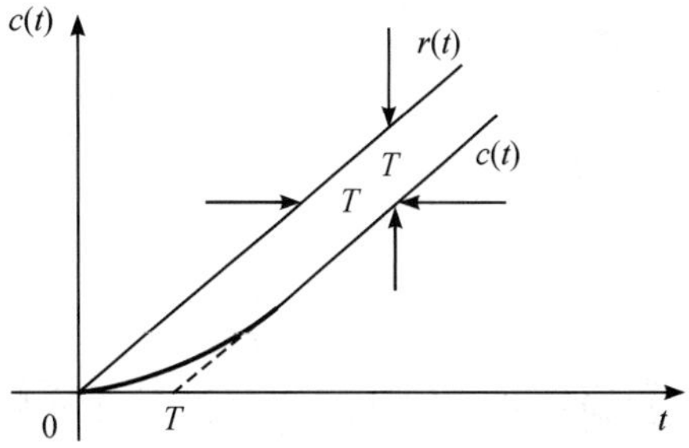

图 8－6　一阶系统单位斜坡响应

由拉氏反变换可以得到一阶系统的单位斜坡响应为

$$c(t)=c_s(t)+c_t(t)=t-T+T\mathrm{e}^{-t/T},\ t\geqslant 0 \tag{8-27}$$

式中，$c_s(t)=t-T$ 是稳态分量，由输入信号决定。$c_t(t)=T\mathrm{e}^{-t/T}$ 是瞬态分量(暂态分量)，它的变化规律由传递函数的极点 $s=-1/T$ 决定。当 $t\to\infty$时，瞬态分量按指数规律衰减到零。所以，一阶系统的单位斜坡响应是一条渐近平行于输入信号的曲线，如图8－6 所示。

式(8－27)表明：一阶系统单位斜坡响应的稳态分量是一个与输入斜坡信号斜率相同，但时间滞后 T 的斜坡函数。因此在位置上存在稳态跟踪误差，其值正好等于时间常数 T，时间常数越小，惯性越小，跟踪的误差就越小。

(4) 一阶系统单位加速度响应。

对于单位加速度输入，有

$$r(t)=\frac{1}{2}t^2,\ R(s)=\frac{1}{s^3}$$

于是，输出 $C(s)$为

$$C(s)=\frac{1}{Ts+1}\,\frac{1}{s^3} \tag{8-28}$$

由拉氏反变换可以得到一阶系统的单位加速度响应为

$$c(t)=\frac{1}{2}t^2-Tt+T^2-T^2\mathrm{e}^{-t/T},\ t\geqslant 0 \tag{8-29}$$

式(8－29)表明：一阶系统在加速度信号作用下的误差随时间增长，直到无穷，无法实现对加速度信号的跟踪。一阶系统在不同典型信号下的输出响应归纳为表 8－1。

表 8－1　一阶系统典型输入信号的输出响应

输入信号	输入信号拉氏变换	输出响应	稳态误差
$\delta(t)$	1	$\frac{1}{T}\mathrm{e}^{-t/T}$	0
$1(t)$	$\frac{1}{s}$	$1-\mathrm{e}^{-t/T}$	0
t	$\frac{1}{s^2}$	$t-T+T\mathrm{e}^{-t/T}$	T
$\frac{1}{2}t^2$	$\frac{1}{s^3}$	$\frac{1}{2}t^2-Tt+T^2-T^2\mathrm{e}^{-t/T}$	∞

思考题 (1) 输出响应之间有什么关系？输入信号之间有什么关系？

(2) 一阶惯性环节跟踪不同输入信号的能力如何？说明什么？

结论：

随堂练 (1) 已知某系统单位脉冲响应为 $c(t)=0.125e^{-1.25t}$，求其传递函数。

(2) 已知某系统单位阶跃响应为 $c(t)=0.1(1-e^{-0.5t})$，求其传递函数。

单元作业

1. 某系统微分方程为 $T\dot{c}(t)+c(t)=\tau\dot{r}(t)+r(t)$，式中，$0<T-\tau<1$。证明系统动态性能指标为

$$t_r=2.2T，t_s=\left(3+\ln\frac{T-\tau}{T}\right)T，(\Delta=5\%)$$

2. 已知某系统结构如图 8-7 所示，若要求系统阶跃响应的调节时间 $t_s=0.1$，求反馈系数 α 的大小。

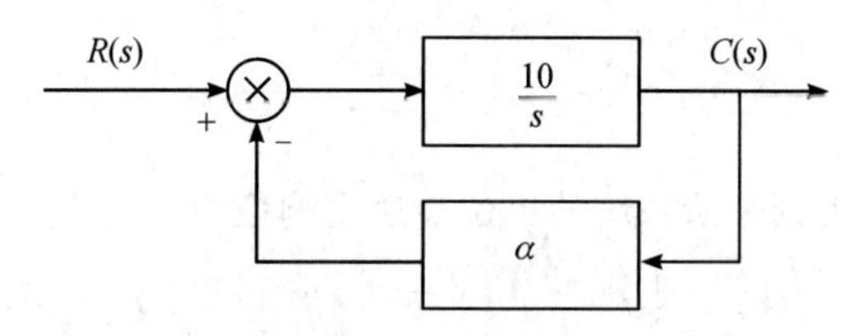

图 8-7 系统结构图

第 9 讲　二阶系统时域分析(一)

学习内容

(1) 二阶系统标准型及极点分布。

(2) 二阶欠阻尼系统单位阶跃响应。

(3) 二阶欠阻尼系统时域性能指标。

学习目标

(1) 熟悉二阶系统标准型，熟练将给定系统变换为标准型。

(2) 掌握二阶系统阻尼比与极点分布的关系。

(3) 熟练求取二阶系统单位阶跃响应。

(4) 熟练计算二阶欠阻尼系统时域指标。

用二阶微分方程描述的系统，称为二阶系统。它是控制系统的一种基本组成形式，二阶系统在控制工程中的应用极为广泛，典型例子随处可见，比如 RLC 电路、直流电动机系统，而且许多高阶系统在一定条件下可以用二阶系统近似表示。所以，研究二阶系统的分析和计算方法，尤其是时域性能分析，具有较大的普遍意义。

9.1　二阶系统标准型及极点分布

先来看一个二阶系统的例子。某单位负反馈系统结构如图 9－1 所示。

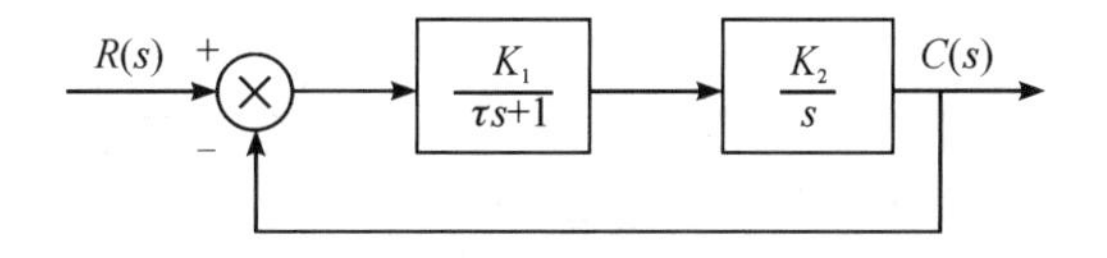

图 9－1　二阶系统结构图

该系统的开环传递函数 $G(s)$和闭环传递函数 $\Phi(s)$分别为

$$G(s)=\frac{K_1K_2}{s(\tau s+1)},\ \Phi(s)=\frac{C(s)}{R(s)}=\frac{K_1K_2}{\tau s^2+s+K_1K_2} \tag{9-1}$$

令 $\omega_n^2=\dfrac{K_1K_2}{\tau}$，$\dfrac{1}{\tau}=2\zeta\omega_n$，$\dfrac{\omega_n^2}{s(s+2\zeta\omega_n)}$则可将二阶系统化为如下形式

$$\Phi(s)=\frac{\omega_n^2}{s^2+2\zeta\omega_n s+\omega_n^2} \tag{9-2}$$

式(9－2)称为二阶系统的标准形式。其中，ζ 称为阻尼比，ω_n 为系统的自然振荡角频率。标准形式二阶系统的结构如图 9－2 所示。

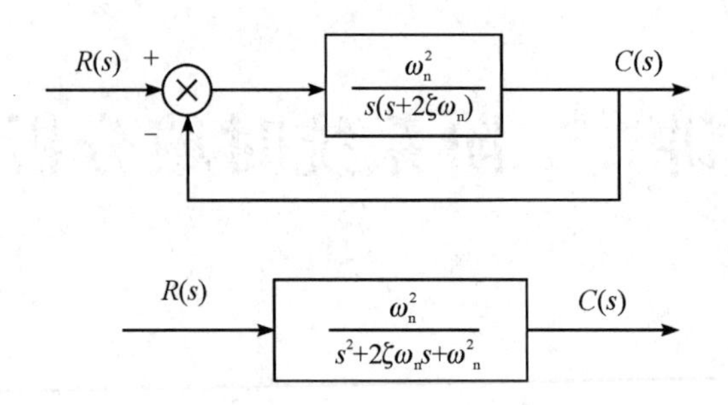

图 9-2　标准形式二阶系统结构图

二阶系统的动态特性，可以用 ζ 和 ω_n 这两个参量的形式加以描述。这两个参数是二阶系统的重要结构参数。由式(9-2)可得二阶系统的特征方程为

$$D(s)=s^2+2\zeta\omega_n s+\omega_n^2=0 \tag{9-3}$$

所以，系统的两个特征根(极点)为

$$s_{1,2}=-\zeta\omega_n\pm\omega_n\sqrt{\zeta^2-1} \tag{9-4}$$

随着阻尼比 ζ 的不同，二阶系统的闭环极点在复平面上的分布也不相同，如表 9-1 和图 9-3 所示。

表 9-1　二阶系统闭环极点分布

阻尼比	极　点	极点分布
欠阻尼 $0<\zeta<1$	$s_{1,2}=-\zeta\omega_n\pm j\omega_n\sqrt{1-\zeta^2}$	共轭复数根
临界阻尼 $\zeta=1$	$s_{1,2}=-\omega_n$	相同负实根
过阻尼 $\zeta>1$	$s_{1,2}=-\zeta\omega_n\pm\omega_n\sqrt{\zeta^2-1}$	不同负实根
无阻尼 $\zeta=0$	$s_{1,2}=\pm j\omega_n$	共轭纯虚根

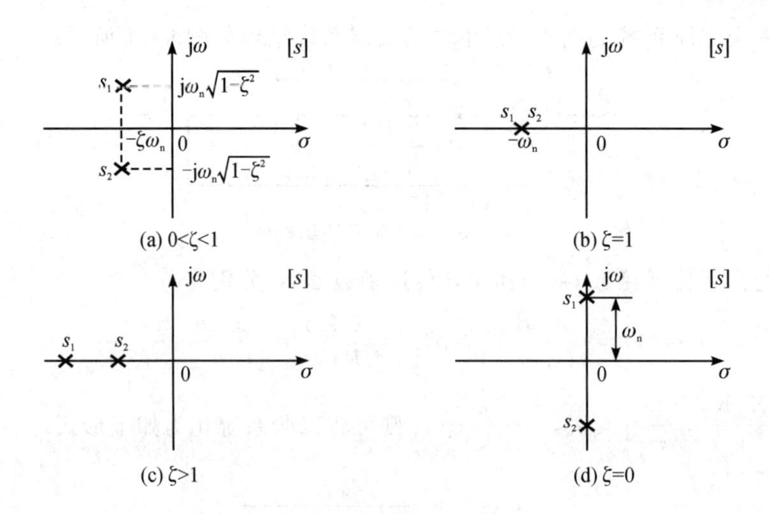

图 9-3　二阶系统闭环极点分布

9.2 二阶欠阻尼系统单位阶跃响应

阻尼比不同，二阶系统的闭环极点位置不同，导致系统的响应也有很大的不同。从物理意义上讲，二阶系统起码包含两个储能元件，能量有可能在两个元件之间交换引起系统具有往复振荡的趋势。当系统处于欠阻尼状态时，阻尼不够充分大，系统就会呈现出振荡的特性，所以典型的二阶系统也称为二阶振荡环节。

当阻尼比 $0<\zeta<1$ 时，特性根为一对共轭复数根，即

$$s_{1,2}=-\zeta\omega_{\mathrm{n}}\pm \mathrm{j}\omega_{\mathrm{n}}\sqrt{1-\zeta^2}=-\sigma\pm \mathrm{j}\omega_{\mathrm{d}} \tag{9-5}$$

式中，$\sigma=\zeta\omega_{\mathrm{n}}$ 称为衰减系数，$\omega_{\mathrm{d}}=\omega_{\mathrm{n}}\sqrt{1-\zeta^2}$ 称为阻尼振荡频率。

令输入信号为单位阶跃信号 $r(t)=1(t)$，$R(s)=1/s$，则有

$$\begin{aligned}C(s)&=\frac{\omega_{\mathrm{n}}^2}{s^2+2\zeta\omega_{\mathrm{n}}s+\omega_{\mathrm{n}}^2}\cdot\frac{1}{s}\\&=\frac{1}{s}-\frac{s+\zeta\omega_{\mathrm{n}}}{(s+\zeta\omega_{\mathrm{n}})^2+\omega_{\mathrm{d}}^2}-\frac{\zeta\omega_{\mathrm{n}}}{\omega_{\mathrm{d}}}\frac{\omega_{\mathrm{d}}}{(s+\zeta\omega_{\mathrm{n}})^2+\omega_{\mathrm{d}}^2}\end{aligned} \tag{9-6}$$

对上式取拉氏反变换，可得系统单位阶跃输出响应为

$$c(t)=1-\mathrm{e}^{-\zeta\omega_{\mathrm{n}}t}\left(\cos\omega_{\mathrm{d}}t+\frac{\zeta}{\sqrt{1-\zeta^2}}\sin\omega_{\mathrm{d}}t\right) \tag{9-7}$$

式(9-7)还可以进一步简化改写为

$$\begin{aligned}c(t)&=1-\frac{\mathrm{e}^{-\zeta\omega_{\mathrm{n}}t}}{\sqrt{1-\zeta^2}}(\sqrt{1-\zeta^2}\cos\omega_{\mathrm{d}}t+\zeta\sin\omega_{\mathrm{d}}t)\\&=1-\frac{\mathrm{e}^{-\zeta\omega_{\mathrm{n}}t}}{\sqrt{1-\zeta^2}}\sin(\omega_{\mathrm{d}}t+\varphi)\end{aligned} \tag{9-8}$$

式中，$\varphi=\arctan(\sqrt{1-\zeta^2}/\zeta)$。在欠阻尼情况下，二阶系统的单位阶跃响应是衰减的正弦振荡曲线，如图 9-4 所示。衰减速度取决于衰减系数 σ 的大小，振荡角频率为有阻尼自振角频率 ω_{d}。

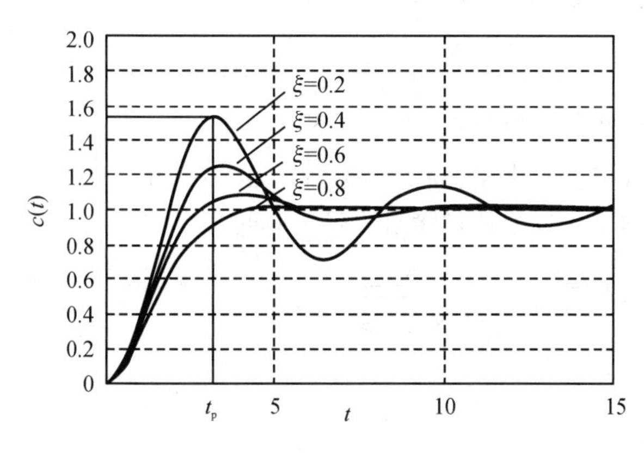

图 9-4 二阶欠阻尼系统阶跃响应

精讲视频

从图 9-4 可以看出，在欠阻尼的状态下，随着阻尼比的减小，阶跃响应的振荡程度加剧。当 $0.4<\zeta<0.8$ 时，过渡过程时间比较短，而且振荡也不剧烈。因此在控制工程中，除了那些不允许产生超调和振荡的情况外，通常都希望二阶系统工作在 $0.4<\zeta<0.8$ 的欠阻尼状态。

9.3 二阶欠阻尼系统时域性能指标

在许多实际情况中，评价控制系统动态性能的好坏是通过系统反映单位阶跃响应的特征量来表示的。一般情况下希望二阶系统在欠阻尼状态下工作。因此，下面有关性能指标的定义和定量关系的推导主要是针对二阶系统在欠阻尼工作状态进行的。另外，系统在单位阶跃信号作用下的过渡过程与初始条件有关，为了便于比较各种系统的过渡过程性能，通常假设系统的初始条件为零。

1. 上升时间 t_r

精讲视频

根据定义，由式(9-8)，上升时间满足

$$c(t_r)=1-\frac{e^{-\zeta\omega_n t_r}}{\sqrt{1-\zeta^2}}\sin(\omega_d t_r+\varphi)=1$$

所以有

$$\sin(\omega_d t_r+\varphi)=0$$

可得

$$t_r=\frac{\pi-\varphi}{\omega_d}=\frac{\pi-\varphi}{\omega_n\sqrt{1-\zeta^2}} \tag{9-9}$$

2. 峰值时间 t_p

根据定义，将式(9-8)对时间求导，并令其在 t_p 时值为零，即

$$\left.\frac{dc(t)}{dt}\right|_{t=t_p}=0$$

可得

$$\zeta\omega_n e^{-\zeta\omega_n t_p}\sin(\omega_d t_r+\varphi)-\omega_d e^{-\zeta\omega_n t_p}\cos(\omega_d t_r+\varphi)=0$$

或

$$\tan(\omega_d t_r+\varphi)=\frac{\sqrt{1-\zeta^2}}{\zeta}=\tan\varphi$$

根据三角函数的周期性，上式成立需满足：$\omega_d t_p=0, \pi, 2\pi, \cdots$。由于峰值时间是过渡过程达到第一个峰值所对应的时间，所以通过过渡过程峰值时间为

$$t_p=\frac{\pi}{\omega_d}=\frac{\pi}{\omega_n\sqrt{1-\zeta^2}} \tag{9-10}$$

3. 最大超调量 σ_p

根据定义和式(9-8)，有

$$\sigma_p=\frac{c(t_p)-c(\infty)}{c(\infty)}\times 100\%=\frac{e^{-\zeta\omega_n t_p}}{\sqrt{1-\zeta^2}}\sin(\omega_d t_p+\varphi)\times 100\%=e^{-\zeta\omega_n t_p}\times 100\%$$

可得

$$\sigma_p = e^{-\zeta\pi/\sqrt{1-\zeta^2}} \times 100\% \tag{9-11}$$

4. 过渡过程时间 t_s

欠阻尼二阶系统的单位阶跃响应曲线位于一对曲线

$$y(t) = 1 \pm \frac{e^{-\zeta\omega_n t}}{\sqrt{1-\zeta^2}}$$

以内，这对曲线称为响应曲线的包络线，如图 9－5 所示。

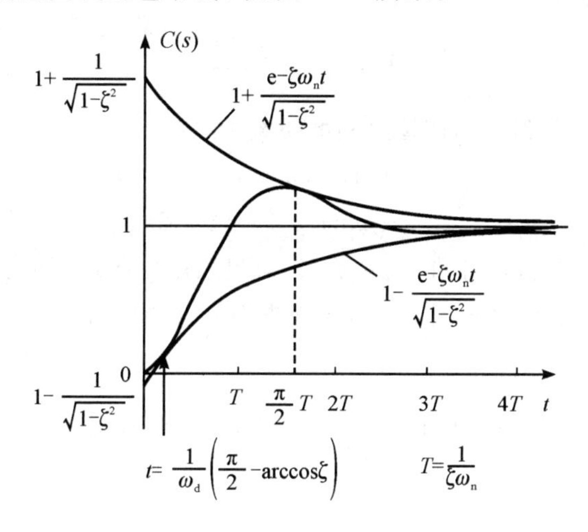

图 9－5　二阶系统响应包络线

可以采用包络线代替实际响应曲线估算调整时间，所得结果一般略偏大。若允许误差带是±Δ(如±2%)，可以认为调整时间就是包络线衰减到±Δ 区域所需的时间，则有

$$\frac{e^{-\zeta\omega_n t_s}}{\sqrt{1-\zeta^2}} = \Delta$$

或

$$t_s = \frac{1}{\zeta\omega_n}\left(\ln\frac{1}{\Delta} + \ln\frac{1}{\sqrt{1-\zeta^2}}\right) \tag{9-12}$$

若取 $\Delta = 5\%$，并忽略 $\ln\dfrac{1}{\sqrt{1-\zeta^2}}$ ($0<\zeta<0.9$ 时)，可得

$$t_s \approx \frac{3}{\zeta\omega_n} \tag{9-13}$$

若取 $\Delta = 2\%$，并忽略 $\ln\dfrac{1}{\sqrt{1-\zeta^2}}$ ($0<\zeta<0.9$ 时)，可得

$$t_s \approx \frac{4}{\zeta\omega_n} \tag{9-14}$$

5. 振荡次数 N

欠阻尼二阶系统的单位阶跃响应是衰减的正弦振荡曲线，振荡周期为

$$T_{d}=\frac{2\pi}{\omega_{d}}$$

根据振荡次数的定义，有

$$N=\frac{t_{s}}{T_{d}}=\frac{t_{s}}{2t_{p}}=\begin{cases}\dfrac{1.5\sqrt{1-\zeta^{2}}}{\pi\zeta} & (\Delta=5\%)\\ \dfrac{2\sqrt{1-\zeta^{2}}}{\pi\zeta} & (\Delta=2\%)\end{cases} \tag{9-15}$$

若已知最大超调量 σ_{p}，则有

$$\ln\sigma_{p}=-\frac{\zeta\pi}{\sqrt{1-\zeta^{2}}} \tag{9-16}$$

因而，可得振荡次数 N 与最大超调量之间的关系为

$$N=\begin{cases}-1.5\ln\sigma_{p} & (\Delta=5\%)\\ -2\ln\sigma_{p} & (\Delta=2\%)\end{cases} \tag{9-17}$$

由上述性能指标的表达式可知，t_{p}和 N 只与阻尼比 ζ 有关，而与 ω_{n} 无关。t_{r}、t_{p}、t_{s} 与 ζ 和 ω_{n} 都有关。在设计二阶系统时，可以先根据对 σ_{p} 的要求计算出 ζ，再根据其他指标的要求确定 ω_{n}。

随堂练 某二阶系统如图 9-2 所示，其中 $\zeta=0.6$，$\omega_{n}=5$ rad/s。输入信号为阶跃信号，求上述性能指标值。

例 9-1　一个带速度反馈的伺服系统，其结构图如图 9-6 所示。要求系统的性能指标为 $\sigma_{p}=20\%$，$t_{s}=1$ s。试确定系统的参数值，并计算性能指标 t_{r}、t_{s} 和振荡次数 N。

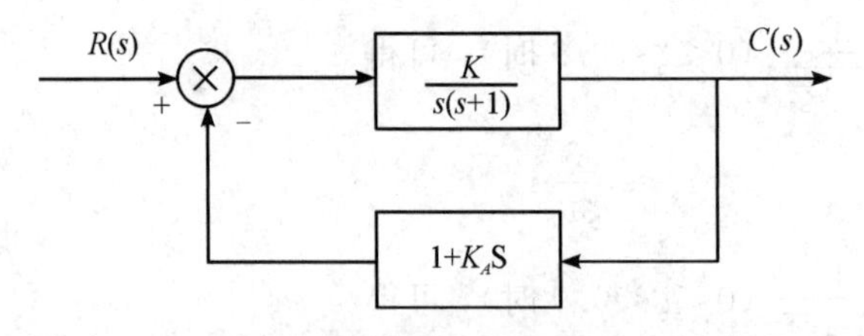

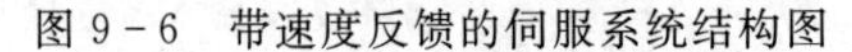
图 9-6　带速度反馈的伺服系统结构图

拓展阅读

解　首先，根据要求的 σ_{p} 求取相应的阻尼比。由式(9-16)可得

$$\frac{\zeta\pi}{\sqrt{1-\zeta^{2}}}=-\ln\sigma_{p}=1.61$$

解得

$$\zeta=\frac{-\ln\sigma_p}{\sqrt{\pi^2+(\ln\sigma_p)^2}}=0.456$$

其次，由已知条件 $t_s=1$ 和已求出的 $\zeta=0.456$ 求无阻尼自振频率 ω_n，即由

$$t_p=\frac{\pi}{\omega_n\sqrt{1-\zeta^2}}=1$$

求得 $\omega_n=3.53\ \text{rad/s}$。将此二阶系统的闭环传递函数与标准形式比较，求 K 和 K_A 的值。由图 9－6 得

$$\frac{C(s)}{R(s)}=\frac{K}{s^2+(1+KK_A)s+K}=\frac{\omega_n^2}{s^2+2\zeta\omega_n s+\omega_n^2}$$

比较上式两端，可得

$$\omega_n^2=K,\ 2\zeta\omega_n=1+KK_A$$

所以，有

$$K=12.5,\ K_A=0.178$$

最后计算 t_r、t_s 和振荡次数 N

$$\varphi=\arctan\frac{\sqrt{1-\zeta^2}}{\zeta}=1.1\ \text{rad},\ t_r=\frac{\pi-\varphi}{\omega_n\sqrt{1-\zeta^2}}=0.65\ \text{s}$$

$$t_s=\frac{3}{\zeta\omega_n}=1.86\ \text{s},\ N=\frac{t_s}{2t_p}=0.93\ 次\ (\Delta=5\%)$$

$$t_s=\frac{4}{\zeta\omega_n}=2.48\ \text{s},\ N=\frac{t_s}{2t_p}=1.20\ 次\ (\Delta=2\%)$$

随堂练 计算不同最大超调量对应的阻尼比，并填写下表。

σ_p	5%	8%	10%	12%	15%	20%	25%
ζ							

思考题

二阶欠阻尼系统阻尼比增大，对系统性能有哪些影响？

单元作业

1. 对图 9－7 所示系统，试求

(1) K 为何值时，阻尼比 $\zeta=0.5$。

(2) 求系统单位阶跃响应的超调量和过渡过程时间。

(3) 比较加入与不加$(1+Ks)$时系统的性能。

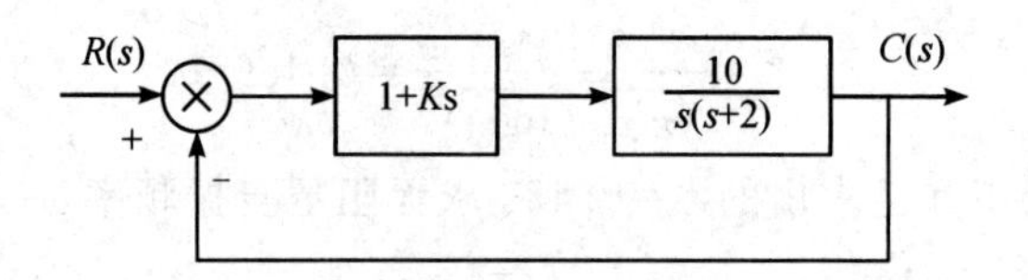

图 9-7　系统结构图

2. 控制系统结构图如图 9-8 所示。当系统单位阶跃响应的超调量 $\sigma_p=9.5\%$，峰值时间 $t_p=0.5$ s 时。试确定 K_1 和 τ 的值，并计算过渡过程时间 $t_s(5\%)$。

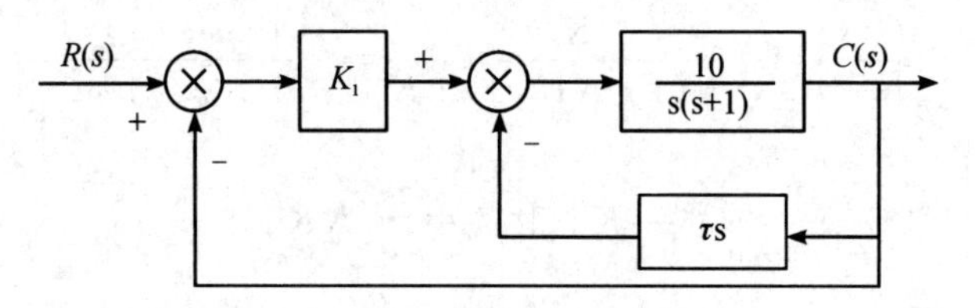

图 9-8　控制系统结构图

第 10 讲 二阶系统时域分析(二)

学习内容

(1) 不同阻尼比二阶系统单位阶跃响应。

(2) 二阶系统单位脉冲响应。

(3) 二阶系统单位斜坡响应。

学习目标

(1) 熟练求取不同阻尼比二阶系统单位阶跃响应。

(2) 掌握阻尼比对系统性能的影响关系。

(3) 熟练求取二阶系统单位脉冲响应。

(4) 熟悉二阶系统单位斜坡响应。

不同阻尼比的二阶系统具有完全不同的响应性能，第 8 讲学习了欠阻尼二阶系统的单位阶跃响应及其时域性能计算，本讲来求取其他阻尼比情况下的二阶系统阶跃响应，并深入分析阻尼比对系统性能的影响。

10.1 不同阻尼比二阶系统单位阶跃响应

1. 过阻尼 $\zeta>1$

过阻尼 $\zeta>1$ 的情况下，系统存在两个不等的负实根，即

$$s_1=-(\zeta+\sqrt{\zeta^2-1})\omega_n,\quad s_2=-(\zeta-\sqrt{\zeta^2-1})\omega_n$$

此时，系统在阶跃信号作用下有

$$C(s)=\frac{\omega_n^2}{(s-s_1)(s-s_2)}\cdot\frac{1}{s}=\frac{A_0}{s}+\frac{A_1}{s-s_1}+\frac{A_2}{s-s_2} \tag{10-1}$$

注意到 $\omega_n^2=s_1s_2$，式(10-1)中系数可用待定系数法求，也可以用留数法求。

$$A_0=[sC(s)]_{s=0}=1$$

$$A_1=[(s-s_1)C(s)]_{s=s_1}=\frac{s_2}{s_1-s_2}=\frac{1}{2\sqrt{\zeta^2-1}(\zeta+\sqrt{\zeta^2-1})}$$

$$A_2=[(s-s_2)C(s)]_{s=s_2}=\frac{s_1}{s_2-s_1}=\frac{-1}{2\sqrt{\zeta^2-1}(\zeta-\sqrt{\zeta^2-1})}$$

式(10-1)取拉氏反变换可得过阻尼情况下二阶系统的单位阶跃响应为

$$c(t)=1+A_1e^{s_1t}+A_2e^{s_2t}=1+A_1e^{-(\zeta+\sqrt{\zeta^2-1})\omega_nt}+A_2e^{-(\zeta-\sqrt{\zeta^2-1})\omega_nt} \tag{10-2}$$

显然，这时系统的响应 $c(t)$ 包含两个衰减的指数项，此时的二阶系统就是两个惯性环节的

串联。当 $\zeta>2$ 时，两极点 s_1 和 s_2 与虚轴的距离相差很大，此时靠近虚轴的极点所对应的惯性环节的时间响应与原二阶系统非常接近，可以用该惯性环节来代替原来的二阶系统。

例 10-1 某过阻尼二阶系统如下，求其阶跃响应并用一阶惯性环节近似。

$$G(s)=\frac{1}{s^2+2\zeta s+1},\ \zeta=2,\ (\omega_n=1)$$

解 用 MATLAB“step”命令来求阶跃响应，“impulse”命令来求脉冲响应。G、G_1、G_2 分别为原二阶系统、极点 s_1 和 s_2 对应的一阶惯性环节，阶跃响应如图 10-1 所示。

```
kesi=2; a=sqrt(kesi * kesi-1);
G=tf([1], [1, 2 * kesi, 1]);
s1=-(kesi+a), s2=-(kesi-a),
A1=1/(2 * a * (kesi+a)), A2=-1/(2 * a * (kesi-a))
G1=tf([A1], [1 -s1]);
G2=tf([-A2], [1 -s2]);
G3=tf([-s2], [1 -s2]);
step(G); hold on;
impulse(G1), impulse(G2), step(G3)
```

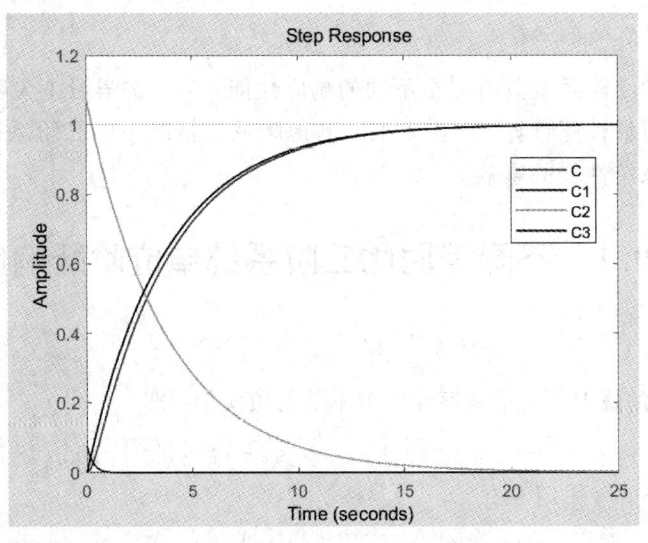

图 10-1 过阻尼二阶系统阶跃响应

当 $\zeta=2$ 时，求得两极点分别为 $s_1=-3.7321$，$s_2=-0.2679$。可见，两极点 s_1 和 s_2 与虚轴的距离相差超过 13 倍，在式(10-2)中，它们对应的响应分别如图 10-1 中的 $C1$、$C2$ 所示。显然，极点 s_1 对应的响应 $C1$ 的衰减速度要比极点 s_2 对应的响应 $C2$ 的衰减速度快很多，因而 $C1$ 对系统整体的阶跃响应 C 的影响仅仅体现在初始时刻，然后迅速衰减到可以忽略。因而可以用极点 s_2 所对应的该惯性环节来近似代替原来的二阶系统。

图 10-1 中，$C3$ 为极点 s_2 所对应的惯性环节的阶跃响应，可以看出该响应与原二阶系统的阶跃响应 C 非常接近。

随堂练 (1) 求式(10-1)中的 A_1+A_2 的值。

(2) 分别用式(10-1)和式(10-2)求 $c(t)$ 的初值 $c(0)$ 和终值 $c(\infty)$。

(3) 证明过阻尼二阶系统的阶跃响应是单调上升的。

(提示：证明 $\mathrm{d}c(t)/\mathrm{d}t \geqslant 0$)

随堂练解析

思考题

(1) 当用一阶惯性环节近似替代原二阶系统时，如何保证系统阶跃响应的初值和终值不变?

(2) 如何估计过阻尼二阶系统的调整时间 t_s?

2. 临界阻尼 $\zeta=1$

此时，系统具有二重负实极点，

$$c(s)=\frac{\omega_n^2}{(s+\omega_n)^2}\cdot\frac{1}{s}=\frac{A_0}{s}+\frac{A_1}{s+\omega_n}+\frac{A_2}{(s+\omega_n)^2} \tag{10-3}$$

式(10－3)的部分分式展开系数，可以用待定系数法求，也可以用留数法求。注意这里出现了重根，因此部分分式展开的形式和系数求取比较特殊。

$$A_0=[sC(s)]_{s=0}=1$$

$$A_1=\left\{\frac{\mathrm{d}}{\mathrm{d}s}[C(s)(s+\omega_n)^2]\right\}_{s=-\omega_n}=-1$$

$$A_2=[C(s)(s+\omega_n)^2]_{s=-\omega_n}=-\omega_n$$

对式(10－3)进行拉氏反变换得

$$c(t)=1-(\omega_n t+1)\mathrm{e}^{-\omega_n t} \tag{10-4}$$

注意到

$$\frac{\mathrm{d}c(t)}{\mathrm{d}t}=\omega_n^2 t\mathrm{e}^{-\omega_n t}\geqslant 0,\ \left.\frac{\mathrm{d}c(t)}{\mathrm{d}t}\right|_{t\to\infty}=0$$

表明临界阻尼系统的阶跃响应是单调上升的，并且在整个暂态过程中，临界阻尼系统阶跃响应都是单调增长的，没有超调。如以达到稳态值的 95％所经历的时间做为调整时间，则 $t_s\approx 4.7/\omega_n$。临界阻尼二阶系统多在记录仪表中使用。

3. 无阻尼 $\zeta=0$

无阻尼情况下系统的阶跃响应

$$c(s)=\frac{\omega_n^2}{s^2+\omega_n^2}\cdot\frac{1}{s}=\frac{1}{s}-\frac{s}{(s+\omega_n)^2} \tag{10-5}$$

对式(10－5)进行拉氏反变换得

$$c(t)=1-\cos\omega_n t \tag{10-6}$$

无阻尼情况下系统的阶跃响应为等幅正(余)弦振荡曲线，振荡角频率是 ω_n。

不同阻尼比的二阶系统的单位阶跃响应曲线如图 10－2 所示。从图中可以看出，随着阻尼比的减小，阶跃响应的振荡程度加剧。$\zeta=0$ 时是等幅振荡，$\zeta>1$ 时是无振荡的单调上升曲线，其中临界阻尼对应的过渡过程时间最短。在欠阻尼状态下，阻尼比越小，超调量越大，上升时间亦越短。

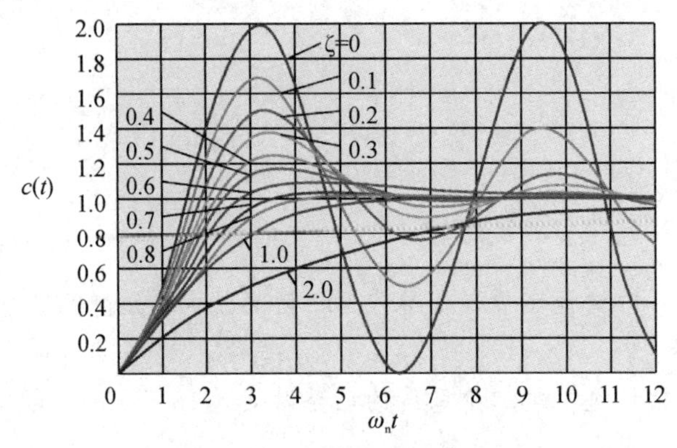

图 10－2　二阶系统不同阻尼比阶跃响应

当 $\zeta<0$ 时，系统具有负阻尼，会从外界吸收能量，因而阶跃响应会发散，系统变得不稳定。

当 ζ 一定时，ω_n 越大，瞬态响应分量衰减越迅速，系统能够更快达到稳态值，响应亦越快速。

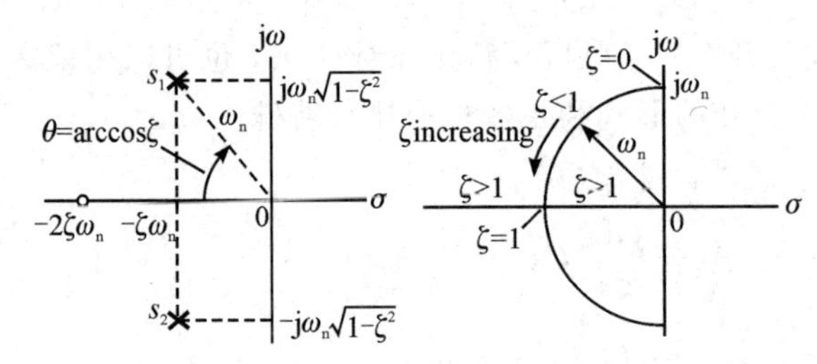

图 10－3　ζ，ω_n 与系统极点分布关系

工程中除了一些不允许产生振荡的应用(如指示和记录仪表系统等)外，通常采用欠阻尼系统，且阻尼比通常选择在 0.4～0.8 之间，以保证系统的快速性同时又不至于产生过大的振荡。最佳阻尼比为 0.707，如图 10－4 所示，这时系统的调整时间比较小 $t_s\approx4.24/\omega_n$，($\Delta=5\%$)，而且超调量 $\sigma_p=4.3\%$ 也不大。

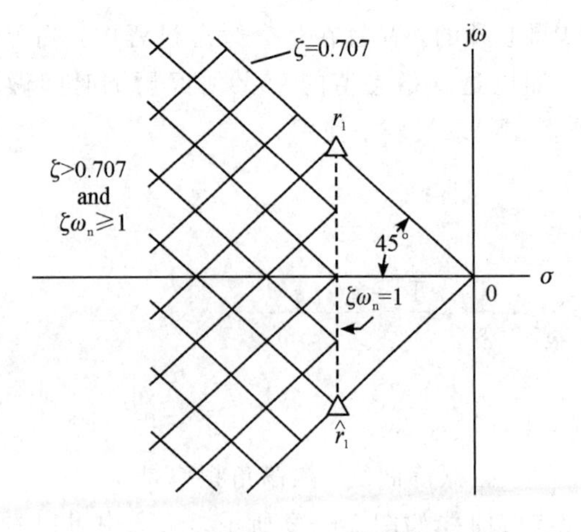

图 10－4　最佳阻尼比与期望极点分布

拓展阅读

10.2　二阶系统单位脉冲响应

二阶系统在单位脉冲 $\delta(t)$作用下，有 $C(s)=\dfrac{\omega_n^2}{s^2+2\zeta\omega_n s+\omega_n^2}$，不同阻尼比下的单位脉冲响应，可以通过上式进行拉氏反变换求得，也可以通过单位阶跃响应求导得到，如表 10－1 所示。

表 10－1　不同阻尼比二阶系统单位阶跃和单位脉冲响应

阻尼比	单位阶跃响应	单位脉冲响应
$\zeta=0$	$1-\cos\omega_n t$	$\omega_n\sin\omega_n t$
$0<\zeta<1$	$1-\dfrac{e^{-\zeta\omega_n t}}{\sqrt{1-\zeta^2}}\sin(\omega_d t+\varphi)$	$\dfrac{\omega_n e^{-\zeta\omega_n t}}{\sqrt{1-\zeta^2}}\sin\omega_d t$
$\zeta=1$	$1-(\omega_n t+1)e^{-\omega_n t}$	$\omega_n^2 t e^{-\omega_n t}$
$\zeta>1$	$1+A_1 e^{-(\zeta+\sqrt{\zeta^2-1})\omega_n t}+A_2 e^{-(\zeta-\sqrt{\zeta^2-1})\omega_n t}$	$\dfrac{\omega_n}{2\sqrt{\zeta^2-1}}(e^{-(\zeta-\sqrt{\zeta^2-1})\omega_n t}-e^{-(\zeta+\sqrt{\zeta^2-1})\omega_n t})$

随堂练 二阶欠阻尼系统单位脉冲响应示意图如图 10－5 所示，证明：

(1) 单位脉冲响应曲线与时间轴第一次相交的点是峰值时间 t_p。

(2) 在$[0, t_p]$时间内，单位脉冲响应曲线与时间轴所包围的面积等于 $1+\sigma_p$。

(3) 单位脉冲响应曲线与时间轴所包围的面积代数和为 1。

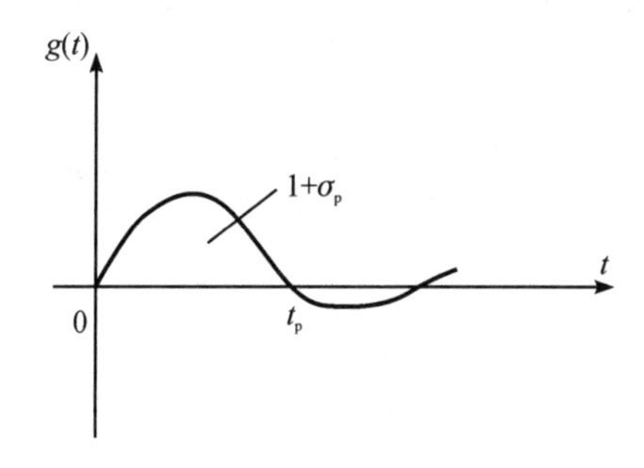

图 10－5　二阶欠阻尼系统单位脉冲响应

随堂练解析

10.3 二阶系统单位斜坡响应

二阶系统在单位斜坡信号作用下，有

$$C(s)=\frac{\omega_n^2}{s^2+2\zeta\omega_n s+\omega_n^2}\cdot\frac{1}{s^2}=\frac{1}{s^2}-\frac{2\zeta/\omega_n}{s}+\frac{2\zeta/\omega_n(s+\zeta\omega_n)+(2\zeta^2-1)}{s^2+2\zeta\omega_n s+\omega_n^2} \tag{10-7}$$

对式(10-7)取拉氏反变换或者对单位阶跃响应求积分，可得不同 ζ 值下单位斜坡响应，特别注意，二阶系统跟踪单位斜坡信号会产生稳态误差，见表 10-2 所示。

表 10-2 不同阻尼比二阶系统单位斜坡响应和稳态误差

阻尼比	单位斜坡阶跃响应	稳态误差 e_{ss}
$\zeta=0$	$t-\frac{1}{\omega_n}\sin\omega_n t$	$\frac{1}{\omega_n}\sin\omega_n t$
$0<\zeta<1$	$t-\frac{2\zeta}{\omega_n}+\frac{e^{-\zeta\omega_n t}}{\omega_n\sqrt{1-\zeta^2}}\sin(\omega_d t+2\varphi)$	$\frac{2\zeta}{\omega_n}$
$\zeta=1$	$t-\frac{2}{\omega_n}+\frac{2}{\omega_n}\left(\frac{1}{2}\omega_n t+1\right)e^{-\omega_n t}$	$\frac{2}{\omega_n}$
$\zeta>1$	$t-\frac{2\zeta}{\omega_n}+B_1 e^{-(\zeta+\sqrt{\zeta^2-1})\omega_n t}+B_2 e^{-(\zeta-\sqrt{\zeta^2-1})\omega_n t}$	$\frac{2\zeta}{\omega_n}$

其中，$B_1=-\frac{2\zeta^2-1-2\zeta\sqrt{\zeta^2-1}}{2\omega_n\sqrt{\zeta^2-1}}$，$B_2=\frac{2\zeta^2-1+2\zeta\sqrt{\zeta^2-1}}{2\omega_n\sqrt{\zeta^2-1}}$。

随堂练 已知系统传递函数为 $\frac{C(s)}{R(s)}=\frac{s+1}{s^2+s+1}$，求其输出阶跃响应。

随堂练解析

思考题 为什么二阶系统($\zeta>0$)的单位阶跃响应稳态误差为 0，而单位斜坡响应的稳态误差不为 0?

单元作业

1. 单位负反馈系统开环传递函数为 $G(s)=\frac{5K}{s(s+34.5)}$，分别求出 $K=13.5$ 和 $K=200$ 时，系统的输出单位斜坡响应，并估算其性能指标。

2. 在零初始条件下对单位负反馈系统施加设定输入信号 $r(t)=1(t)+t$，测得系统的输出响应为 $c(t)=t-0.8e^{-5t}+0.8$。试求系统的开环传递函数。

第 11 讲　控制系统稳态误差

学习内容

(1) 误差与稳态误差的定义。

(2) 系统类型与静态误差系数。

(3) 扰动作用下的稳态误差。

(4) 减小稳态误差的方法。

学习目标

精讲视频

(1) 掌握稳态误差的概念。

(2) 熟悉系统类型定义,熟练计算静态误差系数。

(3) 熟练计算输入作用下的稳态误差。

(4) 熟练计算扰动作用下的稳态误差。

(5) 掌握减小稳态误差的方法。

稳态误差是用来衡量系统控制精度的,在控制系统设计中作为稳态指标。实际的控制系统由于本身结构和输入信号的不同,其稳态输出量不可能完全与输入量一致,也不可能在任何扰动作用下都能准确地恢复到原有的平衡点。另外,系统中还存在摩擦、间隙和死区等非线性因素。因此,控制系统的稳态误差总是不可避免的。设计控制系统时应尽可能减小稳态误差。当稳态误差足够小可以忽略不计的时候,可以认为系统的稳态误差为零,这种系统称为无差系统,而稳态误差不为零的系统则称为有差系统。需要强调的是,只有当系统稳定时,才可以分析系统的稳态误差。

11.1　误差与稳态误差

控制系统的一般结构图如图 11-1 所示,有以下两种定义误差的方式。

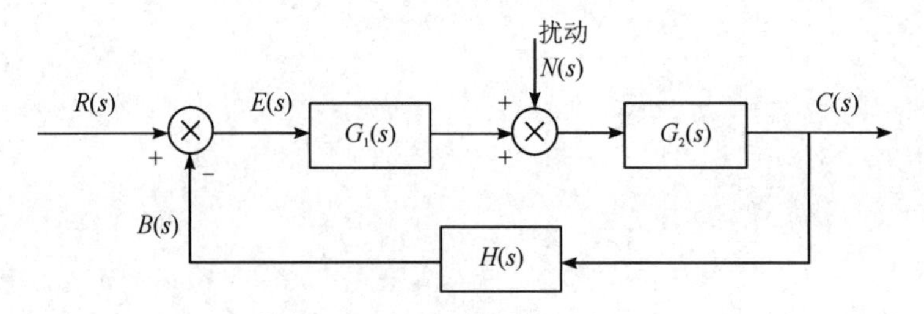

图 11-1　控制系统一般结构图

(1) 从输出端定义。

误差是系统输出量的期望值与实际值之差，即

$$e(t)=c_{\mathrm{r}}(t)-c(t)$$

其中，$c_{\mathrm{r}}(t)$与$c(t)$分别是期望输出量和实际输出量。这种定义物理意义明确，但在实际系统中往往不可测量。

(2) 从输入端定义。

误差是系统设定输入量与主反馈量之差，即

$$e(t)=r(t)-b(t) \tag{11-1}$$

式中，$b(t)$是实际输出量经反馈后送到输入端的主反馈量。这样定义的误差可用系统结构图中相应的量表示，便于进行理论分析，在实际系统中也可以测量。

在单位负反馈情况下，两种误差的定义是一致的。在某些情况下，误差也可以定义为$e(t)=c(\infty)-c(t)$。在工程实践中，还会遇到更复杂的情况，对误差的定义可视具体情况和要求而异。

稳态误差是指一个稳定的系统在设定的输入或扰动作用下，经历过渡过程进入稳态后的误差，即

$$e_{\mathrm{ss}}=\lim_{t\to\infty}e(t) \tag{11-2}$$

11.2　系统类型与静态误差系数

设系统开环传递函数为

$$G_{\mathrm{o}}(s)=\frac{K\prod_{i=1}^{m}(\tau_i s+1)}{s^{\gamma}\prod_{j=1}^{n}(T_j s+1)} \tag{11-3}$$

其中，K 为系统的开环放大倍数(开环增益)；τ_i 和 T_j 为时间常数；γ 为开环传递函数中积分单元的个数，即开环传递函数在原点处极点的重数。

$\gamma=0$，1 和 2 的系统分别称为 0 型系统，Ⅰ型系统和Ⅱ型系统。Ⅲ型以上的系统很少见。

为便于讨论和简化结论，定义如下一组静态误差系数。

(1) 静态位置误差系数：

$$K_{\mathrm{p}}=\lim_{s\to 0}G_{\mathrm{o}}(s) \tag{11-4}$$

(2) 静态速度误差系数：

$$K_{\mathrm{v}}=\lim_{s\to 0}sG_{\mathrm{o}}(s) \tag{11-5}$$

(3) 静态加速度误差系数：

$$K_{\mathrm{a}}=\lim_{s\to 0}s^2G_{\mathrm{o}}(s) \tag{11-6}$$

对 $\gamma=0$，1 和 2 的各型系统，可以分别计算上述不同误差系数。

如图 11-1 所示的控制系统结构，假设扰动作用为零，计算输入作用下的稳态误差。则有

$$E_{\mathrm{R}}(s)=\frac{1}{1+G_1(s)G_2(s)H(s)}R(s)=\frac{1}{1+G_{\mathrm{o}}(s)}R(s) \tag{11-7}$$

式中，$G_O(s)$为系统开环传递函数，具有式(11-3)的形式。

由拉氏变换的终值定理，可得输入作用下的稳态误差为

$$e_{ssr}=\lim_{t\to\infty}e_r(t)=\lim_{s\to 0}sE_R(s)=\lim_{s\to 0}\frac{s}{1+G_o(s)}R(s) \tag{11-8}$$

下面分别计算不同典型输入信号下的系统稳态误差。

(1) 单位阶跃信号下的系统稳态误差。

$$e_{ss}=\lim_{s\to 0}\frac{s}{1+G_o(s)}\frac{1}{s}=\frac{1}{1+\lim\limits_{s\to 0}G_o(s)}=\frac{1}{1+K_p} \tag{11-9}$$

(2) 单位斜坡信号下的系统稳态误差。

$$e_{ss}=\lim_{s\to 0}\frac{s}{1+G_o(s)}\frac{1}{s^2}=\frac{1}{\lim\limits_{s\to 0}sG_o(s)}=\frac{1}{K_v} \tag{11-10}$$

(3) 单位加速度信号下的系统稳态误差。

$$e_{ss}=\lim_{s\to 0}\frac{s}{1+G_o(s)}\frac{1}{s^3}=\frac{1}{\lim\limits_{s\to 0}s^2G_o(s)}=\frac{1}{K_a} \tag{11-11}$$

对于不同输入信号和系统类型，系统的稳态误差和静态误差系数如表 11-1 所示。

表 11-1　典型输入信号作用下的系统稳态误差

系统类型	静态误差系数			稳态误差		
	K_p	K_v	K_a	$r(t)=1(t)$	$r(t)=t$	$r(t)=t^2/2$
0 型	K	0	0	$\frac{1}{1+K}$	∞	∞
Ⅰ型	∞	K	0	0	$\frac{1}{K}$	∞
Ⅱ型	∞	∞	K	0	0	$\frac{1}{K}$

分析表 11-1 可知，0 型系统对于阶跃输入是有差系统，并且无法跟踪斜坡信号。Ⅰ型系统由于含有一个积分环节，所以对于阶跃输入是无差的，但对斜坡输入是有差的。因此，Ⅰ型系统也称一阶无差系统。Ⅱ型系统由于含有两个积分环节，对于阶跃输入和斜坡输入都是无差的，但对加速度信号是有差的。因此，Ⅱ型系统也称二阶无差系统。

思考题　Ⅰ型系统和阶跃输入信号有什么共同点？Ⅱ型系统与斜坡信号有什么共同点？若想无差的跟踪一个加速度信号，对系统有什么要求？(内模原理)

拓展阅读

随堂练　已知某单位负反馈系统的开环传递函数为 $G(s)=\frac{10(s+1)}{s^2(s+4)}$，计算输入信号为 $r(t)=4+6t+3t^2$ 时的系统稳态误差。

11.3 扰动作用下的稳态误差

控制系统除承受输入信号作用外，还经常处于各种扰动作用之下，例如负载转距的变动，放大器的零位和噪声，电源电压和频率的波动，环境温度的变化等，因此控制系统在扰动作用下的稳态差值，反映了系统的抗干扰能力。在理想情况下，系统对于任意形式的扰动作用，其稳态误差应该为零，但实际上这是几乎不可能实现的。

考虑图 11-1 所示的控制系统结构，计算扰动作用下的稳态误差，此时假设输入作用为零。扰动作用下的系统输出为

$$C_N(s)=\frac{G_2(s)}{1+G_1(s)G_2(s)H(s)}N(s)=\frac{G_2(s)}{1+G_O(s)}N(s) \tag{11-12}$$

由于在扰动作用下系统的理想输出为零，因此误差信号为

$$E_N(s)=0-C_N(s)=-\frac{G_2(s)}{1+G_O(s)}N(s) \tag{11-13}$$

由拉氏变换的终值定理，可得扰动作用下系统的稳态误差为

$$e_{ssn}=\lim_{t\to\infty}e_n(t)=\lim_{s\to 0}sE_N(s)=-\lim_{s\to 0}\frac{sG_2(s)}{1+G_O(s)}R(s) \tag{11-14}$$

根据线性系统的叠加原理，系统在给定输入和扰动输入同时作用下的系统误差为

$$E(s)=E_R(s)+E_N(s)=\frac{1}{1+G_O(s)}R(s)-\frac{G_2(s)}{1+G_O(s)}N(s) \tag{11-15}$$

例 11-1 假设比例控制系统结构如图 11-2 所示，$R(s)=r_0/s$ 为阶跃输入信号，M 为比例控制器的输出转矩，用以改变被控对象的角位移，$N(s)=n_0/s$ 为阶跃扰动转矩。求系统的稳态误差。

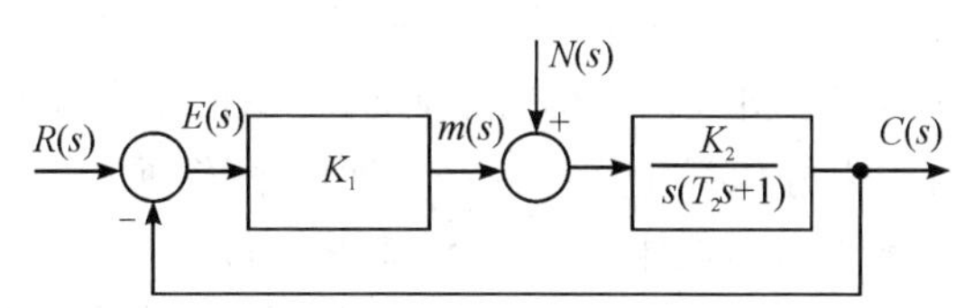

图 11-2 比例控制系统结构图

解 由图 11-2 可见系统为Ⅰ型系统。系统对阶跃输入信号的稳态误差为零。但系统在扰动作用下的输出为

$$C_N(s)=\frac{K_2}{s(T_2s+1)+K_1K_2}N(s)$$

而扰动作用下的期望输出为零，所以误差信号为

$$E_N(s)=-\frac{K_2}{s(T_2s+1)+K_1K_2}N(s)$$

系统的稳态误差为

$$e_{ss}=\lim_{s\to 0}sE_N(s)=-\frac{n_0}{K_1}$$

系统在阶跃扰动转距作用下存在稳态误差的物理意义是明显的：稳态时，比例控制器产生一个与扰动转距 n_0 大小相等方向相反的转距进行平衡，该转距折算到比较装置输出端的数值为 $-n_0/K_1$，所以系统必定存在常值稳态误差 $-n_0/K_1$。

思考题

例 11-1 中，输入信号和扰动信号同为阶跃信号，为什么它们引起的稳态误差却不同？表 11-1 中对输入信号的结论能否推广到扰动信号？

11.4　减小稳态误差的方法

为了减小或者消除系统在输入信号和扰动作用下的稳态误差，可以采取以下措施：

(1) 通过增加扰动作用点之前系统的前向通道增益，增大系统开环增益。

由表 11-1 可见，0 型系统跟踪单位阶跃信号、Ⅰ型系统跟踪单位斜坡信号、Ⅱ型系统跟踪匀加速信号时，其系统的稳态误差均为常值，且都与开环增益 K 有关。若增大开环增益 K，则系统的稳态误差可以显著下降。

由例 11-1 可以看出，增大扰动作用点之前的比例控制器增益 K_1 可以减小系统对阶跃扰动转矩的稳态误差，但系统在阶跃扰动作用下的稳态误差与 K_2 无关。因此增大扰动点之后的系统前向通道增益，不能改变对扰动的稳态误差数值。

提高开环增益 K 固然可以使稳态误差下降，但 K 值取得过大会使系统的稳定性变差，甚至造成系统的不稳定。

(2) 通过在扰动作用点之前的前向通道或者主反馈通道增加积分环节，来提高系统型别数。

从表 11-1 可以看出：若开环传递函数中没有积分环节，即 0 型系统时，跟踪阶跃输入信号引起的稳态误差为常值；若开环传递函数中含有一个积分环节，即Ⅰ型系统时，跟踪阶跃输入信号引起的稳态误差为零；若开环传递函数中含有两个积分环节，即Ⅱ型系统时，则系统跟踪阶跃输入信号、斜坡输入信号引起的稳态误差为零。

由上面的分析，粗看起来好像系统类型愈高，则该系统“愈好”。如果只考虑稳态精度，情况的确是这样。但若开环传递函数中含积分环节数目过多，就会降低系统的稳定性，以致于使系统不稳定。因此，在控制工程中，反馈控制系统的设计往往需要在稳态误差与稳定性要求之间折中考虑。一般控制系统开环传递函数中的积分环节个数最多不超过 2。

随堂练 将例 11-1 中扰动作用点之后的系统传递函数改为 $G_2(s)=\dfrac{K_2}{s^2(T_2s+1)}$，

(1) 重新计算系统稳态误差。

(2) 用劳斯判据判定新系统的稳定性，并与原系统稳定性进行比较。

单元作业

1. 已知单位负反馈系统开环传递函数为 $G_O(s)=\dfrac{10}{s(s+1)(0.2s+1)}$，输入信号为 $r(t)=1(t)+4t+t^2$，求其静态误差系数和稳态误差。

2. 单位负反馈系统开环传递函数为 3 阶，求满足下列要求的开环传递函数。

(1) 跟踪单位斜坡信号时，系统稳态误差为 2。

(2) 闭环特征根有一对共轭复数根为 $-1\pm j$。

第12讲 高阶系统时域分析及设计

学习内容

(1) 高阶系统时域响应。

(2) 主导极点与高阶系统近似。

(3) MATLAB线性系统时域分析。

(4) 线性系统时域设计。

学习目标

(1) 掌握高阶系统时域响应一般形式。

(2) 掌握主导极点概念,会进行高阶系统近似。

(3) 掌握用MATLAB线性系统时域分析的方法。

(4) 掌握线性系统时域综合设计方法。

凡是用高于二阶的常微分方程描述输出信号与输入信号之间关系的控制系统,均称为高阶系统。严格地说,大多数控制系统都是高阶系统,这些高阶系统往往是由若干惯性子系统(一阶系统)或振荡子系统(二阶系统)组成。由于高阶系统动态性能指标的确定是复杂的,工程上常采用主导极点的概念对高阶系统进行近似分析,或者直接用MATLAB软件进行高阶系统分析。

12.1 高阶系统时域响应

设高阶系统闭环传递函数的一般形式为

$$\frac{C(s)}{R(s)}=\frac{K(s+z_1)(s+z_2)\cdots(s+z_m)}{(s+p_1)(s+p_2)\cdots(s+p_n)},\ n\geqslant m \tag{12-1}$$

为简化讨论,假设系统所有的零极点均不相同,且极点有实数极点和复数极点,零点均为实数零点。当输入单位阶跃信号时,则有

$$C(s)=\frac{K\prod_{i=1}^{m}(s+z_i)}{s\prod_{j=1}^{q}(s+p_j)\prod_{k=1}^{r}(s^2+2\zeta_k\omega_{nk}s+\omega_{nk}^2)} \tag{12-2}$$

式中,$n=q+2r$,q为实极点的个数,r为复数极点的对数。将式(12-2)展成部分分式得

$$C(s)=\frac{A_0}{s}+\sum_{j=1}^{q}\frac{A_j}{s+p_j}+\sum_{k=1}^{r}\frac{B_k(s+\zeta_k\omega_{nk})+C_k\omega_{nk}\sqrt{1-\zeta_k^2}}{s^2+2\zeta_k\omega_{nk}s+\omega_{nk}^2} \tag{12-3}$$

对上式求拉氏反变换,可得

$$
\begin{aligned}
c(t) &= A_0 + \sum_{j=1}^{q} A_j \mathrm{e}^{-p_j t} + \sum_{k=1}^{r} \mathrm{e}^{-\zeta_k \omega_{nk} t}\left(B_k \cos\sqrt{1-\zeta_k^2}\,\omega_{nk} t + C_k \sin\sqrt{1-\zeta_k^2}\,\omega_{nk} t\right) \\
&= A_0 + \sum_{j=1}^{q} A_j \mathrm{e}^{-p_j t} + \sum_{k=1}^{r} D_k \mathrm{e}^{-\zeta_k \omega_{nk} t} \cos\left(\sqrt{1-\zeta_k^2}\,\omega_{nk} t + \theta_k\right)
\end{aligned}
\tag{12-4}
$$

式中，$s_k = -\zeta_k \omega_{nk} \pm \mathrm{j}\omega_{nk}\sqrt{1-\zeta_k^2}$，

$$
A_j = \left.\frac{K\prod_{i=1}^{m}(s+z_i)}{\prod_{j=1,\,j\neq i}^{n}(s+p_i)}\right|_{s=s_j},\quad D_k = 2\left|\frac{K\prod_{i=1}^{m}(s+z_i)}{\prod_{j=1,\,j\neq i}^{n}(s+p_i)}\right|_{s=s_k},\quad \theta_k = \angle\left.\frac{K\prod_{i=1}^{m}(s+z_i)}{\prod_{j=1,\,j\neq i}^{n}(s+p_i)}\right|_{s=s_k}
$$

由此可见，单位阶跃函数作用下高阶系统的稳态分量为 A_0，其瞬态分量是一阶和二阶系统瞬态分量的合成。需要指出，高阶系统各瞬态分量的系数不仅与复平面中极点的位置有关，而且与零点的位置有关。

例 12－1　已知某三阶系统闭环传递函数为$\dfrac{C(s)}{R(s)}=\dfrac{5(s+2)(s+3)}{(s+4)(s^2+2s+2)}$，求其单位阶跃响应。

解　单位阶跃信号作用下，有

$$
C(s)=\frac{5(s+2)(s+3)}{s(s+4)(s^2+2s+2)}=\frac{A_0}{s}+\frac{A_1}{s+4}+\frac{A_2}{s+1+\mathrm{j}}+\frac{\overline{A}_2}{s+1-\mathrm{j}}
$$

式中，A_2 与 $\overline{A}_2$ 共轭，可以计算得出

$$
A_0=\frac{15}{4},\ A_1=-\frac{1}{4},\ A_2=\frac{1}{4}(-7+\mathrm{j}),\ \overline{A}_2=\frac{1}{4}(-7-\mathrm{j})
$$

对上式进行拉氏反变换，可以求出单位阶跃响应为

$$
c(t)=\frac{15}{4}-\frac{1}{4}\mathrm{e}^{-4t}-\frac{5\sqrt{2}}{2}\mathrm{e}^{-t}\cos(t+352^\circ)
$$

12.2　主导极点与高阶系统近似

精讲视频

通过上面的分析和例题可以看到，高阶系统的时域计算和分析是非常复杂的，对于有重根的情况就更加繁琐。因此工程上对高阶系统进行降阶近似分析就非常有必要。

对于稳定的高阶系统，其闭环极点和零点在左半开平面上虽然有各种分布模式，但就距虚轴的距离来说，却只有远近之别。由式(12－4)可见，高阶系统闭环极点负实部的绝对值越大，其对应的响应分量衰减的越迅速；反之，则衰减越缓慢。

如果在所有的闭环极点中，距离虚轴最近的极点，周围没有闭环零点，而其他闭环极点又远离虚轴，那么距虚轴最近的闭环极点所对应的响应分量随时间的推移衰减缓慢，在系统的时间响应过程中起主导作用，这样的闭环极点就称为闭环主导极点。除主导极点外，其他闭环极点称为非主导极点。

闭环主导极点可以是实数极点，也可以是复数极点或者它们的组合。一般高阶系统的响应是有振荡的，因此它的近似低阶系统的主导极点往往是一对共轭的复数极点。图 12－1 为主导极点与非主导极点瞬态响应示意图。

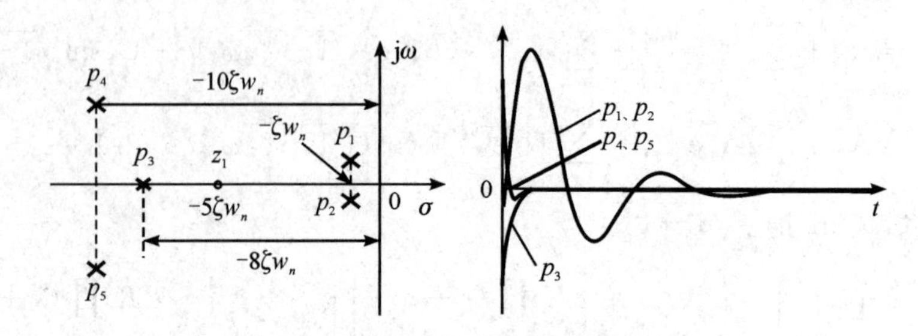

图 12-1 主导极点与非主导极点瞬态响应示意

高阶系统各瞬态分量的系数不仅与复平面中极点的位置有关，而且与零点的位置有关。当某极点 p_j 越靠近某零点 z_i 而远离其他极点，同时与复平面原点的距离也很远时，相应瞬态分量的系数就越小，该瞬态分量的影响就越小。极端情况下，当 p_j 和 z_i 重合时(称这对重合的零极点为偶极子)，该极点对系统的瞬态响应几乎没有影响。因此，对于系数很小的瞬态分量，以及远离虚轴的极点对应的快速衰减的瞬态分量常可以忽略。于是高阶系统的响应就可以用低阶系统的响应去近似。

例 12-2 已知某四阶系统闭环传递函数为 $\dfrac{C(s)}{R(s)}=\dfrac{7.8(s+4.1)}{(s+8)(s+4)(s^2+s+1)}$，试用主导极点法近似分析其单位阶跃响应性能，并与实际结果比较。

解 该系统有一对共轭复极点 $s_{1,2}=-0.5\pm j0.866$，其他零极点的实部绝对值均大于这对共轭复极点实部绝对值的 8 倍以上，且极点 $s_3=-4$ 与零点 $z=-4.1$ 构成一对近似偶极子。因此，可以将该共轭复极点对作为主导极点，将四阶系统近似为如下二阶系统

$$\frac{C(s)}{R(s)}\approx\frac{1}{s^2+s+1}$$

用如下 MATLAB 命令来绘制近似前后的系统阶跃响应曲线。

```
sys=zpk([-4.1],[-8 -4 -0.5+0.866*j -0.5-0.866*j],7.8);
sys1=tf([1],[1 1 1]);
figure(1); pzmap(sys); grid on; //绘制零极点分布
figure(2); step(sys);
hold on; step(sys1);
```

从图 12-2 的阶跃响应结果中可以看到，二阶近似系统与原四阶系统的阶跃响应非常相似。

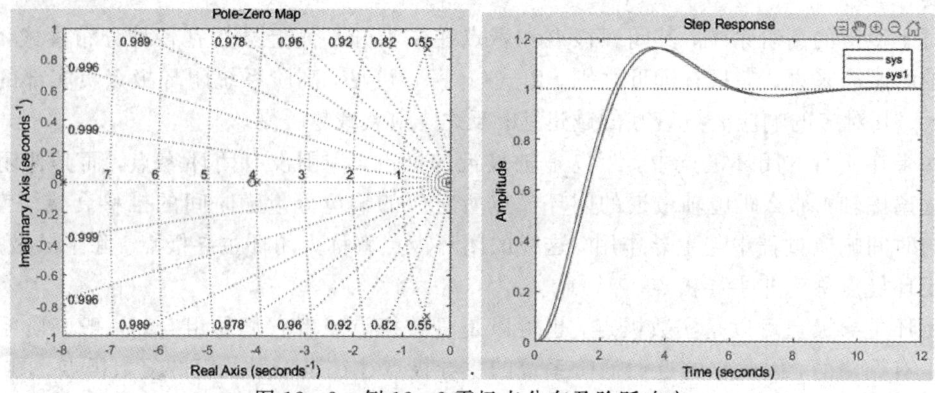

图 12-2 例 12-2 零极点分布及阶跃响应

例 12－2 中，近似的二阶系统中为何分子上的增益 $K=1$?

12.3　MATLAB 线性系统时域分析

在例 12－2 中，用 MATLAB 命令绘制了高阶系统近似前后的系统阶跃响应曲线。实际上，利用 MATLAB 不仅可以方便地求出系统在阶跃函数、脉冲函数作用下的输出响应，还可以通过求解系统特征方程的根来分析系统的稳定性，从而非常方便的进行线性系统时域分析与设计。常用的时域分析命令见表 12－1。

表 12－1　MATLAB 常用时域分析命令

命　令	功　能
[z, p, k] = tf2zp(b, a)	对传递函数进行因式分解
[r, p, k] = residue(b, a)	部分分式展开的留数、极点和直项
[num, den] = tfdata(sys)	获取系统的分子分母多项式
pzmap(sys)	绘制系统零极点分布图
step(sys)	求取并绘制系统阶跃响应
impulse(sys)	求取并绘制系统脉冲响应
lsim(sys, u, t)	线性系统任意输入信号仿真
r = roots(p)	计算多项式的根
p=eig(sys)	计算系统特征根

例 12－3　设负反馈控制系统前向通道传递函数和反馈通道传递函数分别为

$$G(s)=\frac{1}{s(s^2+2s+4)},\ H(s)=\frac{1}{s+1}$$

判断闭环系统稳定性，并求闭环系统阶跃响应、脉冲响应和斜坡响应。

解　MATLAB 程序如下，仿真结果如图 12－3 所示。

```
%ex12_3
G=tf(1, [1 2 4]);
H=tf(1, [1 1]);
sys=feedback(G, H);                %构成负反馈系统
p=eig(sys);                        %求特征根方法一
[num, den]=tfdata(sys, 'v');
r=roots(den);                      %求特征根方法二
t=0: 0.1: 15; u=t;                 %产生斜坡信号
figure(1); pzmap(sys); grid on;    %绘制特征根平面分布
figure(2); step(sys);              %阶跃响应
figure(3); impulse(sys);           %脉冲响应
figure(4); lsim(sys, u, t);        %斜坡响应
```

系统闭环极点为

p =

　−1.1304 + 1.5891i

　−1.1304 − 1.5891i

　−0.3696 + 0.6240i

　−0.3696 − 0.6240i

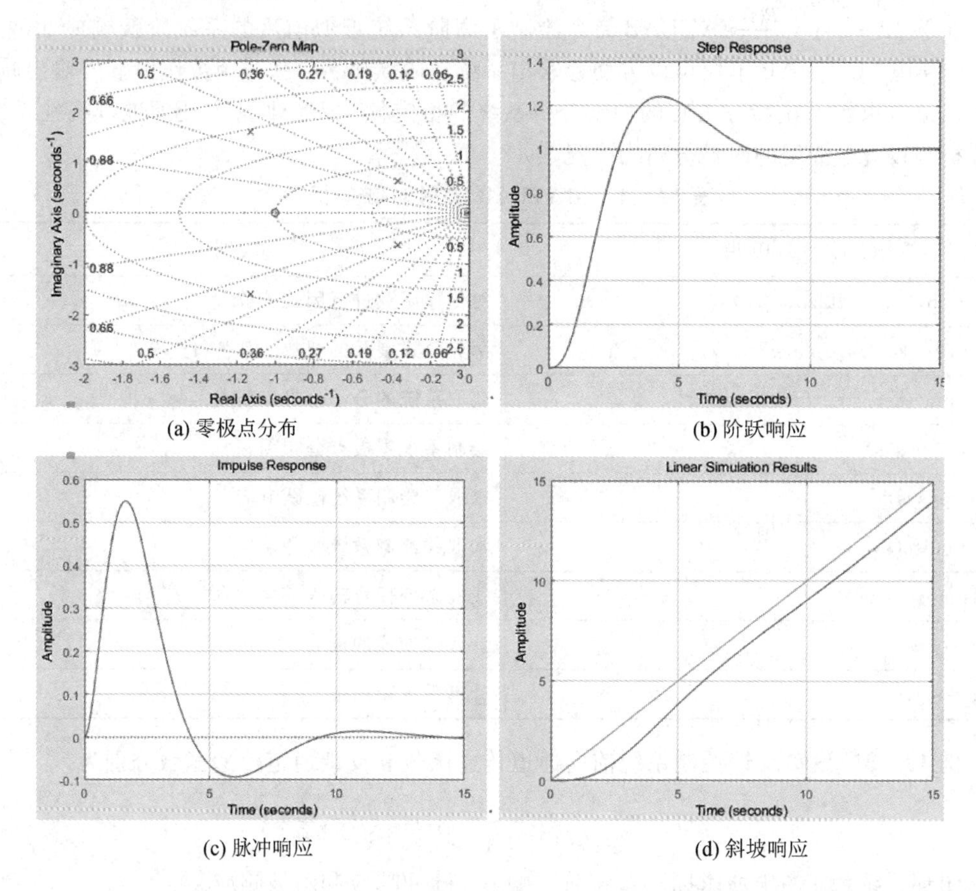

(a) 零极点分布　　(b) 阶跃响应

(c) 脉冲响应　　(d) 斜坡响应

图 12-3　例 12-3MATLAB 仿真结果

从图 12-3(a)中也可以看出闭环极点均位于左半平面，闭环系统稳定。系统为Ⅰ型系统，所以阶跃响应是无差的，但是跟踪斜坡信号是有差的。

12.4　线性系统时域设计

线性系统时域设计就是在给定系统时域性能指标(稳定性能、动态性能、稳态性能、系统型别数)和控制器结构的前提下，设计和选择合适的控制器参数，使得闭环系统性能满足要求。对高阶系统可以采用近似或者 MATLAB 辅助设计的方法进行设计。需要特别指出的是，控制器参数设计是一个不断试凑和检验是否符合要求的过程。下面通过两个实例来看如何进行时域设计。

例 12-4　设太空望远镜指向控制系统结构如图 12-4 所示，设计放大器增益 K_a 和测

速反馈系数 K_1，使得系统满足如下要求：

(1) 在单位阶跃信号指令作用下，输出超调量≤10%。

(2) 在单位斜坡信号指令作用下，稳态误差<0.1。

(3) 在单位阶跃扰动信号作用下，稳态误差<0.01。

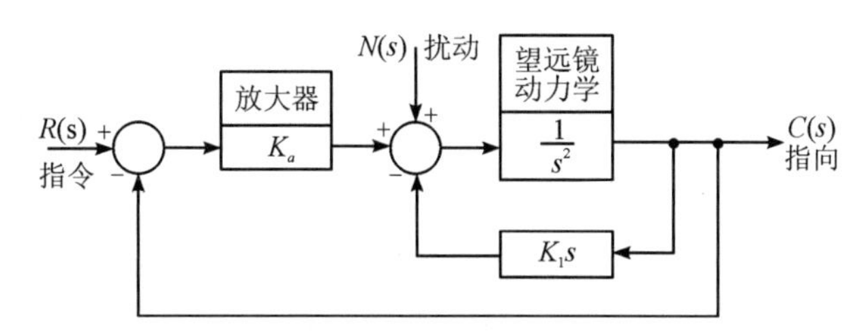

图 12-4　太空望远镜指向控制系统

解　由图 12-4 可得系统开环传递函数为

$$G_O(s)=\frac{K_a}{s(s+K_1)}=\frac{\omega_n^2}{s(s+2\zeta\omega_n)}$$

该系统为Ⅰ型系统。令 $G_1=\frac{1}{s(s+K_1)}$，则系统在输入与扰动同时作用下的输出误差为

$$E(s)=\frac{1}{1+G_O(s)}R(s)-\frac{G_1(s)}{1+G_O(s)}N(s)$$

(1) 在阶跃信号指令作用下，输出超调量≤10%，由

$$\sigma_p=e^{-\zeta\pi/\sqrt{1-\zeta^2}}\times 100\%\leqslant 10\%$$

解得 $\zeta\geqslant 0.59$，取 $\zeta=0.6$。因为 $K_a=\omega_n^2$，$K_1=2\zeta\omega_n$，可以求得

$$K_1=2\zeta\omega_n=1.2\sqrt{K_a}$$

(2) 在单位斜坡信号指令作用下，稳态误差小于 0.1，则有

$$K_v=\frac{K_a}{K_1},\ e_{ssr}=\frac{1}{K_v}=\frac{K_1}{K_a}=\frac{1.2}{\sqrt{K_a}}<0.1$$

求得 $K_a>144$。

(3) 在单位阶跃扰动信号作用下，稳态误差<0.01，由

$$e_{ssn}=\lim_{s\to 0}sE_N(s)=-\lim_{s\to 0}\frac{sG_1(s)}{1+G_O(s)}N(s)=-\frac{1}{s^2+K_1s+K_a}\cdot\frac{1}{s}=-\frac{1}{K_a}$$

可得 $K_a>100$。

综合上述要求，可以取 $K_a=150$，$K_1=1.2\sqrt{K_a}=14.70$。此时有

$$\sigma_p=0.095<10\%,\ e_{ssr}=0.098<0.1,\ e_{ssn}=0.0067<0.01$$

用 MATLAB 进行仿真，单位阶跃响应和单位扰动响应如图 12-5 所示。

```
Ka=150; K1=14.70;
Go=tf([Ka], [1 K1 0]);
sys=feedback(Go, 1);
figure(1); step(sys);              %输入阶跃响应
G1=tf([1], [1 K1 0]);
sys1=feedback(G1, Ka);
```

figure(2); step(sys1);　　　%扰动阶跃响应

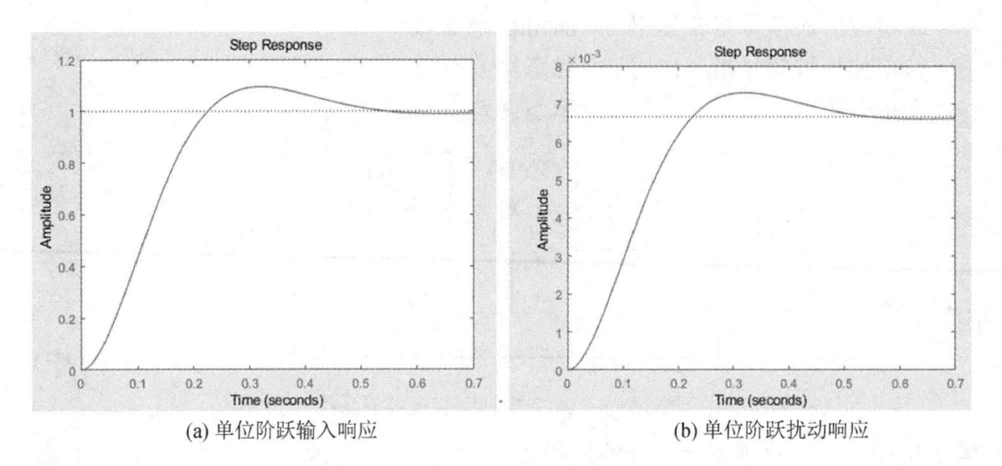

(a) 单位阶跃输入响应　　(b) 单位阶跃扰动响应

图 12-5　例 12-4 系统阶跃响应

随堂练 例 12-4 中，取 $\zeta=0.707$，重新设计系统参数，并计算系统性能。

例 12-5　双轮小车转向控制系统结构如图 12-6 所示，其中控制器和小车传递函数分别为 $G_C(s)=\dfrac{s+a}{s+1}$，$G_P(s)=\dfrac{K_1}{s(s+2)(s+5)}$，设计参数 K_1 和 a，确保系统稳定，并使得系统对单位斜坡输入信号的稳态误差<20%。

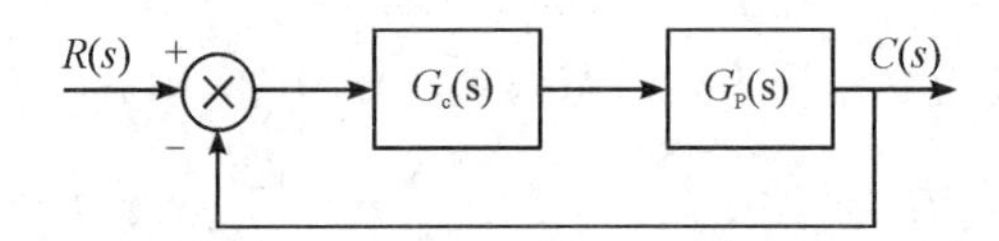

图 12-6　双轮小车转向控制系统

解　系统为 I 型系统，闭环传递函数为

$$\frac{C(s)}{R(s)}=\frac{G_C(s)G_P(s)}{1+G_C(s)G_P(s)}=\frac{K_1(s+a)}{s^4+8s^3+17s^2+(10+K_1)s+aK_1}$$

特征方程为 $D(s)=s^4+8s^3+17s^2+(10+K_1)s+aK_1=0$。列劳斯表如下

$$\begin{array}{llll}
s^4 & 1 & 17 & aK_1 \\
s^3 & 8 & 10+K_1 & \\
s^2 & \dfrac{126-K_1}{8} & aK_1 & \\
s^1 & \dfrac{1260+(116-64a)K_1-K_1^2}{126-K_1} & & \\
s^0 & aK_1 & &
\end{array}$$

由劳斯判据，系统稳定条件为

$$K_1 < 126,\ aK_1 > 0,\ 1260 + (116 - 64a)K_1 - K_1^2 > 0$$

或

$$0 < K_1 < 126,\ 0 < a < \frac{1260 + 116K_1 - K_1^2}{64K_1}$$

要求在单位斜坡信号指令作用下，稳态误差小于 0.2，则有

$$K_v = \frac{aK_1}{10},\ e_{ssr} = \frac{1}{K_v} = \frac{10}{aK_1} < 0.2$$

用 MATLAB 可以画出上述两个不等式曲线，交集即为参数的可行区域，如图 12－7(a)所示。若 $K_1 = 50$，$\Rightarrow a < 1.425$，取 $a = 1.2$，则 $e_{ssr} = 16.67\%$，满足稳定性和稳态误差要求。系统单位斜坡响应如图 12－7(b)所示，满足性能要求。

```
i=1;
for k=10: 0.1: 126
    a1(i)=50/k;
    a2(i)=(1260+116*k-k*k)/64/k;
    K(i)=k; i=i+1;
end
    figure(1); plot(K, a1); holdon; plot(K, a2);
    xlim([10 110]); grid;
    k=50; a=1.2;
    sys=tf([k k*a], [1 8 17 10+k a*k]);
    t=0: 0.1: 20; u=t;
    figure(2); lsim(sys, u, t); grid;
```

拓展阅读

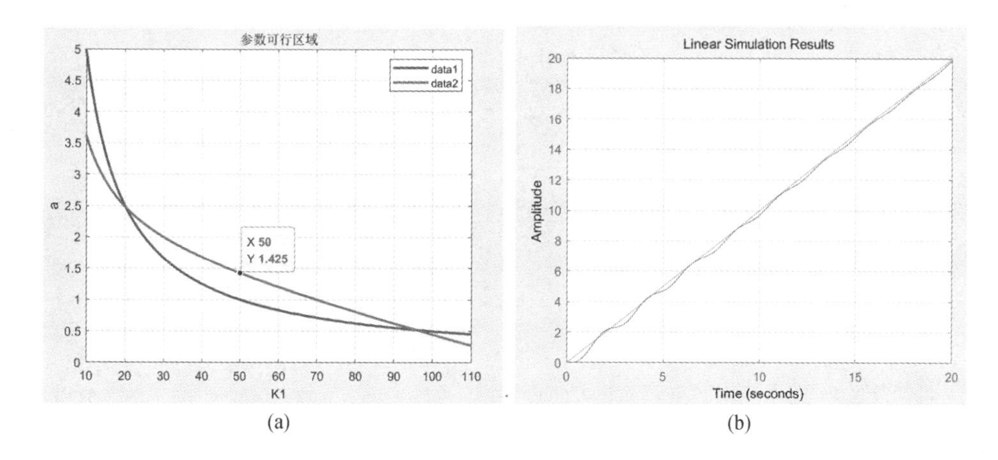

图 12－7　例 12－4 系统参数可行域与单位斜坡响应

思考题　例 12－4 中，在保证系统稳定的前提下，对单位斜坡输入信号的稳态误差最小可以达到多少？

思考题解析

单元作业

单位负反馈系统结构如图 12-8 所示。用 MATLAB 辅助设计，确定反馈系数的值，使得系统稳定并满足超调量 $\sigma_p<10\%$，上升时间 $t_r<3$ s。求出此时的闭环极点分布和系统各项性能指标，并求单位斜坡稳态误差。

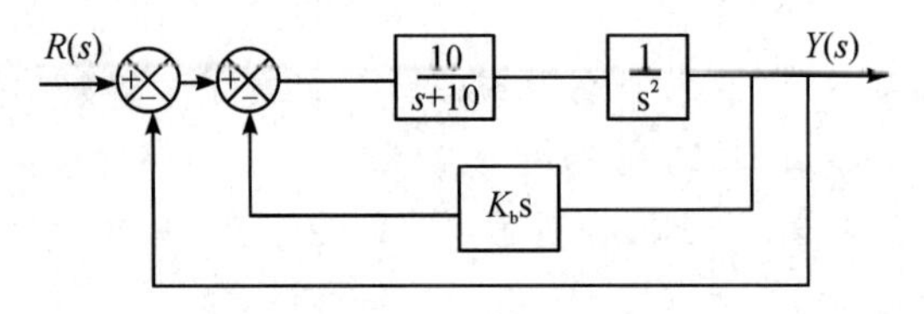

图 12-8 单位负反馈系统结构图

第 13 讲　根轨迹基本概念、根轨迹绘制(一)

学习内容

(1) 根轨迹的基本概念。

(2) 闭环零极点与开环零极点的关系。

(3) 绘制根轨迹的幅值条件和相角条件。

(4) 根轨迹绘制规则 1～4。

学习目标

(1) 熟悉根轨迹的基本概念，明确根轨迹和闭环传递函数之间的关系。

(2) 掌握闭环零极点与开环零极点之间的关系。

(3) 熟悉绘制根轨迹的幅值和相角条件，能够熟练计算给定复函数的相角。

(4) 掌握根轨迹绘制规则 1～4，会利用这些规则绘制给定系统根轨迹。

闭环系统特征方程的根不仅决定系统的稳定性，而且系统瞬态性能的基本特征也是由特征根起主导作用。然而闭环传递函数的分母往往是高阶多项式，必须求解高阶代数方程才能得到系统的闭环极点，当特征方程的阶数高于四阶时，求根的过程是非常复杂的，通常只能借助于计算机进行数值逼近求解。尤其是当系统参数发生变化时，系统特征方程的根也随之变化，如果用解析的方法直接求特征方程，则需要进行反复大量的运算，非常繁琐费时。

1948 年，W. R. Evans 提出了一种求特征方程的简便的图解方法。这一方法不是直接求解特征方程，而是用作图的方法表示特征方程的根与系统某一参数数值之间的关系。该方法简单直观，非常适用于控制系统的分析与设计，因此在工程上得到了广泛应用。

拓展阅读

13.1　根轨迹的基本概念

在介绍根轨迹概念之前，先来看一个二阶系统闭环特征根求解与系统性能分析的例子。

例 13-1　设单位负反馈系统如图 13-1 所示，分析系统参数 k 从 0 变化到∞时，系统闭环特征根在复平面的位置分布以及对系统性能的影响。

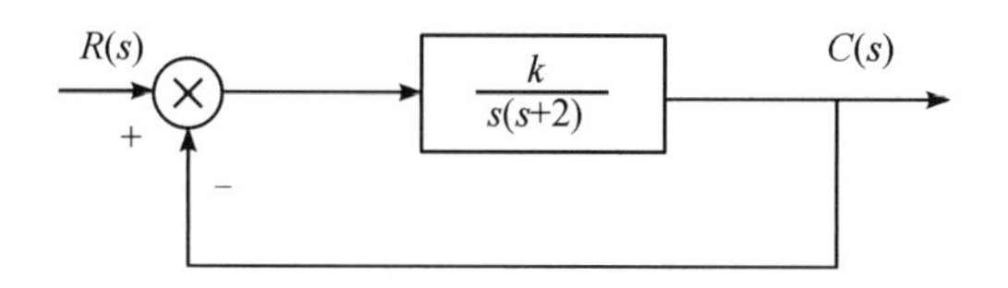

图 13-1　二阶单位负反馈系统

解　系统开环传递函数为

$$G(s)H(s)=\frac{k}{s(s+2)}$$

可得系统闭环特征方程为

$$D(s)=s^2+2s+k=0$$

系统闭环特征根为

$$s_{1,2}=-1\pm\sqrt{1-k}$$

将两个开环极点 $p_1=0$ 和 $p_2=-2$ 绘于复平面上，并用“×”表示，闭环系统极点与参数 k 之间的关系见图 13－2。

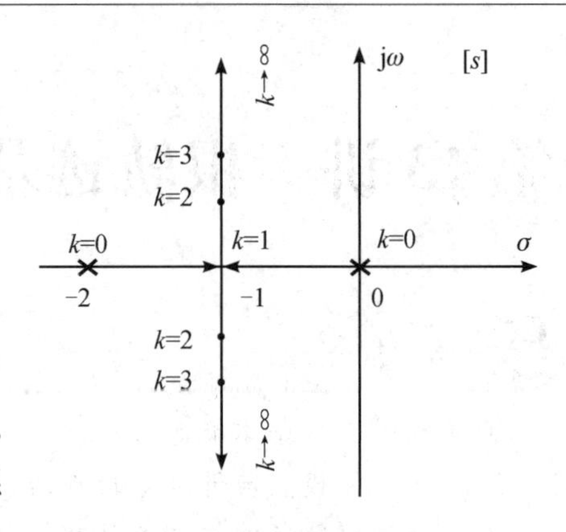

图 13－2　闭环系统极点分布

思考题　(1)系统参数 k 从 0 变化到∞时，系统闭环特征根在复平面上如何变化？填写表 13－1。

(2)系统参数 k 变化时，对系统稳定性、动态性能、稳态性能有何影响？

参数 k	闭环极点分布	阻尼比状态
$k=0$		
$0<k<1$		
$k=1$		
$1<k<\infty$		
$k\to\infty$		

根轨迹定义：是开环系统某一参数从零变化到无穷大时，**闭环系统特征根**在复平面上变化形成的轨迹。

13.2　闭环零极点与开环零极点的关系

在例 13－1 中，绘制根轨迹所用的开环传递函数形式为零极点增益形式，即已知系统开环零、极点。下面来建立闭环零、极点与开环零、极点的关系。

控制系统结构如图 13－3 所示。令其前向通道传递函数为

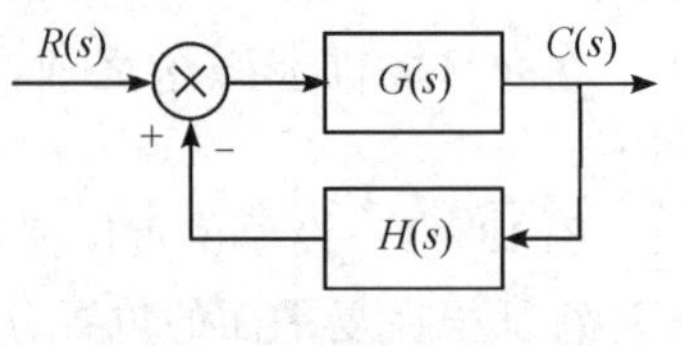

图 13－3　控制系统结构

$$G(s)=\frac{K_G(\tau_1 s+1)(\tau_2 s+1)\cdots}{s^v(T_1 s+1)(T_2 s+1)\cdots}=K_G^*\frac{\prod_{i=1}^{f}(s-z_i)}{\prod_{i=1}^{q}(s-p_i)}\tag{13-1}$$

式中，K_G 为前向通道增益，K_G^* 为前向通道根轨迹增益。

令反馈通道传递函数为

$$H(s)=K_H^*\frac{\prod_{i=1}^{l}(s-z_i)}{\prod_{i=1}^{h}(s-p_i)} \tag{13-2}$$

则系统开环传递函数为

$$G(s)H(s)=K^*\frac{\prod_{i=1}^{f}(s-z_i)\prod_{j=1}^{l}(s-z_i)}{\prod_{i=1}^{q}(s-p_i)\prod_{j=1}^{h}(s-p_i)} \tag{13-3}$$

式中，$K^*=K_G^*K_H^*$ 为开环系统根轨迹增益。若系统有 m 个开环零点和 n 个开环极点，则必有 $m=f+l$ 和 $n=q+h$。可求得系统闭环传递函数为

$$\Phi(s)=\frac{G(s)}{1+G(s)H(s)}=\frac{K_G^*\prod_{i=1}^{f}(s-z_i)\prod_{j=1}^{h}(s-p_i)}{\prod_{i=1}^{n}(s-p_i)+K^*\prod_{j=1}^{m}(s-z_i)} \tag{13-4}$$

比较式(13－3)和式(13－4)，可以得到如下结论：

(1) 闭环系统根轨迹增益＝开环系统前向通道的根轨迹增益。

(2) 闭环系统零点＝前向通道零点＋反馈通道极点。

(3) 闭环系统的极点与开环系统的极点、零点以及根轨迹增益均有关。

思考题

(1)前向通道根轨迹增益 K_G^* 与前向通道增益 K_G 间有什么关系？

$K_G^*=$

(2)闭环极点可否由开环零极点直接得到？

(3)绘制根轨迹为何要采用开环零极点增益形式？

13.3　绘制根轨迹的幅值条件和相角条件

精讲视频

根轨迹是开环系统某一参数从零变化到无穷大时，闭环系统特征根在复平面上变化形成的轨迹。因此，绘制根轨迹，要从系统闭环特征方程入手。令控制系统结构如图 13－3 所示，则系统闭环特征方程为

$$1+G(s)H(s)=0 \tag{13-5}$$

所以，凡是满足方程

$$G(s)H(s)=-1 \tag{13-6}$$

的复数 s 都是系统的闭环特征根，都在根轨迹上。式(13－6)也称为根轨迹方程。式(13－6)可以改写为

$$|G(s)H(s)|e^{j\angle G(s)H(s)}=1\cdot e^{\pm j(2k+1)\pi},\ k=0,1,2,\cdots$$

可得绘制根轨迹的幅值条件和相角条件

$$\begin{aligned}&|G(s)H(s)|=1\\&\angle G(s)H(s)=\pm(2k+1)\pi,\ k=0,1,2,\cdots\end{aligned} \tag{13-7}$$

若系统开环传递函数为

$$G(s)H(s)=K^{*}\frac{\prod_{i=1}^{m}(s-z_i)}{\prod_{j=1}^{n}(s-p_i)}$$

则上述绘制根轨迹的幅值条件和相角条件可改写为

$$K^{*}=\frac{\prod_{j=1}^{n}|s-p_j|}{\prod_{i=1}^{m}|s-z_i|} \tag{13-8}$$

$$\sum_{i=1}^{m}\angle(s+z_i)-\sum_{j=1}^{n}\angle(s+p_j)=\pm(2k+1)\pi$$

思考题 复函数相角是如何定义的？用图解法示意如何计算下面复函数的相角。

思考题解析

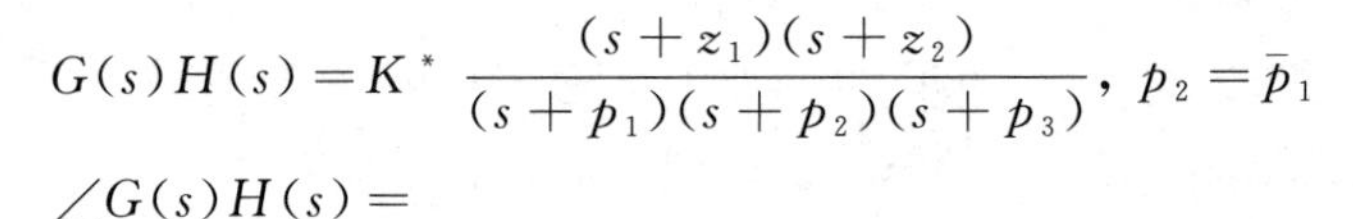

$$G(s)H(s)=K^{*}\frac{(s+z_1)(s+z_2)}{(s+p_1)(s+p_2)(s+p_3)},\ p_2=\bar{p}_1$$

$$\angle G(s)H(s)=$$

13.4　绘制根轨迹的规则1～4

本节介绍概略绘制以开环根轨迹增益 K^{*} 为连续变化参数的负反馈系统根轨迹的基本规则。这些基本规则非常简单，熟练的掌握它们对分析和设计控制系统非常有益。对这些规则的证明感兴趣的读者可以参考胡寿松主编的《自动控制原理(第七版)》(科学出版社出版)，这里不再赘述。

规则1：关于根轨迹的分支数、起点和终点。

根轨迹在复平面上的分支数等于闭环特征方程的阶数 n。由于系统的特征方程有 n 个根，所以当可变参数 K^{*} 由零变化到无穷大时，特征根必然会出现 n 条根轨迹。

根轨迹的起点是指开环根轨迹增益 $K^{*}=0$ 时的根轨迹点，根轨迹的终点是指开环根轨迹增益 $K^{*}\to\infty$ 时的根轨迹点。根轨迹起点为开环极点(用“×”表示)，终点为开环零点(用“○”表示)，当开环传递函数有 n 个极点和 m 个零点时，从开环极点出发的 n 条根轨迹中，有 m 条终止于开环零点，有 $n-m$ 条根轨迹终止于无穷远处。

规则2：关于根轨迹的连续性和对称性。

根轨迹是连续的且对称于实轴。连续性是由可变参数连续变化决定的。闭环特征方程 n 个根为实数根或者共轭复数根，因此根轨迹必然对称于实轴。

规则3：关于实轴上的根轨迹。

实轴上某一区间段，若其右边的开环实数零、极点个数之和为奇数，则该区间段为根轨迹。

例13-2　已知单位负反馈系统的开环传递函数如下，试绘出其根轨迹。

$$G(s)=\frac{K(\tau s+1)}{s(Ts+1)},\ \tau>T$$

解　将开环传递函数化为零极点增益形式：

$$G(s)=\frac{k(s+1/\tau)}{s(s+1/T)},\ k=\frac{\tau K}{T}$$

系统在实轴上有一个开环零点，两个开环极点，按照根轨迹绘制规则 3，可得：$(-\infty,\ p_2)$和$(z_1,\ p_1)$为根轨迹，如图 13 - 4 所示。

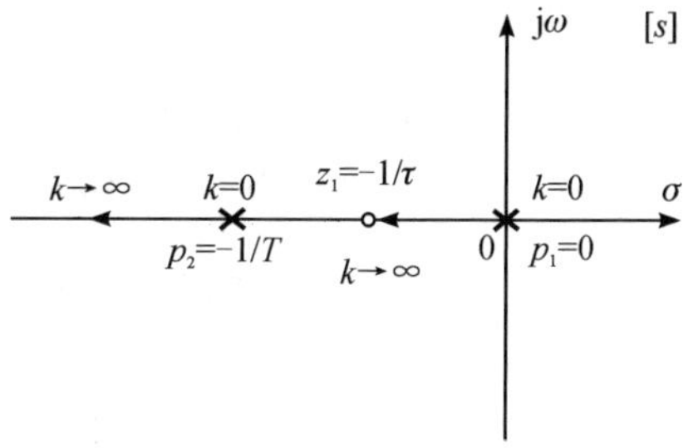

图 13 - 4　例 13 - 2 根轨迹

规则 4：关于根轨迹的渐近线。

当系统开环极点数 n 大于零点数 m 时，有 $n-m$ 条根轨迹趋向于复平面的无穷远处。这时需要确定这些根轨迹是沿着什么方向(渐近线)趋向于无穷远的，而这取决于根轨迹的渐近线与实轴的交点和夹角。

渐近线与实轴的交点：

$$\sigma_a=-\frac{\sum_{i=i}^{n}p_i-\sum_{j=1}^{m}z_j}{n-m} \tag{13-9}$$

渐近线与实轴的夹角：

$$\varphi_a=\frac{(2k+1)\pi}{n-m},\ k=0,\ 1,\ \cdots,\ n-m-1 \tag{13-10}$$

例 13 - 3　已知单位负反馈系统的开环传递函数如下，试绘出其根轨迹。

$$G(s)=\frac{K(s+1)}{s(s+2)(s+4)^2}$$

解　先在复平面上标出开环零极点的位置，并绘制系统在实轴上的根轨迹(如图 13 - 5(a)所示)。根据式(13 - 9)和式(13 - 10)确定渐近线与实轴的交点和夹角：

$$\sigma_a=-\frac{2+4+4-1}{4-1}=-3$$

$$\varphi_{a1}=60^\circ,\ \varphi_{a2}=180^\circ,\ \varphi_{a3}=300^\circ$$

结合实轴上的根轨迹，绘制系统的根轨迹如图 13 - 5(b)所示。

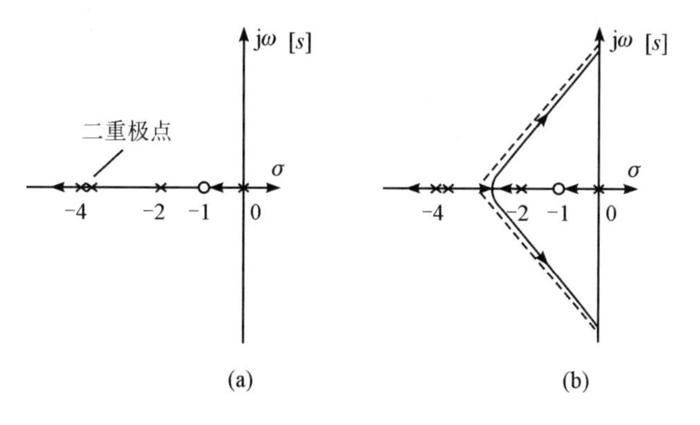

图 13 - 5　例 13 - 3 根轨迹

思考题 (1) 什么情况下根轨迹渐近线必定沿着负实轴指向无穷远处?

(2) 当系统开环极零点数差 $n-m \geqslant 3$ 时,闭环是否一定稳定?

(3) 什么情况下实轴上会出现二重极点?

随堂练 (1) 已知开环零、极点分布如图 13-6 所示,概略画出闭环根轨迹。

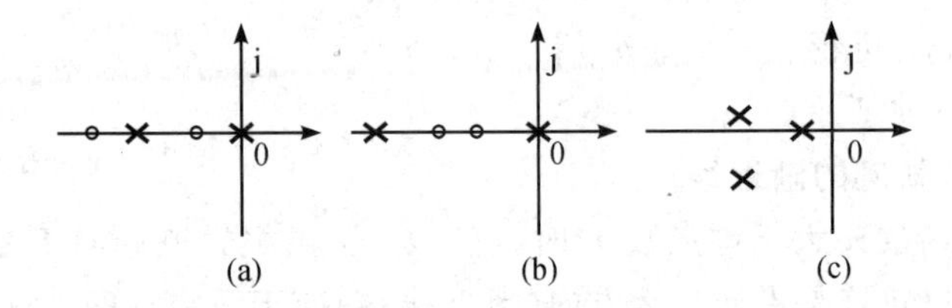

图 13-6 系统开环零、极点分布

(2) 已知单位负反馈系统开环传递函数如下,概略画出闭环根轨迹。

$$G(s)=\frac{K^{*}(s+20)}{s(s+10+\mathrm{j}10)(s+10-\mathrm{j}10)}$$

(3) 已知单位负反馈系统开环传递函数如下,概略画出闭环根轨迹。

$$G(s)=\frac{K^{*}(s+1)}{s^{2}(s+2)(s+4)}$$

单元作业

1. 已知单位负反馈系统开环传递函数如下,概略画出闭环根轨迹。

$$G(s)=\frac{K^{*}(s+1)}{s(s+2)(s+4)}$$

2. 已知单位负反馈系统开环传递函数如下,概略画出闭环根轨迹。

$$G(s)=\frac{K^{*}}{s^{2}(s+2)(s+4)}$$

第 14 讲　根轨迹绘制(二)

学习内容

(1) 根轨迹绘制规则 5～8。

(2) 广义根轨迹。

(3) MATLAB 绘制根轨迹。

学习目标

(1) 掌握根轨迹绘制规则 5～8，会利用这些规则绘制给定系统根轨迹。

(2) 掌握参数根轨迹等效开环传递函数变换方法并熟练绘制根轨迹。

(3) 熟悉零度根轨迹绘制规则，能够绘制零度根轨迹。

(4) 掌握使用 MATLAB 绘制根轨迹的方法。

上一讲学习了根轨迹的基本概念和根轨迹绘制规则 1～4，在例题和思考题中出现了实轴上有重极点和根轨迹进入右半平面的情况，这一讲主要通过学习根轨迹绘制规则 5～8 来解决上述问题。

精讲视频

14.1　绘制根轨迹的规则 5～8

规则 5：关于根轨迹的分离点和汇合点。

两条或两条以上根轨迹分支在 s 平面上相遇又立即分开的点，称为根轨迹的分离点或汇合点。一般常见的分离点多位于实轴上，但有时也产生于共轭复数对中。如果实轴上相邻两极点(或两零点)之间的线段属于根轨迹，则它们之间必存在分离点，分离点必然是重根点。如果将系统的闭环特征方程写为

$$D(s)=1+G(s)H(s)=1+\frac{KM(s)}{N(s)}=0 \tag{14-1}$$

根据分离点必然是重根点的条件，可以得出分离点满足方程

$$\frac{\mathrm{d}}{\mathrm{d}s}\left(\frac{N(s)}{M(s)}\right)=\frac{N(s)M'(s)-N'(s)M(s)}{M^2(s)}=0 \tag{14-2}$$

利用式(14-2)求出的分离点必须位于根轨迹上，否则应当舍去。检验的方法是分离点所对应的增益 K 必须大于零。另外，可以证明实轴上两条根轨迹相遇时并立即离开时，分离点的分离角恒为$\pm 90°$。

若把系统的闭环特征方程写为

$$D(s)=\prod_{i=1}^{n}(s-p_i)+K^*\prod_{j=1}^{m}(s-z_j)=0 \tag{14-3}$$

则分离点 d 也可以利用下面的方程，采用估算法求得：

$$f(d)=\sum_{i=1}^{n}\frac{1}{d-p_i}-\sum_{j=1}^{m}\frac{1}{d-z_i}=0 \tag{14-4}$$

规则6：关于根轨迹与虚轴的交点。

根轨迹与虚轴相交，说明控制系统有位于虚轴上的闭环极点，即特征方程含有纯虚数的根。将 $s=\mathrm{j}\omega$ 代入特征方程，则有

$$1+G(\mathrm{j}\omega)H(\mathrm{j}\omega)=0 \tag{14-5}$$

将上式分解为实部和虚部两个方程，即

$$\begin{cases}\mathrm{Re}[1+G(\mathrm{j}\omega)H(\mathrm{j}\omega)]=0\\ \mathrm{Im}[1+G(\mathrm{j}\omega)H(\mathrm{j}\omega)]=0\end{cases} \tag{14-6}$$

解(14-6)式，可以求得根轨迹与虚轴的交点坐标，以及此交点相对应的临界参数 K_c^*。

例14-1 确定例13-3中的根轨迹分离点坐标、根轨迹与虚轴的交点坐标。

解 系统开环传递函数为

$$G(s)=\frac{K(s+1)}{s(s+2)(s+4)^2}$$

由式(14-2)可得：

$$3s^4+24s^3+62s^2+64s+32=0$$
$$d_1=-4,\ d_2=-2.5994,$$
$$d_{3,4}=-0.7003\pm0.7317\mathrm{j}$$

由根轨迹图14-1可知，分离点在实轴上，因此 $d_{3,4}$ 不可能是分离点。d_1 正是系统的闭环极点的起点(开环极点重根)。所以此系统的分离点有两个，分别为$(-4,\ \mathrm{j}0)$，$(-2.5994,\ \mathrm{j}0)$。

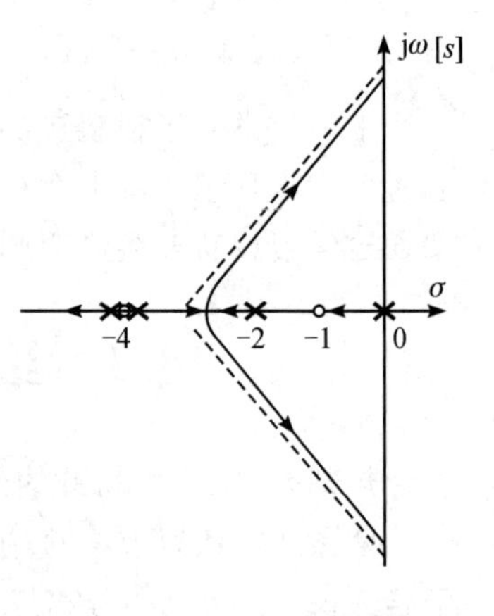

图14-1 例14-1系统根轨迹

将 $s=\mathrm{j}\omega$ 代入特征方程，可得：

$$\omega^4-\mathrm{j}10\omega^3-32\omega^2+\mathrm{j}(32+K)\omega+K=0$$

写出实部和虚部方程

$$\omega^4-32\omega^2+K=0$$
$$10\omega^3-(32+K)\omega=0$$

由此求得根轨迹与虚轴的交点坐标为

$$\omega_{1,2}=\pm4.5204,\ \omega_{3,4}=\pm1.2514$$

$\omega_{3,4}$ 对应的 K 小于零(思考为什么)。系统根轨迹与虚轴交点坐标为$(0,\ \pm\mathrm{j}4.5204)$。

(1)上例中4阶代数方程解析求解非常困难，用式(14-4)直接求解也面临同样问题。有没有好的近似估计分离点方法？

(2)有没有便捷的方法判断根轨迹与虚轴是否有交点？

规则7：根轨迹的出射角和入射角。

当开环零点和开环极点处于复平面时，根轨迹离开开环极点处的切线与正实轴的方向夹角称为根轨迹的出射角，用 θ_{p_i} 表示；根轨迹进入开环零点处的切线与正实轴的方向夹角称为根轨迹的入射角，用 θ_{z_i} 表示。它们分别描述了根轨迹沿什么轨迹离开极点和沿什么

轨迹进入零点。

图 14－2 中，θ_{p_1}、θ_{p_2} 为出射角，θ_{z_1}、θ_{z_2} 为入射角。由于根轨迹的对称性，对应于同一对共轭极点(或零点)的出射角(或入射角)互为相反数。从相角条件，可以推出如下根轨迹出射角和入射角的计算公式。

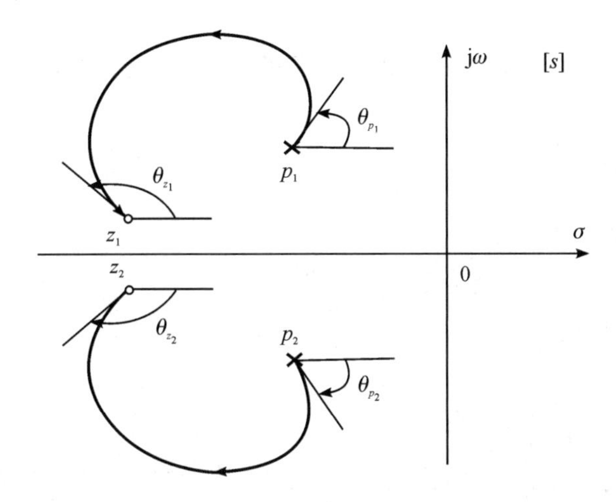

图 14－2　根轨迹的出射角与入射角

根轨迹从复数极点 p_r 出发的出射角为

$$\theta_{p_r} = (2k+1)\pi - \sum_{j=1,\ j\neq r}^{n} \angle(p_r - p_j) + \sum_{i=1}^{m} \angle(p_r - z_i) \tag{14-7}$$

根轨迹到达复数零点 z_r 的入射角为

$$\theta_{z_r} = (2k+1)\pi + \sum_{j=1}^{n} \angle(z_r - p_j) + \sum_{i=1,\ i\neq r}^{m} \angle(z_r - z_i) \tag{14-8}$$

规则 8：根轨迹的根之和与根之积。

若把系统的闭环特征方程写为

$$\begin{aligned} D(s) &= \prod_{i=1}^{n}(s - p_i) + K^* \prod_{j=1}^{m}(s - z_j) \\ &= \prod_{i=1}^{n}(s - s_i) = a_0 s^n + a_1 s^{n-1} + \cdots + a_{n-1}s + a_n = 0 \end{aligned} \tag{14-9}$$

其中，p_i，z_j，s_i 分别为开环极点、开环零点和闭环极点。则有如下结论：

(1) 如果满足 $n-m\geqslant 2$，则开环极点之和与闭环极点之和相等，即

$$\sum_{i=1}^{n} p_i = \sum_{i=1}^{n} s_i = a_1 \tag{14-10}$$

(2) 若开环传递函数原点处存在极点，则开环零点之积与闭环极点之积相等，即

$$K^* \prod_{j=1}^{m} z_j = \prod_{i=1}^{n} s_i = a_n \tag{14-11}$$

根轨迹的根之和与根之积的结论对于判断根轨迹的走向非常重要。它反映了当开环传递函数分母阶次高于分子阶次至少 2 阶时，系统闭环极点在移动过程中，其中心(或重心)将保持不变。即如果有一部分闭环极点向左移动，必有另外的闭环极点向右移动。

例 14－2　系统开环传递函数为 $G_O(s)=\dfrac{K(s+2)}{s(s+3)(s^2+2s+2)}$，绘制系统根轨迹。

解　该系统实轴上根轨迹区间为(0，－2)，(－3，－∞)。无分离点和汇合点。共 4 条根轨迹分支，有 3 条渐近线。渐近线与实轴交点和夹角分别为

$$\sigma = -\frac{0+3+(1+j)+(1-j)-2}{4-1} = -1$$

$$\varphi_a = 60°, 180°, 300°$$

开环零极点分布如图 14－3(a)所示，其中开环极点 $-1\pm j$ 为共轭复数起点，计算出射角如下：

$$\theta_{p_1} = 180° + 45° - (26.6° + 90° + 135°) = -26.6°$$

$$\theta_{p_2} = -\theta_{p_1} = 26.6°$$

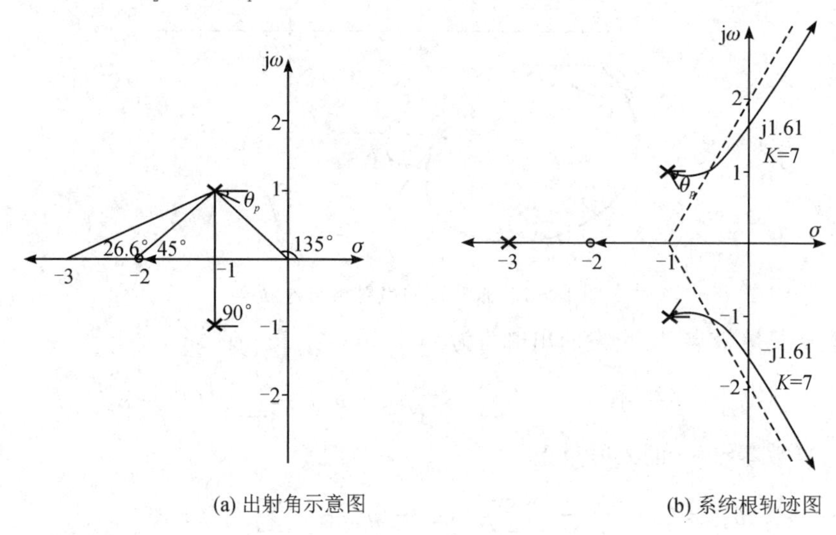

(a) 出射角示意图　　(b) 系统根轨迹图

图 14－3　例 14－2 系统根轨迹

系统闭环特征方程为

$$s^4 + 5s^3 + 8s^2 + (K+6)s + 2K = 0$$

计算与虚轴的交点，将 $s = j\omega$ 带入特征方程可得：

$$\omega^4 - 8\omega^2 + 2K = 0$$

$$-5\omega^3 + (K+6)\omega = 0$$

解得 $\omega = \pm 1.61$，$K = 7$。系统根轨迹如图 14－3(b)所示。

随堂练 (1) 系统开环传递函数为 $G_O(s) = \dfrac{K}{s(s+4)(s^2+4s+20)}$，绘制系统根轨迹。

(2) 用劳斯判据求使例 14－2 系统闭环稳定的 K 的范围。

思考题　(1) 比较例 14-2 中根轨迹与虚轴交点对应的增益 K 与上面随堂练中用劳斯判据求得的范围，可得出什么结论？

(2) 可否用劳斯判据求根轨迹与虚轴的交点？

14.2　广义根轨迹

前面介绍的根轨迹都是以开环增益为变化参数绘制的，而且闭环系统是负反馈控制系统，这类根轨迹通常称为常规根轨迹。在控制系统中，如果变化参数为开环增益以外的其他参数，所绘制的根轨迹则称为参数根轨迹；而如果闭环系统是正反馈控制系统，则得到的根轨迹称为零度根轨迹。参数根轨迹和零度根轨迹是最常见的广义根轨迹。

1. 参数根轨迹

参数根轨迹指的是以非开环增益(如某个环节的时间常数等)为可变参数绘制的根轨迹。只要对系统闭环特征方程作变换，求出等效开环传递函数，这类根轨迹的绘制就可以转化为常规根轨迹的绘制。令

$$1+G(s)H(s)=Q(s)+\rho P(s)=0 \tag{14-12}$$

其中，ρ 为可变参数，$P(s)$、$Q(s)$为两个与 ρ 无关的多项式。可转化为具有相同特征方程的等效单位负反馈系统，其等效开环传递函数为

$$G'_O(s)=\rho\frac{P(s)}{Q(s)} \tag{14-13}$$

利用式(14-13)绘制出的根轨迹，就是以参数 ρ 为变化的系统参数根轨迹。等效开环传递函数描述的系统与原来的系统有相同的闭环极点，但闭环零点一般是不同的。由于闭环零点对系统性能有影响，所以在分析系统性能时，可以采用参数根轨迹上的闭环极点和原来闭环系统的零点对系统进行分析。

例 14-3　已知某负反馈系统开环传递函数如下，绘制以 K_s 为变化参数的根轨迹。

$$G(s)=\frac{10(1+K_s s)}{s(s+2)}$$

解　对系统闭环特征方程做等效变换：

$$\begin{aligned}D(s)&=s^2+(2+10K_s)s+10\\&=(s^2+2s+10)+10K_s s\\&=Q(s)+\rho P(s)=0\end{aligned}$$

因此，等效开环传递函数为

$$G'_O(s)=\rho\frac{P(s)}{Q(s)}=\frac{\rho s}{s^2+2s+10},\ \rho=10K_s$$

绘制以 ρ 为可变参数的根轨迹，并将可变参数等比例缩小 10 倍，就可以得到以 K_s 为变化参数的根轨迹。

随堂练　绘制例 14-3 中等效单位负反馈系统的根轨迹。

2. 零度根轨迹

由于被控对象本身特性或者性能指标设计要求导致系统包含有正反馈内回路或者为非最小相位系统(在右半平面有开环零极点)时，绘制根轨迹的规则会因为相角条件的改变而发生变化。

设正反馈系统的开环传递函数为 $G(s)H(s)$，则正反馈系统的特征方程为

$$1-G(s)H(s)=0 \tag{14-14}$$

将上式改写为

$$|G(s)H(s)|\mathrm{e}^{\mathrm{j}\angle G(s)H(s)}=1\cdot \mathrm{e}^{\pm \mathrm{j}2k\pi},\ k=0,\ 1,\ 2,\ \cdots \tag{14-15}$$

可得绘制根轨迹的幅值条件和相角条件：

$$\begin{aligned}&|G(s)H(s)|=1\\&\angle G(s)H(s)=\pm 2k\pi,\ k=0,\ 1,\ 2,\ \cdots\end{aligned} \tag{14-16}$$

由(14-16)可知，正反馈控制系统根轨迹满足的相角条件为开环传递函数复数向量的相角指向正实轴方向(复数向量相角的0°方向)，因此称这类根轨迹为零度根轨迹。在绘制零度根轨迹时，需要对涉及到相角条件的绘制规则做如下相应修改：

规则3：关于实轴上的根轨迹。

实轴上某一区间段，若其右边的开环实数零、极点个数之和为偶数，则该区间段为根轨迹。

规则4：关于根轨迹的渐近线。

渐近线与实轴的交点不变，夹角变为

$$\varphi_a=\frac{2k\pi}{n-m},\ k=0,\ 1,\ \cdots,\ n-m-1 \tag{14-17}$$

规则7：关于根轨迹的出射角和入射角。

根轨迹从复数极点 p_r 出发的出射角为

$$\theta_{p_r}=2k\pi-\sum_{j=1,\ j\neq r}^{n}\angle(p_r-p_j)+\sum_{i=1}^{m}\angle(p_r-z_i) \tag{14-18}$$

根轨迹到达复数零点 z_r 的入射角为

$$\theta_{z_r}=2k\pi+\sum_{j=1}^{n}\angle(z_r-p_j)+\sum_{i=1,\ i\neq r}^{m}\angle(z_r-z_i) \tag{14-19}$$

例 14-4 已知某负反馈系统开环传递函数如下，绘制其根轨迹。

$$G(s)=\frac{K(1-s)}{s(s+1)}$$

解 此系统为非最小相位系统，需要采用零度根轨迹规则绘制其根轨迹。

如图 14-4 所示，实轴上根轨迹区间为 $[-2,\ 0]$，$[1,\ \infty)$。求分离点，由式(14-2)可得：

$$s^2-2s-2=0$$

$$s_1=-0.732,\ s_2=2.732$$

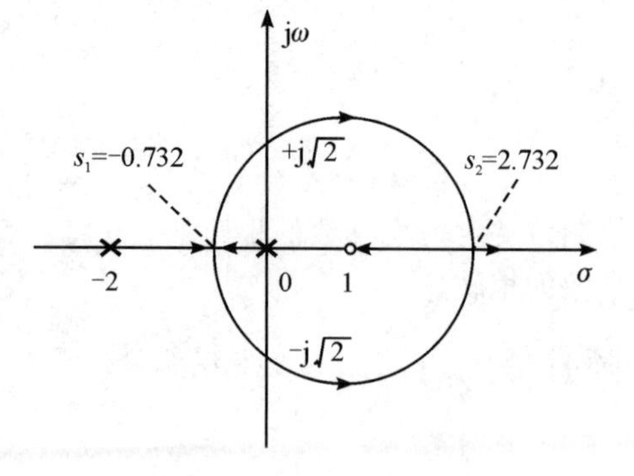

图 14-4 系统根轨迹

计算与虚轴交点，将 $s=\mathrm{j}\omega$ 带入特征方程可得：

$$-\omega^2+K+\mathrm{j}(2\omega-K\omega)=0$$

$$\omega=\pm\sqrt{2},\ K=2$$

思考题　证明例 14－4 根轨迹为圆，并求出圆的方程。

14.3　MATLAB 绘制根轨迹

MATLAB 中提供了绘制系统根轨迹的 rlocus( )函数。已知系统开环传递函数的形式，可以方便地精确绘制出系统的根轨迹。并且在绘制出的根轨迹上通过点击鼠标可以很方便的读取对应的系统参数和性能，包括增益、极点位置、阻尼比、超调量、自然频率等，极大的方便了系统的分析和设计。

例 14－5　已知单位负反馈系统开环传递函数，用 MATLAB 绘制其根轨迹。

$$G(s)=\frac{K(s+1)}{s(s+2)(s+3)}$$

解　使用 MATLAB 绘制此根轨迹的程序如下：

```
%ex_14-5
num=[1 1];
den=conv([1 0], conv([1 2], [1 3]));
G=tf(num, den);
rlocus(G)
title(''); xlabel('Re');
ylabel('Im');
```

程序运行结果如图 14－5 所示。

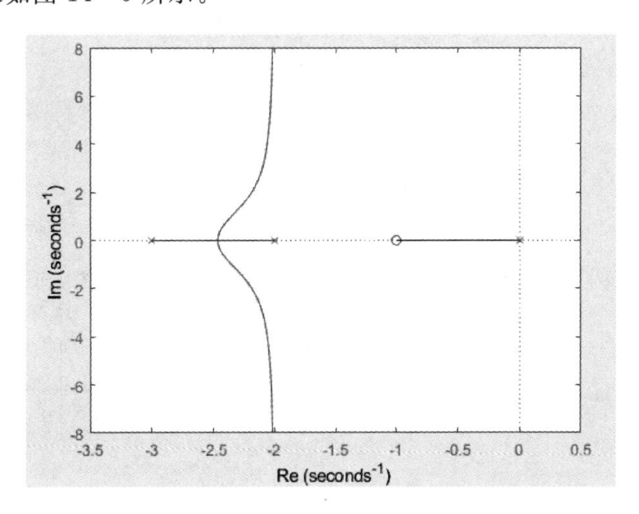

图 14－5　例 14－5　MATLAB 绘制的根轨迹

例 14－6　已知单位负反馈系统开环传递函数，用 MATLAB 绘制其根轨迹。

$$G(s)=\frac{K}{s(0.2s+1)(0.5s+1)}$$

解　使用MATLAB绘制此根轨迹的程序如下：

```
%ex_14-6
num=[1];
den=conv([1 0], conv([0.2 1], [0.5 1]));
G=tf(num, den);
rlocus(G)
title(''); xlabel('Re');
ylabel('Im');
```

程序运行结果如图14-6所示。通过相应位置点击鼠标，可以从图上读出分离点、与虚轴交点以及对应的系统参数和性能。

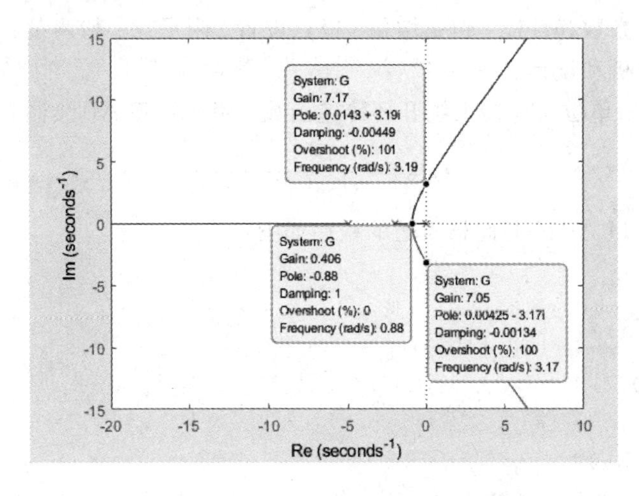

图14-6　例14-6　MATLAB绘制的根轨迹

思考题　如何用MATLAB绘制正反馈系统的零度根轨迹？

单元作业

1. 系统开环传递函数为$G_O(s)=\dfrac{K}{s^2(s+2)(s+5)}$，绘制系统根轨迹。

2. 已知某系统闭环特征方程为$D(s)=s^3+2s^2+3s+Ks+2K=0$，绘制以K为可变参数的参数根轨迹。

第 15 讲　系统性能分析与根轨迹设计

学习内容

(1) 增加开环零点和极点对根轨迹的影响。

(2) 闭环零极点分布与系统性能的关系。

(3) 用根轨迹法进行控制系统设计。

学习目标

(1) 掌握增加开环零极点对根轨迹形状的影响规律。

(2) 掌握闭环零极点分布与系统稳定性和动态性能的关系。

(3) 能够利用主导极点法近似求系统动态性能。

(4) 能够用根轨迹法进行控制系统初步设计。

系统的稳态性能和动态性能取决于闭环零、极点的分布，因而和根轨迹的形状密切相关。根轨迹法在系统分析和设计中有很多的应用，在系统参数和闭环零、极点已知的情况下，可以对系统进行定性分析和定量计算，分析参数变化对系统性能的影响，反之在给定系统定量性能指标后，也可以进行逆向综合计算，用根轨迹法设计控制系统参数。

15.1　增加开环零点和极点对根轨迹的影响

开环零点和极点的位置决定了根轨迹的形状，而根轨迹的形状又与系统的控制性能密切相关。在设计控制系统时，经常会通过调整控制器的零极点来改变系统的开环零、极点配置，从而改善系统的性能。

如图 15－1 所示，原有系统开环传递函数为 $G(s)H(s)$，通过增加控制器 $G_C(s)$，系统的开环传递函数变为 $G_C(s)G(s)H(s)$。合理设计控制 $G_C(s)$ 的零、极点就可以改变系统闭环根轨迹形状，从而达到改善系统性能的目的。下面先来研究增加开环零、极点对根轨迹有何影响。这对控制器零、极点的设计具有指导意义。

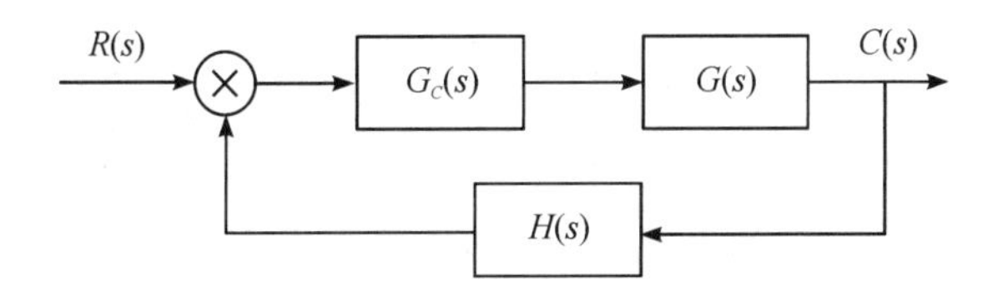

图 15－1　控制系统结构图

精讲视频

(1) 增加开环零点对根轨迹的影响。

首先通过一个例子来看看增加开环零点对系统根轨迹有何影响。

例 15－1　设系统原有开环传递函数为

$$G(s)H(s)=\frac{K^*}{s(s^2+2s+2)}$$

解　系统根轨迹如图 15－2(a)所示。增加一个开环零点，则开环传递函数变为

$$G(s)H(s)=\frac{K^*(s+z)}{s(s^2+2s+2)}$$

分别取 $z=3$，2，0，作出所对应的根轨迹如图 15－2(b)、(c)、(d)所示。

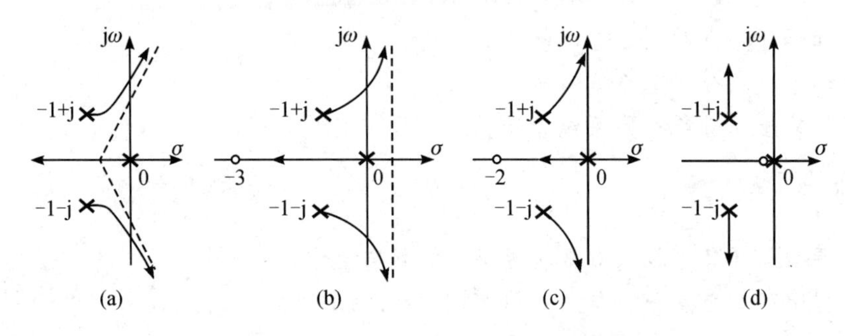

图 15－2　开环零点对根轨迹的影响

从图 15－2 可以看出，增加一个开环零点，对系统根轨迹产生以下影响：

① 改变了根轨迹在实轴的分布区间；

② 改变了根轨迹的渐近线条数和与实轴的交点、夹角；

③ 当增加的零点和某个极点重合时，两者相互抵消；

④ 根轨迹曲线向左偏移，并且增加的零点越靠近虚轴，改变越明显。

(2) 增加开环极点对根轨迹的影响。

首先通过一个例子来看看增加开环极点对系统根轨迹有何影响。

例 15－2　设系统原有开环传递函数为

$$G(s)H(s)=\frac{K^*}{s(s+2)}$$

解　系统根轨迹如图 15－3(a)所示。增加一个开环极点，则开环传递函数变为

$$G(s)H(s)=\frac{K^*}{s(s+2)(s+p)}$$

分别取 $p=4$，1，0，作出所对应的根轨迹如图 15－3(b)、(c)、(d)所示。

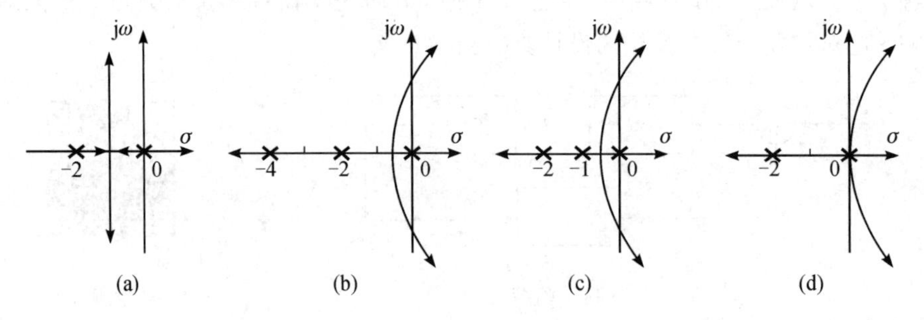

图 15－3　开环极点对根轨迹的影响

从图 15－3 可以看出，增加一个开环零点，对系统根轨迹产生以下影响：

① 改变了根轨迹在实轴的分布区间。

② 改变了根轨迹的渐近线条数和与实轴的交点、夹角。

③ 改变了根轨迹的分支数。

④ 根轨迹曲线向右偏移，并且增加的极点越靠近虚轴，改变越明显。

思考题 增加开环极点对系统稳定性和动态性能有什么不利影响？为什么还要考虑在控制器中增加极点？

15.2　闭环零极点分布与系统性能的关系

系统的性能取决于闭环零点、极点在 s 平面上如何分布。闭环系统稳定的充要条件是闭环极点必须位于 s 平面的左半平面，即根轨迹要全部落于左半平面系统才稳定。当根轨迹只有部分位于左半平面时，该系统称为条件稳定系统，可以由根轨迹图确定使系统稳定的参数取值范围。在第 12 讲高阶系统时域分析中已知，如果能将高阶系统近似地简化成由一对共轭复数极点做主导极点的二阶系统，就可以近似求出其各项性能指标，主导极点分布如图 15－4 所示。

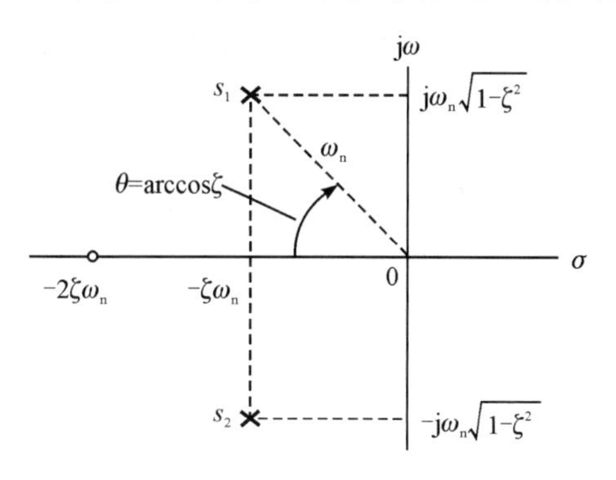

图 15－4　主导极点分布

$$s_{1,2}=-\zeta\omega_n\pm j\omega_n\sqrt{1-\zeta^2}=-\zeta\omega_n\pm j\omega_d$$

主导极点对应的系统阶跃响应为

$$c(t)=1-\frac{e^{-\zeta\omega_n t}}{\sqrt{1-\zeta^2}}\sin(\omega_d t+\theta)$$

对应的性能指标为

$$\sigma=e^{-\zeta\pi/\sqrt{1-\zeta^2}},\quad t_s=\frac{3}{\zeta\omega_n}$$

由图 15－4 可以看出，闭环极点的实部值 $\zeta\omega_n$ 越大，闭环极点离虚轴越远，对应的指数分量衰减就越快，系统的调整时间就越短，响应速度就越快。闭环极点与负实轴的夹角 θ 反映了系统的平稳性，θ 越大，阻尼比 ζ 就越小，超调量就越大，系统振荡增加。

当一对闭环零点和极点距离很近时，构成一对偶极子。一般来说，偶极子对系统动态响应的影响可以忽略不计。但是当偶极子的位置十分靠近坐标原点时，其影响往往需要考虑，但这并不影响主导极点的地位。利用偶极子性质，可以在系统中通过增加零点来消除不利于系统性能的极点。

利用主导极点法直接略去偶极子和非主导零点、极点时，要注意闭环系统根轨迹增益可能改变，从而导致系统性能计算误差。在用根轨迹法完成控制器设计后，一定要用非近似系统进行性能指标验证。

15.3　用根轨迹法进行控制系统设计

系统性能指标要求一般为形如“≥，≤，>，<”的开区间形式，因此满足要求的控制器

解可能有无穷多个。采用根轨迹法进行控制器设计时，一般采用主导极点法进行试凑，完成控制器设计后，再对系统进行性能指标验证。下面通过两个例子来学习如何用根轨迹法进行控制器设计。

例 15-3　已知某位置控制系统结构如图 15-5 所示，$K_a>0$ 为放大器增益，$K_t>0$ 为速度反馈系数。要求选择合适的 K_a，K_t 使得系统单位斜坡响应稳态误差小于 0.5，单位阶跃响应超调量 $\sigma_p<10\%$，调节时间 $t_s<2$ s($\Delta=5\%$)。

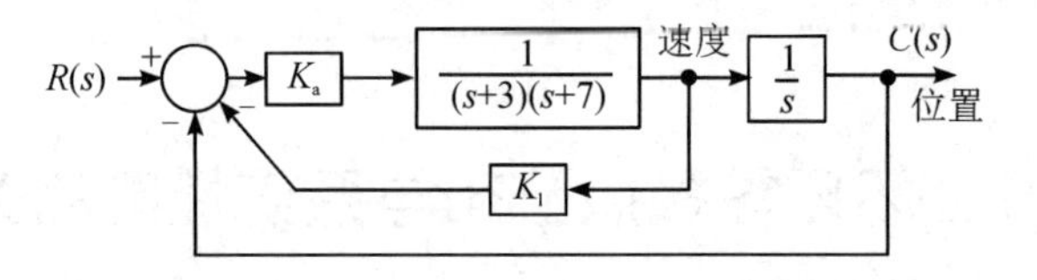

图 15-5　位置控制系统结构图

解　(1) 稳定性要求。

进行内回路化简得到系统开环传递函数

$$G(s)=\frac{K_a}{s[(s+3)(s+7)+K_aK_t]}=\frac{K_a}{s(s^2+10s+21+K_aK_t)}$$

系统闭环传递函数为

$$\Phi(s)=\frac{K_a}{s^3+10s^2+(21+K_aK_t)s+K_a}$$

K_a，K_t 的选取首先必须保证闭环系统稳定。列劳斯表如下：

$$\begin{array}{c|cc} s^3 & 1 & 21+K_aK_t \\ s^2 & 10 & K_a \\ s^1 & \dfrac{10(21+K_aK_t)}{10} & \\ s^0 & K_a & \end{array}$$

由劳斯判据可得使闭环系统稳定的充要条件为

$$K_a>0,\ K_t>0.1-\frac{21}{K_a}$$

(2) 稳态误差要求。

由开环传递函数可得系统速度误差系数

$$K_v=\frac{K_a}{21+K_aK_t}$$

根据系统单位斜坡响应稳态误差要求，有

$$e_{ss}(\infty)=\frac{1}{K_v}=\frac{21+K_aK_t}{K_a}<0.5$$

由 $K_a>0$，$K_t>0$，可得

$$0<K_t<0.5-\frac{21}{K_a},\ K_a>42$$

下面进行控制器设计试凑。试取 $K_t=0.25$，则需有 $K_a>84$。采用动态性能要求来确定 K_a 最终取值。

(3) 动态性能要求。

对二阶系统，由超调量 $\sigma_p<10\%$ 可得 $\zeta>0.59$，取 $\zeta=0.6$。调节时间要求

$$t_s\approx\frac{3}{\zeta\omega_n}<2,\ (\Delta=5\%)$$

故需满足 $\zeta\omega_n>1.5$。在 s 平面上做 $\zeta=0.6$，$\zeta\omega_n>1.5$ 的扇形区域，令 $K_t=0.25$，$K_a\to\infty$ 做系统根轨迹。K_a 的最终取值应使得闭环特征根位于该区域内。此时，系统闭环特征方程为

$$D(s)=(s^3+10s^2+21s)+0.25K_a(s+4)=0$$

等效根轨迹方程为

$$1+K^*\frac{s+4}{s(s+3)(s+7)}=0$$

利用 MATLAB 绘制根轨迹

```
G=zpk([-4], [0 -3 -7], 1);
rlocus(G)
sgrid(0.6, 'new')
axis([-5 1 -6 6])
```

用鼠标从根轨迹图上点选根轨迹与 $\zeta=0.6$ 射线的交点，读图 15-6 可得对应的参数：

$$\zeta=0.61,\ K^*=21.3,\ s_{1,2}=-2.54\pm j3.3,\ \sigma_p=8.92\%$$

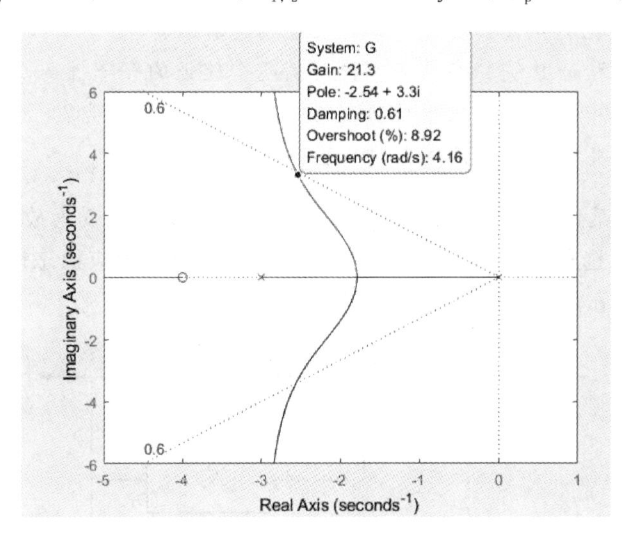

图 15-6　系统根轨迹

由 $K^*=0.25K_a$ 可得 $K_a=4K^*=85.2$。由幅值条件式(13-8)，可得第三个闭环极点为 $s_3=-4.94$(也可由根轨迹图上用鼠标点选估计该值)。

(4) 设计指标验证。

实际系统闭环为三阶系统，第三个极点的存在会增大系统阻尼，减小超调量。这里用 MALTAB 做实际系统的单位阶跃响应和单位斜坡响应来验证。

```
Kt=0.25; Ka=85.2;
[num, den]=cloop([Ka], [1 10 21+Kt*Ka 0])
sys=tf(num, den);
```

```
t=0：0.005：5；u=t；
figure(1)；step(sys，t)，grid on；
figure(2)；lsim(sys，u，t)；grid on；
```

从图 15-7 中可以读出系统性能为：单位斜坡响应误差 $e_{ss}(4.5)=4.5-4=0.5$，单位阶跃响应超调量 $\sigma_p=0.5\%$，调节时间 $t_s=1.24$ s，全部满足设计要求。

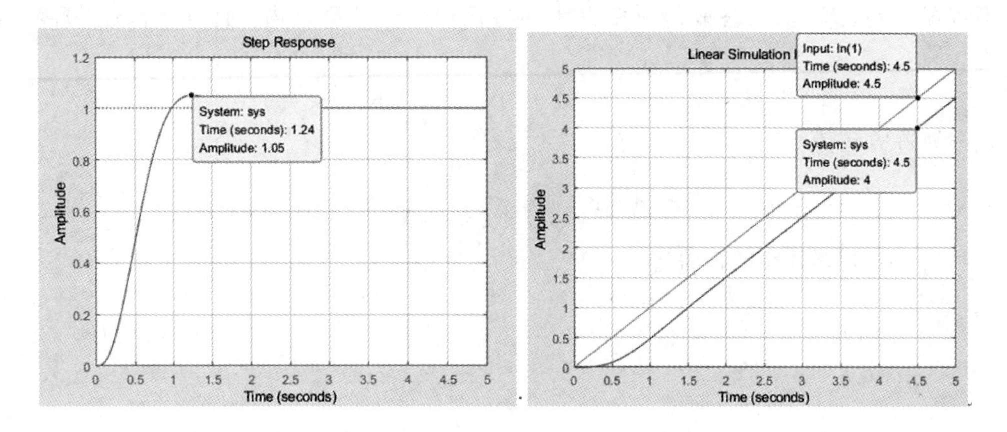

图 15-7　系统单位阶跃响应和单位斜坡响应

思考题

(1) 举例说明为什么要进行设计性能指标验证？

(2) 如何验证系统稳态误差？说明例题中验证的合理性。

(3) 上例中如何解析求出根轨迹与 $\zeta=0.6$ 射线的交点？

(4) 如果指标验证不满足条件，怎么办？

例 15-4　已知某位置控制系统结构如图 15-8 所示，$K_1>0$ 为放大器增益，$K_2>0$ 为速度反馈系数。要求选择合适的 K_1，K_2 使得系统单位斜坡响应稳态误差小于 0.35，主导极点阻尼比 $\zeta\geqslant0.707$，调节时间 $t_s<3$ s，($\Delta=2\%$)。

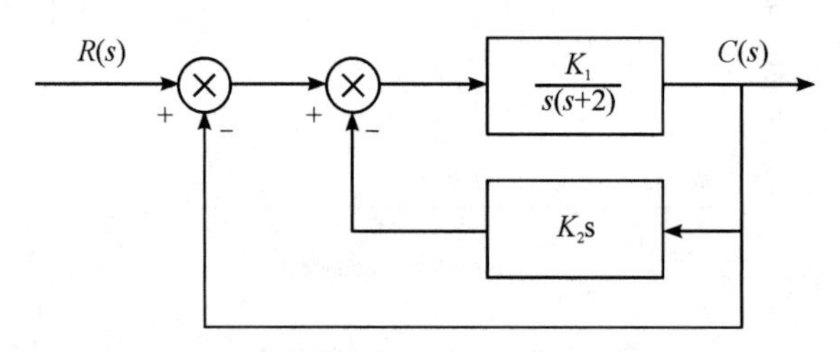

图 15-8　例 15-4 系统结构图

解　进行内回路化简得到系统开环传递函数

$$G(s)=\frac{K_1}{s(s+2+K_1K_2)}$$

系统闭环传递函数为

$$\Phi(s)=\frac{K_1}{s^2+(2+K_1K_2)s+K_1}$$

由开环传递函数可得系统速度误差系数

$$K_v = \frac{K_1}{2+K_1K_2}$$

根据系统单位斜坡响应稳态误差要求，有

$$e_{ss}(\infty) = \frac{1}{K_v} = \frac{2+K_1K_2}{K_1} < 0.35$$

由 $K_1>0$，$K_2>0$，可得

$$0<K_2<0.35,\ K_1>\frac{2}{0.35-K_2}>5.7$$

下面进行控制器设计试凑。试取 $K_2=0.2$，则需有 $K_1>13.3$。采用动态性能要求来确定 K_1 最终取值。

由调节时间要求得

$$t_s \approx \frac{4}{\zeta\omega_n} < 3,\ (\Delta=2\%)$$

故需满足 $\zeta\omega_n>1.33$。在 s 平面上做 $\zeta=0.707$，$\zeta\omega_n>1.33$ 的扇形区域，令 $K_2=0.2$，$K_1\to\infty$做系统根轨迹。K_1 的最终取值应使得闭环特征根位于该区域内。此时，系统闭环特征方程为

$$D(s)=(s^2+2s)+0.2K_1(s+5)=0$$

等效根轨迹方程为

$$1+K^*\frac{s+5}{s(s+2)}=0$$

利用 MATLAB 绘制根轨迹

```
G=tf([1 5], [1 2 0]);
rlocus(G)
sgrid(0.707, 'new')
axis([-12 2 -5 5])
```

用鼠标从根轨迹图 15-9 上点选根轨迹与 $\zeta=0.707$ 射线的交点，读图可得对应的参数：

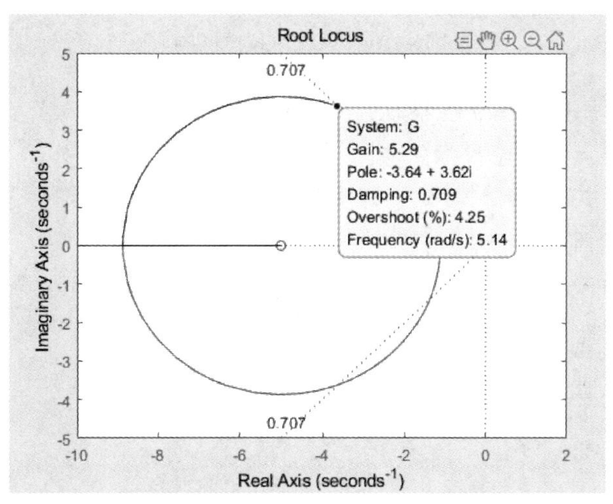

图 15-9　系统根轨迹

$$\zeta=0.709,\ K^*=5.29,\ s_{1,2}=-3.64\pm j3.62,\ \sigma_p=4.25\%$$

由 $K^*=0.2K_1$ 可得 $K_1=5K^*=26.45$。

下面用 MATLAB 做实际系统的单位阶跃响应来验证性能指标。

```
K2=0.2; K1=26.45;
[num, den]=cloop([K1], [1 2+K1 * K2 0])
sys=tf(num, den);
t=0: 0.005: 5; u=t;
figure(1) ; step(sys, t), grid on;
figure(2); lsim(sys, u, t); grid on;
```

从图 15-10 中可以读出系统性能为：单位阶跃响应超调量 $\sigma_p=0.2\%$，调节时间 $t_s=1.18$ s，系统单位斜坡响应稳态误差为

$$e_{ss}(\infty)=\frac{2+K_1K_2}{K_1}=\frac{2+26.45*0.2}{26.45}=0.2756<0.35$$

系统的要求性能指标满足设计要求。

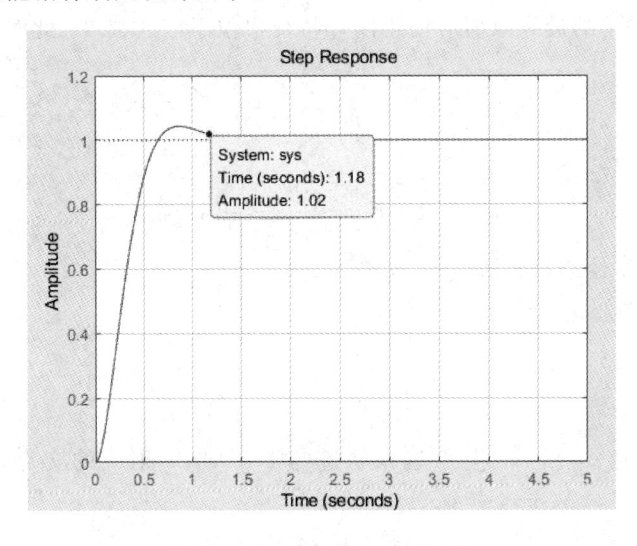

图 15-10 系统单位阶跃响应

思考题

(1) 根轨迹图 15-9 上根轨迹与 $\zeta=0.707$ 射线有两个的交点，验证另外一个交点是否满足性能指标要求。

(2) 上例中进行控制器设计试凑时，选取了 $K_2=0.2$，是否可以先选取适当的 K_1 值进行设计?

随堂练 在例 15-4 中进行控制器设计试凑时，首先选择 $K_1=20$，画出以 K_2 为参数的系统根轨迹，并求出根轨迹的分离点。

单元作业

1. 在例 15－4 中选择 $K_1=20$ 完成控制器设计，并验证性能指标。

2. 在例 15－3 中首先选择适当的 K_a 值，完成控制器设计，其次验证性能指标。

第 16 讲　频率特性概念

学习内容

(1) 频率特性的定义。

(2) 频率特性的性质。

(3) 频率特性的几何表示。

学习目标

精讲视频

(1) 熟悉频率特性的概念，明确频率特性的定义。

(2) 掌握正弦输入稳态响应的计算方法。

(3) 熟悉频率特性的性质。

(4) 掌握频率特性的几何表示方法。

时域分析方法通过求解微分方程或者传递函数拉氏逆变换得到系统的响应，虽然能直观给出动态性能，但是其计算量随系统阶次的升高而快速增加，在没有高性能计算机的情况下，非常不适合工程应用。而线性系统对正弦信号的响应是同频率的正弦信号，可以方便的观测和度量。控制系统中的输入信号可以表示为不同频率正弦信号的合成，其输出响应是系统对各个不同频率信号响应的总和。系统对正弦输入的响应称为频率响应。本世纪三十年代，频率响应方法被引进控制科学，它克服了直接用微分方程研究控制系统的种种困难，解决了许多理论问题和工程问题，迅速形成了分析和综合控制系统的频域方法。这种方法直到今天仍是控制理论中极为重要的内容。

16.1　频率特性的定义

首先通过一个如图 16－1 所示 RC 电路的零状态正弦输入响应来引出频率特性的概念和定义。图中，输出为电容电压 $u_o(t)$，输入为正弦信号 $u_i(t)=U\sin\omega t$。系统传递函数为

$$\frac{C(s)}{R(s)}=\frac{U_o(s)}{U_i(s)}=\frac{1/(Cs)}{R+1/(Cs)}=\frac{1}{\tau s+1}=G(s) \tag{16-1}$$

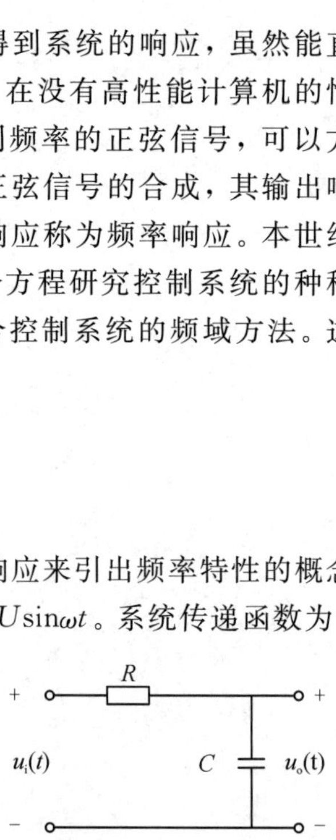

在正弦信号作用下，有

$$C(s)=U_o(s)=\frac{1}{\tau s+1}U_i(s)=\frac{1}{\tau s+1}\frac{U\omega}{s^2+\omega^2} \tag{16-2}$$

图 16－1　RC 电路

对式(16－2)进行拉氏反变换，可得

$$u_o(t)=\frac{U\tau\omega}{\tau^2\omega^2+1}e^{-\frac{t}{\tau}}+\frac{U}{\sqrt{\tau^2\omega^2+1}}\sin(\omega t+\varphi) \tag{16-3}$$

式中，$\varphi=-\arctan\tau\omega$。

式(16－3)中，第一项是输出的暂态分量，第二项是输出的稳态分量。当时间 $t\to\infty$时，

暂态分量趋于零，所以上述电路的稳态响应为

$$\lim_{t\to\infty} u_o(t) = \frac{U}{\sqrt{1+\omega^2\tau^2}}\sin(\omega t+\varphi) = U\left|\frac{1}{1+j\omega\tau}\right|\sin\left(\omega t+\angle\frac{1}{1+j\omega\tau}\right) \tag{16-4}$$

可见，当电路输入为正弦信号时，输出电压的稳态响应仍是一个正弦信号，其频率和输入信号频率相同，但幅值和相角发生了变化。幅值衰减为原来的 $1/\sqrt{\omega^2\tau^2}$，相位滞后了 $\arctan\omega\tau$。

若把输出的稳态响应和输入正弦信号用复数表示，则输出和输入的比值为

$$\frac{U\left|\frac{1}{1+j\omega\tau}\right|e^{j\angle\frac{1}{1+j\omega\tau}}}{Ue^{j0}} = \left|\frac{1}{1+j\omega\tau}\right|e^{j\angle\frac{1}{1+j\omega\tau}} = A(\omega)e^{j\varphi(\omega)} = G(j\omega) \tag{16-5}$$

式中，$A(\omega)=\left|\frac{1}{1+j\omega\tau}\right|$，$\varphi(\omega)=\angle\frac{1}{1+j\omega\tau}=-\arctan\omega\tau$。

由式(16－5)可以看出，输出信号稳态值与输入信号的比值不仅与电路时间常数 τ 有关，还与频率 ω 有关。$G(j\omega)$是上述电路的稳态响应与输入正弦信号的复数比，称为频率特性。$A(\omega)$ 是输出信号的幅值与输入信号幅值之比，称为幅频特性。$\varphi(\omega)$是输出信号的相角与输入信号的相角之差，称为相频特性。对比式(16－1)和式(16－5)，将传递函数 $G(s)$ 中的 s 以 $j\omega$ 代替，即得频率特性。

$$G(j\omega)=G(s)\big|_{s=j\omega}=|G(j\omega)|e^{j\angle G(j\omega)} \tag{16-6}$$

上述结论可推广到稳定的线性定常系统，设其传递函数为

$$G(s)=\frac{C(s)}{R(s)}=\frac{N(s)}{(s-s_1)(s-s_2)\cdots(s-s_n)} \tag{16-7}$$

式中，$N(s)$为分子多项式，s_1，s_2，$\cdots s_n$ 为互异的具有负实部的闭环特征根。

当输入信号为正弦信号 $u_i(t)=U\sin\omega t$ 时，有

$$\begin{aligned} C(s) &= \frac{N(s)}{(s-s_1)(s-s_2)\cdots(s-s_n)}\cdot\frac{U\omega}{s^2+\omega^2} \\ &= \frac{a_1}{s+j\omega}+\frac{a_2}{s-j\omega}+\sum_{i=1}^{n}\frac{b_i}{s-s_i} \end{aligned} \tag{16-8}$$

对上式作拉氏反变换，可得

$$c(t)=a_1e^{-j\omega t}+a_2e^{j\omega t}+\sum_{i=1}^{n}b_ie^{s_it} \tag{16-9}$$

系统稳定，s_i 都具有负实部，当 $t\to\infty$时，上式中的后一项暂态分量将衰减至零。这时，系统的稳态响应为

$$\lim_{t\to\infty}c(t)=a_1e^{-j\omega t}+a_2e^{j\omega t} \tag{16-10}$$

式中，a_1，a_2 为待定系数。其中

$$a_1=G(s)\frac{U\omega}{(s+j\omega)(s-j\omega)}(s+j\omega)\bigg|_{s=-j\omega}=\frac{UG(-j\omega)}{-2j} \tag{16-11}$$

$$a_2=G(s)\frac{U\omega}{(s+j\omega)(s-j\omega)}(s-j\omega)\bigg|_{s=j\omega}=\frac{UG(j\omega)}{2j} \tag{16-12}$$

极坐标下，$G(j\omega)$与 $G(-j\omega)$关于横轴对称，有

$$G(-j\omega)=|G(-j\omega)|e^{j\angle G(-j\omega)}=|G(j\omega)|e^{-j\angle G(j\omega)} \tag{16-13}$$

将式(16－11)～式(16－13)带入式(16－10)，可得

$$\begin{aligned}\lim_{t\to\infty}c(t)&=U|G(\mathrm{j}\omega)|\frac{\mathrm{e}^{\mathrm{j}(\omega t+\angle G(\mathrm{j}\omega))}-\mathrm{e}^{-\mathrm{j}(\omega t+\angle G(\mathrm{j}\omega))}}{2\mathrm{j}}\\&=U|G(\mathrm{j}\omega)|\sin(\omega t+\angle G(\mathrm{j}\omega))\end{aligned}\tag{16-14}$$

式(16－14)表明：当线性系统的输入端施加频率为 ω 的正弦信号时，系统输出的稳态值是与输入信号同频率的正弦信号，但是幅值和相角发生了改变，稳态输出幅值与输入幅值的比为 $|G(\mathrm{j}\omega)|$，稳态输出与输入的相位差为 $\angle G(\mathrm{j}\omega)$。

根据频率特性的定义，有

$$系统幅频特性：A(\omega)=|G(\mathrm{j}\omega)|\tag{16-15}$$

$$系统相频特性：\varphi(\omega)=\angle G(\mathrm{j}\omega)\tag{16-16}$$

$$系统频率特性：G(\mathrm{j}\omega)=A(\omega)\mathrm{e}^{\mathrm{j}\varphi(\omega)}=|G(\mathrm{j}\omega)|\mathrm{e}^{\mathrm{j}\angle G(\mathrm{j}\omega)}\tag{16-17}$$

事实上，只要将传递函数 $G(s)$ 中的 s 以 $\mathrm{j}\omega$ 代替，便可得到系统频率特性

$$G(\mathrm{j}\omega)=G(s)|_{s=\mathrm{j}\omega}=|G(\mathrm{j}\omega)|\mathrm{e}^{\mathrm{j}\angle G(\mathrm{j}\omega)}\tag{16-18}$$

随堂练 系统传递函数为 $G(s)=\frac{5}{s+4}$，求其频率特性。当输入信号为 $r(t)=\sin 3t$ 时，求系统稳态输出。

思考题 频率特性的本质是什么？与输入信号有什么关系？

16.2　频率特性的性质

(1) 频率特性的物理意义。

傅里叶变换在物理学、电子类学科、信号处理、概率论、统计学、密码学、声学、光学、海洋学、结构动力学等领域都有着广泛的应用。在信号处理中，傅里叶变换的典型用途是将信号分解成频率谱——显示与频率对应的幅值大小。

如果函数 $f(t)$ 是周期函数，并且满足狄里赫莱条件，使得下述积分成立，则定义函数 $f(t)$ 的傅里叶变换为

$$F(\omega)=\mathcal{F}[f(t)]=\int_{-\infty}^{\infty}f(t)\mathrm{e}^{-\mathrm{j}\omega t}\mathrm{d}t\tag{16-19}$$

傅里叶逆变换为

$$f(t)=\mathcal{F}^{-1}[F(\omega)]=\frac{1}{2\pi}\int_{-\infty}^{\infty}F(\omega)\mathrm{e}^{\mathrm{j}\omega t}\mathrm{d}\omega\tag{16-20}$$

对任何函数 $f(t)$，假定 $f(t)\equiv 0$，$t<0$，则存在 $\sigma>0$ 使得

$$\mathcal{F}[f(t)\mathrm{e}^{-\sigma t}]=\int_{-\infty}^{\infty}f(t)\mathrm{e}^{-\sigma t}\mathrm{e}^{-\mathrm{j}\omega t}\mathrm{d}t=\int_{0}^{\infty}f(t)\mathrm{e}^{-(\sigma+\mathrm{j}\omega)t}\mathrm{d}t\tag{16-21}$$

$$f(t)\mathrm{e}^{-\sigma t}=\frac{1}{2\pi}\int_{-\infty}^{\infty}\mathcal{F}[f(t)\mathrm{e}^{-\sigma t}]\mathrm{e}^{\mathrm{j}\omega t}\mathrm{d}\omega \tag{16-22}$$

记 $s=\sigma+\mathrm{j}\omega$，则有

$$\mathcal{F}[f(t)\mathrm{e}^{-\sigma t}]=\int_{0}^{\infty}f(t)\mathrm{e}^{-st}\mathrm{d}t=L[f(t)]=F(s) \tag{16-23}$$

$$f(t)=\frac{1}{2\pi\mathrm{j}}\int_{\sigma-\mathrm{j}\infty}^{\sigma+\mathrm{j}\infty}F(s)\mathrm{e}^{st}\mathrm{d}s=L^{-1}[F(s)] \tag{16-24}$$

当 $\sigma=0$，$s=\mathrm{j}\omega$ 时，其实就是 $f(t)$的傅里叶变换，因此有时候我们称傅里叶是特殊的拉普拉斯变换。$f(t)$的拉普拉斯变换本质是 $f(t)\mathrm{e}^{-\sigma t}$ 的傅里叶变换。

对稳定的线性定常系统，在零初始条件下的单位脉冲响应为 $g(t)$，则可以取 $\sigma=0$，$s=\mathrm{j}\omega$。若输入信号 $r(t)$的傅里叶变换存在，有

精讲视频

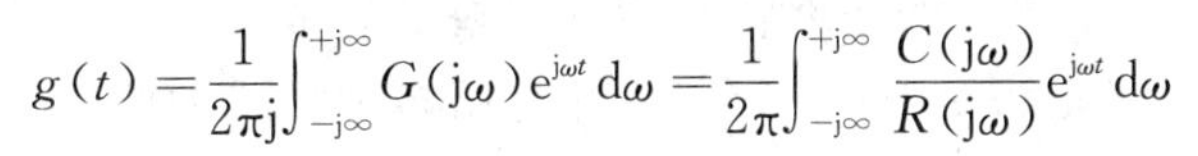

$$g(t)=\frac{1}{2\pi\mathrm{j}}\int_{-\mathrm{j}\infty}^{+\mathrm{j}\infty}G(\mathrm{j}\omega)\mathrm{e}^{\mathrm{j}\omega t}\mathrm{d}\omega=\frac{1}{2\pi}\int_{-\mathrm{j}\infty}^{+\mathrm{j}\infty}\frac{C(\mathrm{j}\omega)}{R(\mathrm{j}\omega)}\mathrm{e}^{\mathrm{j}\omega t}\mathrm{d}\omega$$

因而

$$G(\mathrm{j}\omega)=\frac{C(\mathrm{j}\omega)}{R(\mathrm{j}\omega)}=G(s)\big|_{s=\mathrm{j}\omega} \tag{16-25}$$

由此可知，稳定系统的频率特性等于输出和输入的傅里叶变换之比，这正是频率特性的物理意义。

（2）频率特性是一种控制系统数学模型，描述了系统的内在特性，包含系统全部动态结构参数。当系统结构参数给定，频率特性就完全确定，与外界因素无关。频率特性是传递函数的一种特殊形式，它和微分方程、传递函数一样都有完全相同的结构和参数，也表征了系统的运动规律，是系统频域分析的理论依据。系统三种描述方法的关系可以用图 16－2 表示。

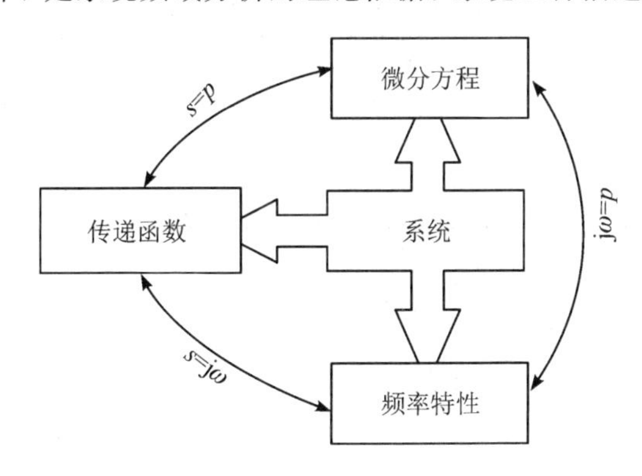

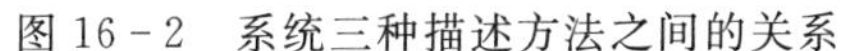
图 16－2　系统三种描述方法之间的关系

拓展阅读

（3）系统输入信号为非正弦信号时，可以将这些信号看成由许多不同频率的正弦信号合成的，将非正弦信号展开成如下傅里叶级数形式：

$$r(t)=A_0+\sum_{k=1}^{\infty}(A_k\cos k\omega t+B_k\sin k\omega t) \tag{16-26}$$

根据线性系统的叠加原理，系统的总运动是系统对各个不同频率信号响应的总和，从而可以推算出给定非正弦信号的输出稳态响应。

（4）频率特性定义为线性系统正弦输入作用下输出稳态分量和输入的复数比，因此频

率特性是系统的稳态响应。频率特性的定义既可以适用于稳定系统，也可以适用于不稳定系统。对不稳定系统，瞬态分量趋于无穷大，稳态分量为正弦信号。对稳定的系统，频率特性可以通过实验方法确定，即在系统的输入端施加不同频率的正弦信号，然后测量系统输出端的稳态响应的幅值和相位，再根据输入输出的幅值比和相位差作出频率特性曲线。通常 $G(j\omega)$，$A(\omega)$，$\varphi(\omega)$都是频率 ω 的函数，并随频率 ω 的改变而改变，与输入的幅值大小无关。大多数实际控制系统的输出幅值 $A(\omega)$随频率 ω 的升高而衰减，呈现低通滤波器的特性。

16.3　频率特性的几何表示

在线性系统的频域分析法中，系统的频率特性是不可缺少的重要工具，可以运用分析法和实验方法获得控制系统及其元部件的频率特性，并可用多种形式的曲线表示，用图解法进行系统分析和设计。常用的频率特性曲线有以下几种。

1. 幅频特性、相频特性曲线

幅频特性曲线是以频率 ω 为横坐标，以幅频 $A(\omega)$为纵坐标，画出 $A(\omega)$随频率 ω 变化的曲线。

相频特性曲线是以频率 ω 为横坐标，以相频 $\varphi(\omega)$为纵坐标，画出 $\varphi(\omega)$随频率 ω 变化的曲线。

图 16-1 所示的 RC 电路的幅频特性和相频特性典型取值如表 16-1 所示，幅频特性和相频特性曲线如图 16-3 所示。

表 16-1　RC 电路的幅频特性和相频特性典型取值

ω	0	$1/2\tau$	$1/\tau$	$2/\tau$	$3/\tau$	$4/\tau$	$5/\tau$	∞
$A(\omega)$	1	0.89	0.707	0.45	0.32	0.24	0.20	0
$\varphi(\omega)^\circ$	0	−26.6	−45	−63.5	−71.5	−76.0	−78.7	−90

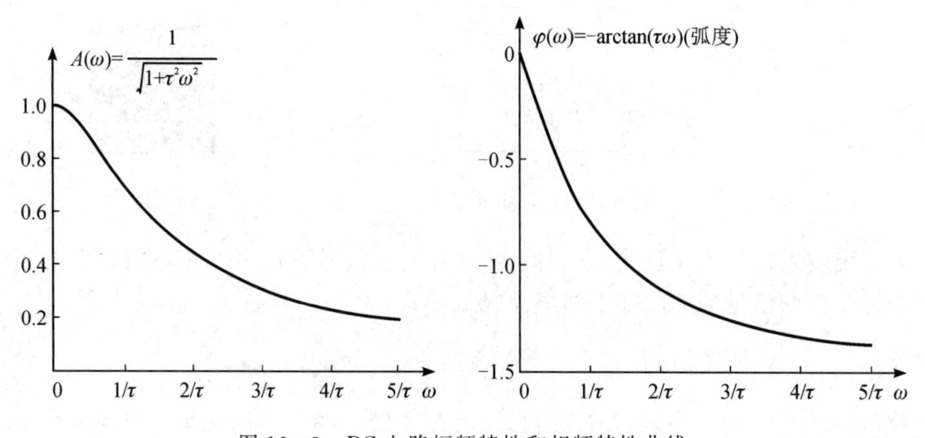

图 16-3　RC 电路幅频特性和相频特性曲线

2. 幅相频率特性曲线

幅相特性曲线是将频率 ω 作为参变量，将幅频与相频特性同时表示在复数平面上。图上实轴正方向为相角零度线，逆时针旋转为正。这种采用极坐标系的频率特性图称为极坐标图或幅相曲线，又称奈奎斯特图。

若将频率特性表示为复指数形式，则为复平面上的向量，而向量的长度为频率特性的幅值，向量与实轴正方向的夹角等于频率特性的相位。在奈氏图中，频率 ω 为参变量，一般用小箭头表示 ω 增大时幅相曲线的变化方向。上述 RC 电路的奈氏图如图 16－4 所示。

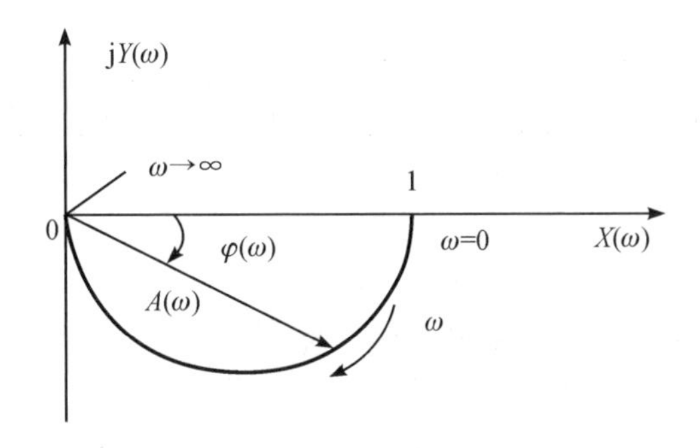

图 16－4　RC 电路奈奎斯特图

拓展阅读

若将频率特性分为实部和虚部，即

$$G(j\omega)=\left|G(j\omega)e^{j\varphi(\omega)}\right|=X(\omega)+jY(\omega) \tag{16-27}$$

取横坐标 $X(\omega)$，纵坐标 $Y(\omega)$，也可得到系统的幅相曲线。$X(\omega)$和 $Y(\omega)$分别称为实频特性和虚频特性。

随堂练 求上述 RC 电路的实频特性和虚频特性表达式，并证明其奈氏图为半圆。

拓展阅读

3. 对数频率特性曲线

在工程实际中，常常将频率特性画成对数坐标图形式，这种对数频率特性曲线又称伯德图，由对数幅频特性和对数相频特性组成。伯德图的横坐标按 $\lg\omega$ 分度，即对数分度，单位为弧度/秒(rad/s)，对数幅频曲线的纵坐标按线性分度，

$$L(\omega)=20\lg\left|G(j\omega)\right|=20\lg A(\omega) \tag{16-28}$$

单位是分贝(dB)。对数相频曲线的纵坐标按 $\varphi(\omega)$线性分度，单位是度。由此构成的坐标系称为半对数坐标系。

对数分度和线性分度如图 16－5 所示。在线性分度中，当变量增大或减小 1 时，坐标间距离变化一个单位长度；而在对数分度中，当变量增大或减小 10 倍时，称为十倍频程(dec)，坐标间距离变化一个单位长度。设对数分度中的单位长度为 L，ω_0 为参考点，则当 ω 以 ω_0 为起点，在十倍频程内变化时，坐标点相对于 ω_0 的距离为表 16－2 中的第二行数值乘以 L。

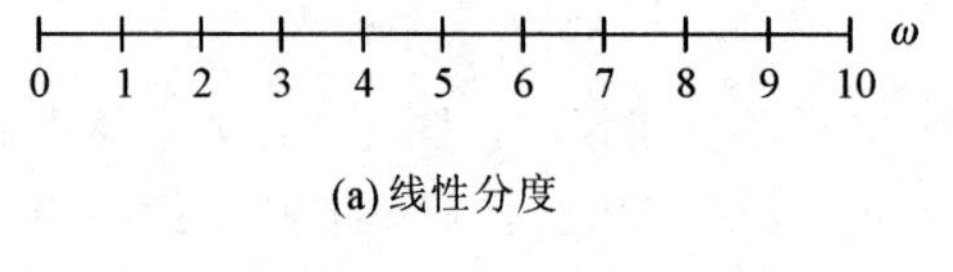

(a)线性分度

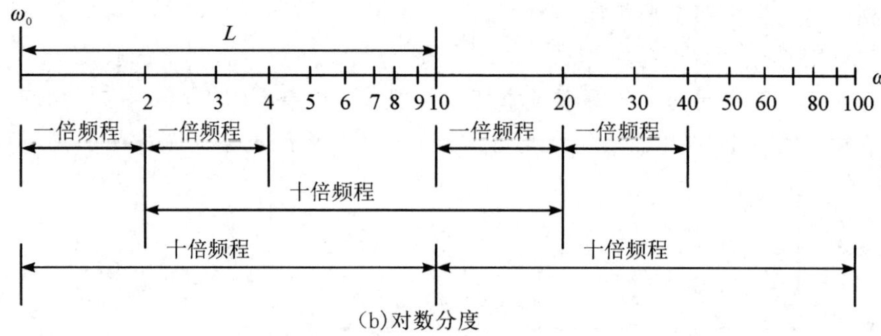

(b)对数分度

图 16-5　对数分度和线性分度

表 16-2　十倍频程对数分度

ω/ω_0	1	2	3	4	5	6	7	8	9	10
$\lg(\omega/\omega_0)$	0	0.301	0.477	0.602	0.699	0.788	0.845	0.903	0.954	1

对数频率特性采用 ω 的对数分度实现了横坐标的非线性压缩，便于在较大频率范围反映频率特性的变化情况。若对数幅频特性采用 $20\lg A(\omega)$，则可将幅值的乘除运算化为加减运算，可以简化曲线的绘制过程。令 $\tau=1$，用 MATLAB 画出上述 RC 电路的伯德图如图 16-6 所示。

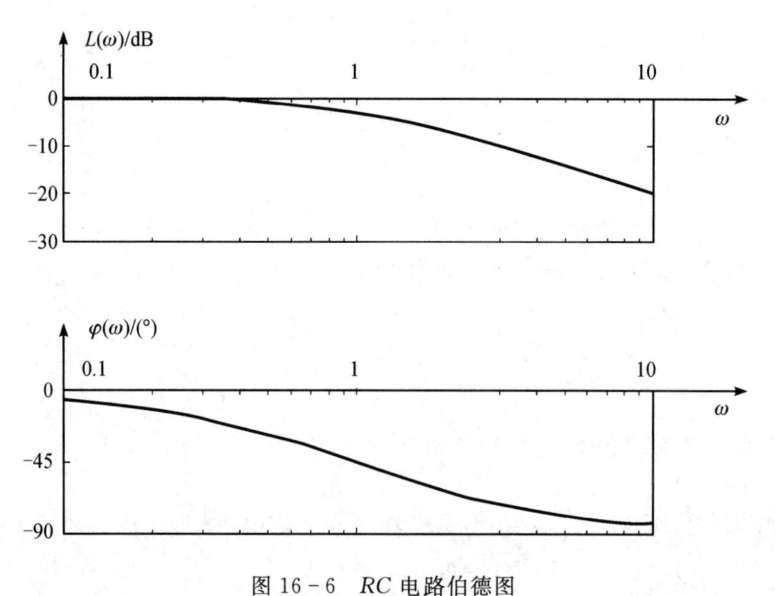

图 16-6　RC 电路伯德图

思考题　伯德图的横坐标上表示最低频率是多少？$\omega=0$ 在哪里？

单元作业

1. 系统传递函数为 $G(s)=\dfrac{5}{0.25s+1}$，当输入为 $5\cos(4t-30°)$时，求系统稳态输出。

2. 求 $G(\mathrm{j}\omega)=\dfrac{1}{\mathrm{j}\omega(0.1\omega+1)}$的幅频、相频、实频和虚频特性。

第 17 讲　典型环节的频率特性

学习内容

(1) 典型环节的幅频相频特性。

(2) 典型环节奈奎斯特图绘制。

(3) 典型环节伯德图绘制。

学习目标

(1) 熟练求取典型环节幅频相频函数。

(2) 熟练绘制典型环节奈奎斯特图。

(3) 熟练绘制典型环节的伯德图。

控制系统的开环传递函数通常由若干个典型环节组成，其开环频率特性也是由若干个典型环节的频率特性合成的。利用频域分析法研究控制系统的性能，首先需要掌握几种典型环节的频率特性绘制方法及其频率特性的特点。

17.1　比例环节

比例环节传递函数为

$$G(s)=K \tag{17-1}$$

其频率特性为

$$G(\mathrm{j}\omega)=K \tag{17-2}$$

幅频和相频特性为

$$\begin{cases}A(\omega)=K\\ \varphi(\omega)=0^\circ\end{cases} \tag{17-3}$$

对数幅频特性和对数相频特性为

$$\begin{cases}L(\omega)=20\lg K\\ \varphi(\omega)=0^\circ\end{cases} \tag{17-4}$$

显然，其频率特性与 ω 无关。幅频特性是实轴上一个点 K，对数幅频特性是一条高度为 $20\lg K$ 的平行于横轴的直线，当 $K>1$ 时，$L(\omega)$值为正，当 $K<1$ 时，$L(\omega)$的值为负。对数相频特性 $\varphi(\omega)$与 0°线(横轴)重合。比例环节的奈氏图和伯德图分别如图 17-1(a)和(b)所示。

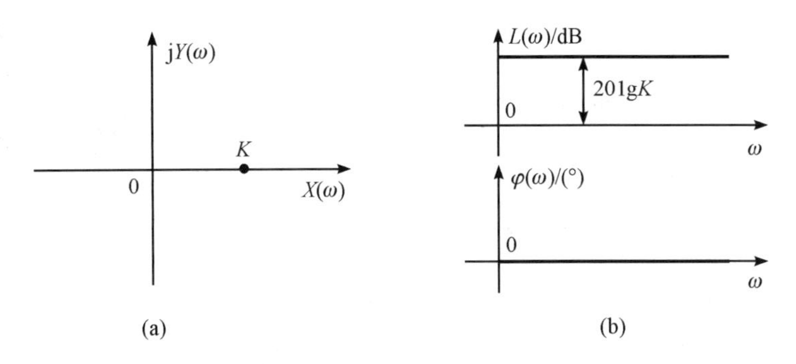

图 17－1　比例环节奈氏图(a)和伯德图(b)

17.2　积分环节

积分环节传递函数为

$$G(s)=\frac{1}{s} \tag{17-5}$$

其频率特性为

$$G(\mathrm{j}\omega)=\frac{1}{\mathrm{j}\omega}=\frac{1}{\omega}\mathrm{e}^{-\mathrm{j}\frac{\pi}{2}} \tag{17-6}$$

幅频和相频特性为

$$\begin{cases}A(\omega)=\dfrac{1}{\omega}\\ \varphi(\omega)=-90^\circ\end{cases} \tag{17-7}$$

对数幅频特性和对数相频特性为

$$\begin{cases}L(\omega)=-20\lg\omega\\ \varphi(\omega)=-90^\circ\end{cases} \tag{17-8}$$

可见，它的幅频特性与角频率 ω 成反比，而相频特性恒为－90°。当 ω 从 0→∞时，幅频特性沿着负虚轴由无穷远处趋于原点。其对数幅频特性为一条斜率为－20 dB/dec 的直线，此直线通过点(1，0)，即 $L(1)=0$。对数相频特性是一条平行于横轴的直线，纵坐标为－90°。其奈氏图和伯德图分别如图 17－2 所示。

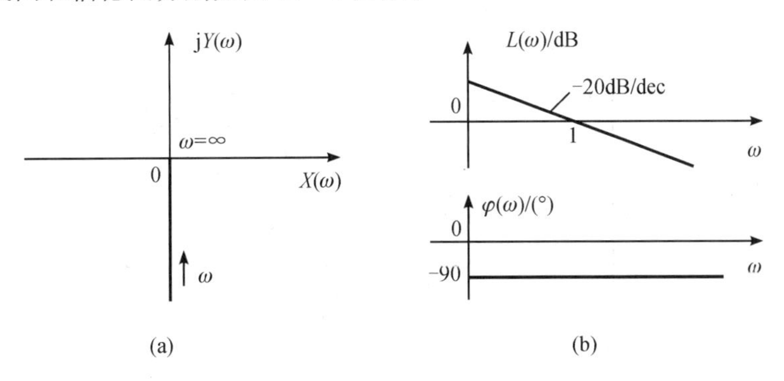

图 17－2　比例环节奈氏图和伯德图

随堂练 在半对数坐标系内绘制下列环节的伯德图。

(1) $G(s)=\dfrac{1}{s}$，(2) $G(s)=\dfrac{10}{s}$，(3) $G(s)=\dfrac{1}{5s}$

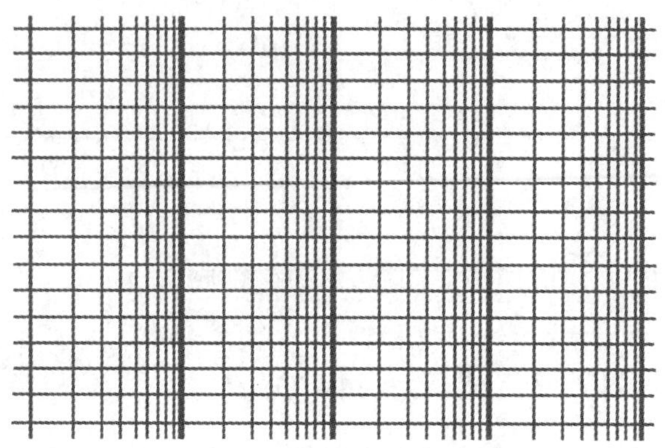

随堂练解析

17.3 微分环节

微分环节传递函数为

$$G(s)=s \tag{17-9}$$

其频率特性为

$$G(\mathrm{j}\omega)=\mathrm{j}\omega=\omega \mathrm{e}^{\mathrm{j}\frac{\pi}{2}} \tag{17-10}$$

幅频和相频特性为

$$\begin{cases} A(\omega)=\omega \\ \varphi(\omega)=90^\circ \end{cases} \tag{17-11}$$

对数幅频特性和对数相频特性为

$$\begin{cases} L(\omega)=20\lg\omega \\ \varphi(\omega)=90^\circ \end{cases} \tag{17-12}$$

可见，微分环节的幅频特性等于角频率 ω，而相频特性恒为 90°。当 ω 从 $0\rightarrow\infty$ 时，幅频特性沿着正虚轴从原点趋于无穷远处。其对数幅频特性为一条斜率为 20 dB/dec 的直线，它与 0 dB 线交于 $\omega=1$ 点。对数相频特性是一条平行于横轴的直线，纵坐标为 90°。其奈氏图和伯德图分别如图 17-3(a)和(b)所示。

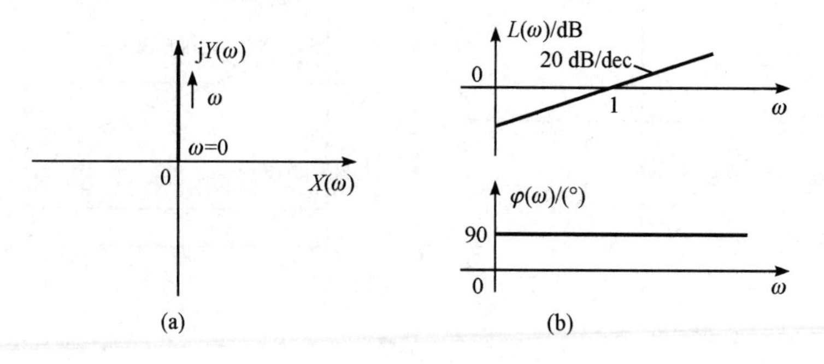

图 17-3　微分环节的奈氏图和伯德图

随堂练 在半对数坐标系内绘制下列环节的伯德图。

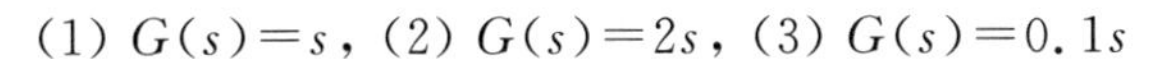

(1) $G(s)=s$，(2) $G(s)=2s$，(3) $G(s)=0.1s$

随堂练解析

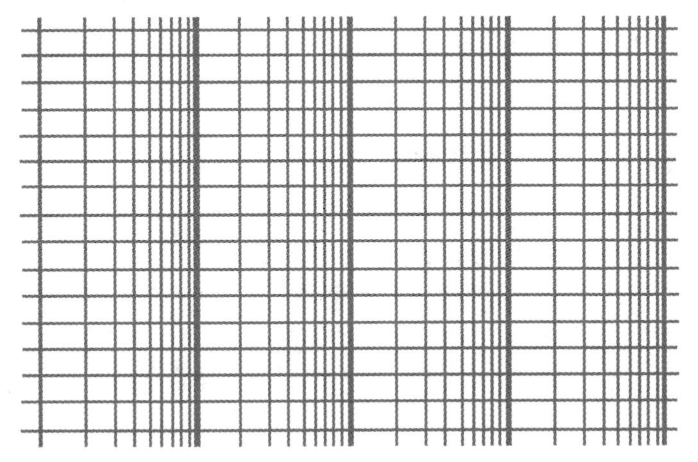

17.4 惯性环节

惯性环节传递函数为

$$G(s)=\frac{1}{Ts+1} \tag{17-13}$$

其频率特性为

$$G(\mathrm{j}\omega)=\frac{1}{1+\mathrm{j}\omega T}=\frac{1}{\sqrt{1+\omega^2T^2}}\mathrm{e}^{-\arctan\omega T} \tag{17-14}$$

幅频和相频特性为

$$\begin{cases}A(\omega)=\dfrac{1}{\sqrt{1+\omega^2T^2}}\\ \varphi(\omega)=-\arctan\omega T\end{cases} \tag{17-15}$$

式(17-14)写成实部和虚部形式，即

$$\begin{aligned}G(\mathrm{j}\omega)&=\frac{1}{1+\omega^2T^2}-\mathrm{j}\frac{\omega T}{1+\omega^2T^2}\\&=X(\omega)+\mathrm{j}Y(\omega)\end{aligned}$$

可得

$$[X(\omega)-0.5]^2+Y^2(\omega)=0.5^2$$

所以，惯性环节的奈氏图是圆心在(0.5, 0)，半径为 0.5 的半圆，见图 17-4。

图 17-4　惯性环节奈氏图

其对数幅频特性和对数相频特性为

$$\begin{cases}L(\omega)=-20\lg\sqrt{1+\omega^2T^2}\\ \varphi(\omega)=-\arctan\omega T\end{cases} \tag{17-16}$$

在低频段，$\omega T\ll 1$，$L(\omega T)\approx 0$ dB；而在高频段，$\omega T\gg 1$，$L(\omega T)\approx -20\lg(\omega T)$dB。其对数幅频特性曲线可用上述低频段和高频段的两条直线组成的折线近似表示，如图 17-5。

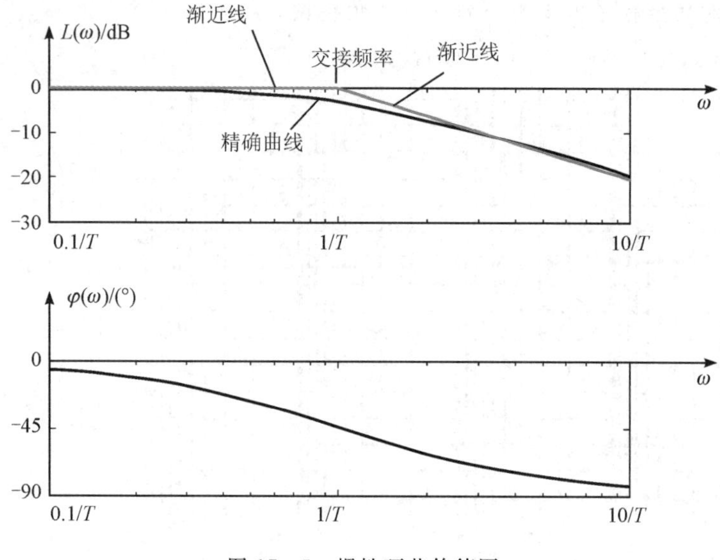

图 17-5　惯性环节伯德图

一阶惯性环节的幅值随着 ω 增加而减小，具有低通滤波特性。相位随着 ω 增加而滞后增大，当 $\omega\to\infty$时，最大相位滞后$-90°$。

两条渐近线在 $\omega=1/T$ 处相交，交点频率称为交接频率，或叫转折频率、转角频率。它是绘制惯性环节对数幅频特性和相频特性的重要参数。采用渐近线近似替代精确对数幅频特性必然存在误差。在低频段和高频段，精确的对数幅频特性曲线与渐近线几乎重合。但渐近线和精确曲线在交接频率附近有一定的误差，其误差如表 17-1 所示。

表 17-1　惯性环节对数幅频特性渐近线与精确曲线误差

ωT	0.1	0.2	0.5	1	2	5	10
$\Delta L(\omega)$	-0.04	-0.17	-0.97	-3.01	-0.97	-0.17	-0.04

由表可知，在交接频率处误差达到最大值 $\Delta L(\omega)=L(1/T)-0=-20\lg\sqrt{2}\approx 3$ dB。工程上而言，渐近线简化了计算和设计量，这些误差并不影响系统的分析与设计。

绘制对数相频特性时，可给定若干 ω 值，逐点求出对应的 $\varphi(\omega)$值，再用光滑曲线连接即可。其中取 $\omega=0$ 时，$\varphi(\omega)=0°$，取 $\omega=1/T$ 时，$\varphi(\omega)=-45°$，当 $\omega\to\infty$时，$\varphi(\omega)=-90°$。惯性环节对数相频特性关于$(\omega=1/T，\varphi(\omega)=-45°)$点中心对称。

思考题　如何证明惯性环节对数相频特性关于$(\omega=1/T，\varphi(\omega)=-45°)$点中心对称？

随堂练　在半对数坐标系内绘制下列环节的伯德图。

(1) $G(s)=\dfrac{1}{0.5s+1}$，(2) $G(s)=\dfrac{100}{s+5}$

随堂练解析

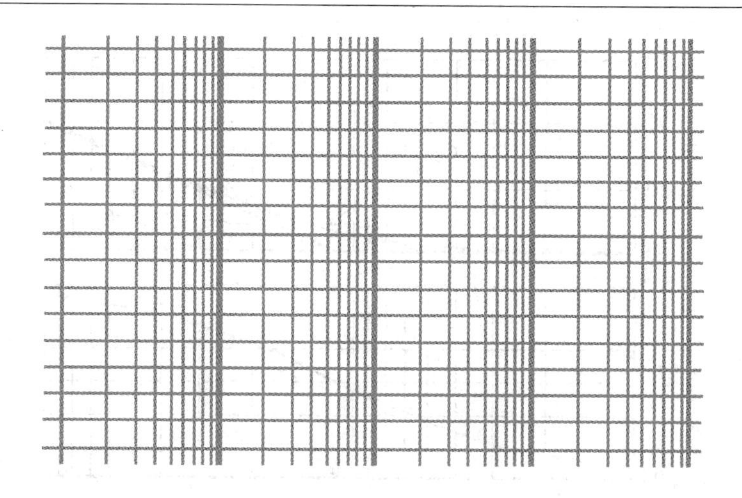

17.5　一阶微分环节

一阶微分环节传递函数为

$$G(s)=Ts+1 \tag{17-17}$$

其频率特性为

$$G(\mathrm{j}\omega)=1+\mathrm{j}\omega T \tag{17-18}$$

幅频和相频特性为

$$\begin{cases}A(\omega)=\sqrt{1+\omega^2T^2}\\ \varphi(\omega)=\arctan\omega T\end{cases} \tag{17-19}$$

由式(17－19)可知，当 ω 由 $0\to\infty$ 时，$A(\omega)$ 由 $1\to\infty$，$\varphi(\omega)$ 由 $0°\to 90°$。其幅相频率特性是在复平面上第一象限由(1，j0)点出发，平行于虚轴的一条射线，其奈氏图如图 17－6 所示。

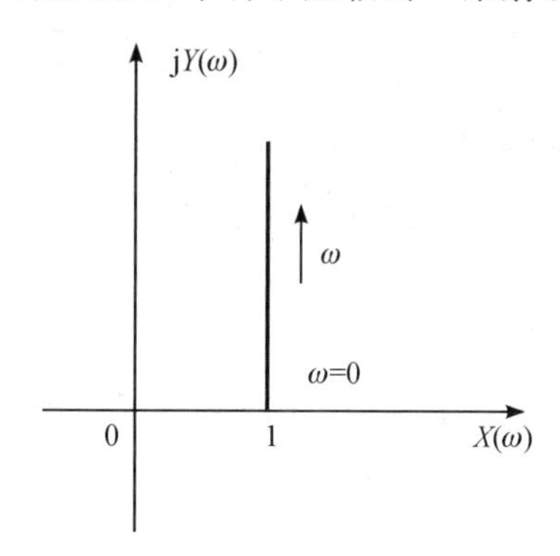

图 17－6　一阶微分环节奈氏图

对数幅频特性和相频特性为

$$\begin{cases}L(\omega)=20\lg\sqrt{1+\omega^2T^2}\\ \varphi(\omega)=\arctan\omega T\end{cases} \tag{17-20}$$

将式(17－16)和式(17－20)对照可知，一阶微分环节的频率特性与惯性环节的频率特性互为倒数，它们的对数幅频特性关于横轴(0 dB 线)镜像对称。相频特性关于横轴(0°线)镜像对称。一阶微分环节的伯德图如图 17－7 所示。

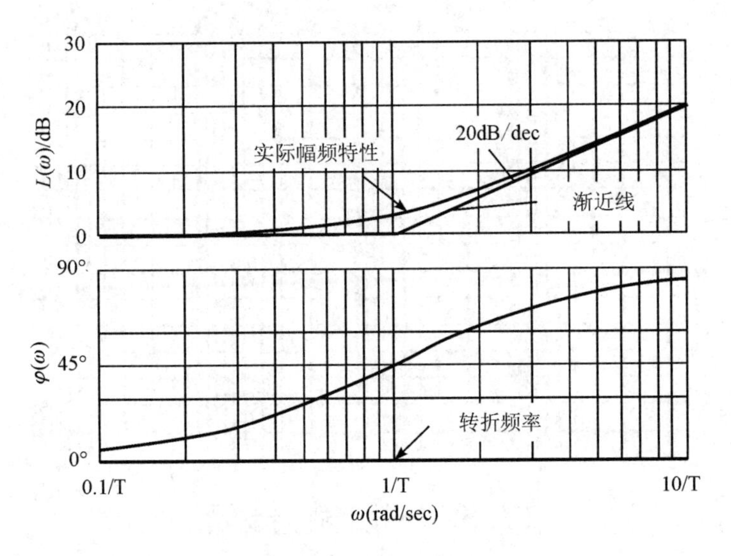

图 17-7　一阶微分环节伯德图

随堂练 在半对数坐标系内绘制下列环节的伯德图。

(1) $G(s)=0.5s+1$，(2) $G(s)=0.3(0.25s+1)$

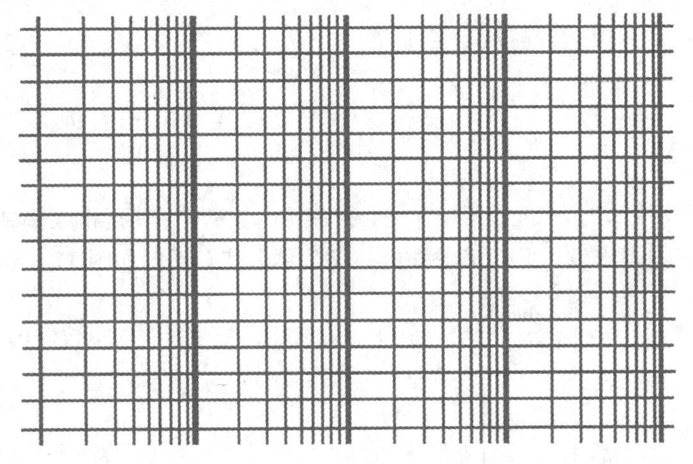

随堂练解析

17.6　二阶振荡环节

二阶振荡环节传递函数为

$$G(s)=\frac{\omega_n^2}{s^2+2\zeta\omega_n s+\omega_n^2}=\frac{1}{(sT)^2+2\zeta Ts+1} \tag{17-21}$$

其中，$T=1/\omega_n$。其频率特性为

$$G(j\omega)=\frac{1}{(j\omega T)^2+j2\zeta\omega T+1} \tag{17-22}$$

幅频和相频特性为

$$\begin{cases} A(\omega)=\dfrac{1}{\sqrt{(1-\omega^2T^2)^2+(2\zeta\omega T)^2}} \\ \varphi(\omega)=-\arctan\left(\dfrac{2\zeta\omega T}{1-\omega^2T^2}\right) \end{cases} \tag{17-23}$$

可见，振荡环节的频率特性是频率 ω 和阻尼比 ζ 的二元函数。注意到

$$G(\mathrm{j}\omega)=\begin{cases} 1\angle 0^\circ, & (\omega=0) \\ 0\angle -180^\circ, & (\omega\to\infty) \end{cases} \tag{17-24}$$

以 ζ 为参变量，在幅相频率特性上取若干特殊点，计算对应的 $A(\omega)$，$\varphi(\omega)$值，可以概略画出其奈氏图如图 17-8 所示。

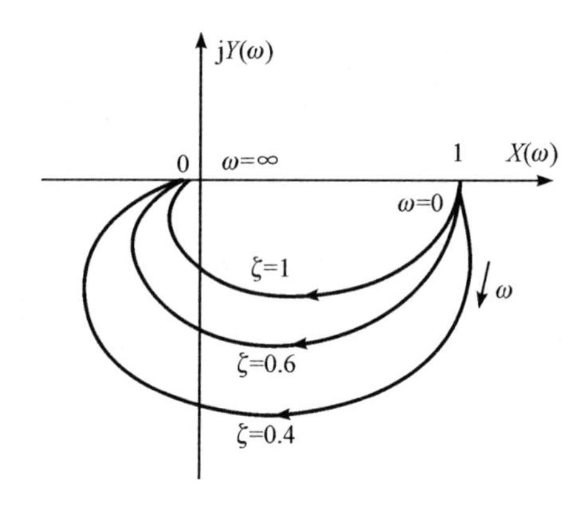

图 17-8　二阶振荡环节奈氏图

二阶振荡环节的对数幅频特性和相频特性为

$$\begin{cases} L(\omega)=-20\lg\sqrt{(1-\omega^2T^2)^2+(2\zeta\omega T)^2} \\ \varphi(\omega)=-\arctan\left(\dfrac{2\zeta\omega T}{1-\omega^2T^2}\right) \end{cases} \tag{17-25}$$

二阶振荡环节的伯德图也可以用渐近线近似表示。在低频段，$\omega T\ll 1$，$L(\omega)\approx 0$ dB；高频段，$\omega T\gg 1$，$L(\omega)\approx -20\lg(\omega T)^2=-40\lg(\omega T)$ dB。其对数幅频特性曲线可用上述低频段和高频段的两条直线组成的折线近似表示，如图 17-9 的渐近线所示。这两条线相交处的交接频率 $\omega=1/T$，称为振荡环节的无阻尼自然振荡频率。在交接频率附近，对数幅频特性与渐近线存在一定的误差，其值取决于阻尼比的值，阻尼比越小，则误差越大。当 $\omega=1/T$ 时，误差

$$L(\omega)=-20\lg\sqrt{(2\zeta)^2}=-20\lg(2\zeta) \tag{17-26}$$

对于不同的阻尼比，上述误差值如表 17-2 所示。当 $\zeta<0.707$ 时，在对数幅频特性上出现“突起”的峰值。

表 17-2　振荡环节不同阻尼比对数幅频特性渐近线最大误差

ζ	0.1	0.2	0.3	0.4	0.5	0.6	0.7	0.8	0.9
$\Delta L(\omega)$	14.0	8.0	4.4	2.0	0	−1.6	−3.0	−4.0	−6.0

绘制对数相频特性时，可给定若干 ω 值，逐点求出对应的 $\varphi(\omega)$值，再用光滑曲线连接。其中取 $\omega=0$ 时，$\varphi(\omega)=0^\circ$，取 $\omega=1/T$ 时，$\varphi(\omega)=-90^\circ$，当 $\omega\to\infty$时，$\varphi(\omega)=$

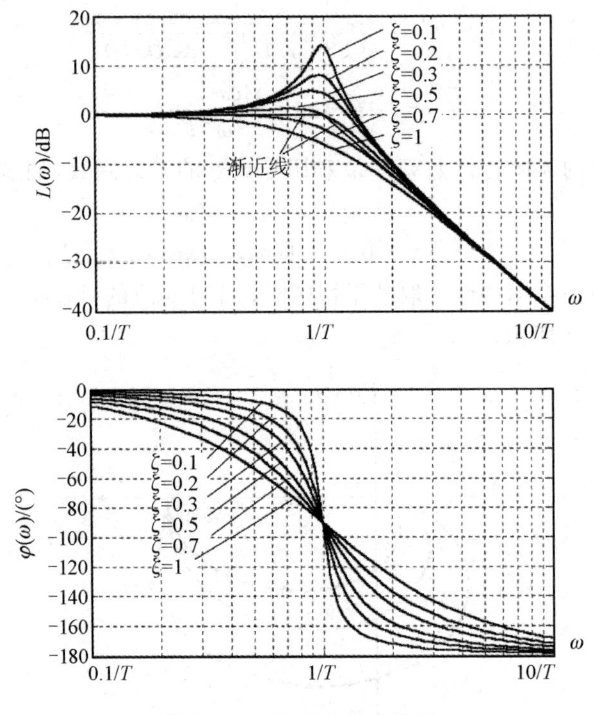

图 17-9　振荡环节伯德图

$-180°$。振荡环节对数相频特性关于($\omega=1/T$，$\varphi(\omega)=-90°$)点中心对称。

思考题　图 17-8 中，二阶振荡环节奈氏图与虚轴的交点坐标是多少？

17.7　延迟环节

二阶振荡环节传递函数为

$$G(s)=\mathrm{e}^{-\tau s} \tag{17-27}$$

其频率特性为

$$G(\mathrm{j}\omega)=\mathrm{e}^{-\mathrm{j}\omega\tau} \tag{17-28}$$

幅频和相频特性为

$$\begin{cases}A(\omega)=1\\ \varphi(\omega)=-\omega\tau\end{cases} \tag{17-29}$$

对数幅频和相频特性为

$$\begin{cases}L(\omega)=0\\ \varphi(\omega)=-\omega\tau\end{cases} \tag{17-30}$$

可见，其奈奎斯特 Nyquist 图是一个以坐标原点为中心，半径为 1 的圆。如果采用线性坐标作图，则延迟环节的相频特性为一条直线，随着 ω 的增大，相角滞后也增大，对系统的稳定性非常不利。延迟环节的奈氏图和伯德图如图 17-10 所示。

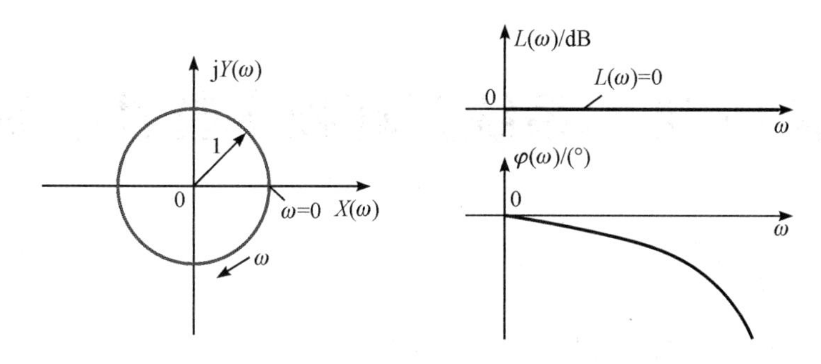

图 17-10　延迟环节奈氏图和伯德图

思考题　延迟环节与惯性环节的对数幅频特性有何异同？满足什么条件时，可以用惯性环节来近似延迟环节？

随堂练　填写下表，总结 7 种典型环节的频率特性函数形式。

典型环节	$G(j\omega)$	$A(\omega)$	$\varphi(\omega)$	$L(\omega)$
比例				
积分				
微分				
惯性				
一阶微分				
二阶振荡				
延迟				

单元作业

在半对数坐标系内绘制下列环节的伯德图。

(1) $G(s)=\dfrac{10}{s+2}$，(2) $G(s)=5(s+5)$，(3) $G(s)=\dfrac{200}{s^2+10s+100}$

第18讲　系统开环频率特性绘制

学习内容

(1) 开环幅相特性曲线的绘制。

(2) 开环对数频率特性曲线的绘制。

(3) 最小相位系统伯德图。

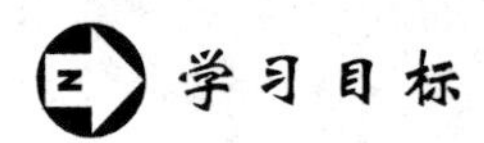

学习目标

精讲视频

(1) 熟练绘制系统开环奈氏图。

(2) 熟练绘制系统开环伯德图。

(3) 根据伯德图熟练求取最小相位系统传递函数。利用系统的开环频率特性来分析控制系统的性能，并进行控制器设计是频域分析法的重要特点。基于典型环节频率特性来绘制开环系统的频率特性就显得尤为重要。

18.1　开环幅相特性曲线的绘制

开环系统典型环节分解和典型环节幅相曲线的特点是绘制概略开环幅相曲线的基础。控制系统开环传递函数一般由若干个典型环节相串联

$$G(s)=G_1(s)G_2(s)\cdots G_n(s) \tag{18-1}$$

其开环频率特性为

$$\begin{cases}A(\omega)=A_1(\omega)A_2(\omega)\cdots A_n(\omega)\\ \varphi(\omega)=\varphi_1(\omega)+\varphi_2(\omega)+\cdots+\varphi_n(\omega)\end{cases} \tag{18-2}$$

其中，$A_i(\omega)$，$\varphi_i(\omega)$是$G_i(\mathrm{j}\omega)$的幅频和相频特性函数。显然想要精确的绘制开环系统幅相特性曲线是非常麻烦的。工程上一般采用概略作图法来绘制开环奈氏图，并不需要绘制得十分准确，而只需要绘出奈氏图的大致形状和几个关键点的准确位置就可以了，奈氏图的概略绘制方法如下：

(1) 写出$A(\omega)$，$\varphi(\omega)$的表达式。

(2) 分别求出$\omega=0$和$\omega\to\infty$时的$A(\omega)$，$\varphi(\omega)$值。

(3) 求奈氏图与实轴的交点。

(4) 如果有必要，可求奈氏图与虚轴的交点。

(5) 必要时画出奈氏图中间几点。

(6) 勾画出大致曲线。

设开环系统频率特性为

$$G(\mathrm{j}\omega)=\frac{K\prod_{i=1}^{m}(\mathrm{j}\tau_i\omega+1)}{(\mathrm{j}\omega)^v\prod_{k=1}^{n-v}(\mathrm{j}T_k\omega+1)} \tag{18-3}$$

则有

$$\lim_{\omega\to 0}G(\mathrm{j}\omega)=\lim_{\omega\to 0}\frac{K}{\omega^v}\mathrm{e}^{-\mathrm{j}v90^\circ}=\lim_{\omega\to 0}\frac{K}{\omega^v}\angle -v90^\circ \tag{18-4}$$

因此，当频率 $\omega=0$ 时，开环幅相特性的起点由比例环节和积分环节决定，具体详见表 18-1。

表 18-1　开环幅相特性起点

系统型数	起点位置	幅相特性
$v=0$	从正实轴上的点$(K, 0)$开始	$G(\mathrm{j}0)=K\angle 0^\circ$
$v=1$	从负虚轴方向无穷远开始	$G(\mathrm{j}0)=\infty\angle -90^\circ$
$v=2$	从负实轴方向无穷远开始	$G(\mathrm{j}0)=\infty\angle -180^\circ$
$v=3$	从正虚轴方向无穷远开始	$G(\mathrm{j}0)=\infty\angle -270^\circ$

由式(18-3)有

$$\begin{cases}A(\omega)=\dfrac{K\prod_{i=1}^{m}\sqrt{(\tau_i\omega)^2+1}}{\omega^v\prod_{k=1}^{n-v}\sqrt{(T_k\omega)^2+1}}\\[2ex]\varphi(\omega)=-v90^\circ+\sum_{i=1}^{m}\arctan\tau_i\omega-\sum_{k=1}^{n-v}\arctan T_k\omega\end{cases} \tag{18-5}$$

当频率 $\omega\to\infty$ 时，有

$$\begin{cases}\lim_{\omega\to\infty}A(\omega)=0,\ (n>m)\\ \lim_{\omega\to\infty}\varphi(\omega)=-v90^\circ+m\cdot 90^\circ-(n-v)\cdot 90^\circ=(m-n)\cdot 90^\circ\end{cases} \tag{18-6}$$

因此，开环幅相特性以$(m-n)\cdot 90^\circ$的方向沿着某坐标轴切入并终止于坐标原点。

奈氏图与坐标轴的交点，可以利用虚实部等于零或者相角关系来求取。具体详见表 18-2。

表 18-2　奈氏图与坐标轴交点坐标关系

与坐标轴交点位置	虚实部关系	相角关系
正实轴	$\mathrm{Im}[G(\mathrm{j}\omega)]=0$	$\varphi(\omega)=0^\circ+k\cdot 360^\circ$
负虚轴	$\mathrm{Re}[G(\mathrm{j}\omega)]=0$	$\varphi(\omega)=-90^\circ+k\cdot 360^\circ$
负实轴	$\mathrm{Im}[G(\mathrm{j}\omega)]=0$	$\varphi(\omega)=-180^\circ+k\cdot 360^\circ$
正虚轴	$\mathrm{Re}[G(\mathrm{j}\omega)]=0$	$\varphi(\omega)=-270^\circ+k\cdot 360^\circ$

例 18-1　试绘制下列开环传递函数的奈氏图。

$$G(s)=\frac{10}{(s+1)(0.1s+1)}$$

解　该系统开环频率特性为

$$A(\omega)=\frac{10}{\sqrt{1+\omega^2}\sqrt{1+0.01\omega^2}},\ \varphi(\omega)=-\arctan\omega-\arctan 0.1\omega$$

奈氏图起点与终点分别为

$\omega=0$　$A(\omega)=10$　$\varphi(\omega)=0°$　　起点为(10，j0)

$\omega\to\infty$　$A(\omega)=0$　$\varphi(\omega)=-180°$　终点为(0，j0)

因为相角从 0°变化到−180°，所以必有与负虚轴的交点。奈氏图与虚轴的交点可由 $\varphi(\omega)=-90°$得到，即

$$\arctan\omega+\arctan 0.1\omega=90°$$

上式两边取正切，可得

$$\frac{\omega+0.1\omega}{1-\omega\cdot 0.1\omega}=\infty,\ 1-0.1\omega^2=0,\ \omega^2=10$$

$$A(\omega)=\frac{10}{\sqrt{1+\omega^2}\ \sqrt{1+0.01\omega^2}}=2.87$$

故奈氏图与虚轴的交点为(0，−j2.87)。其奈氏图如图 18 - 1 所示。

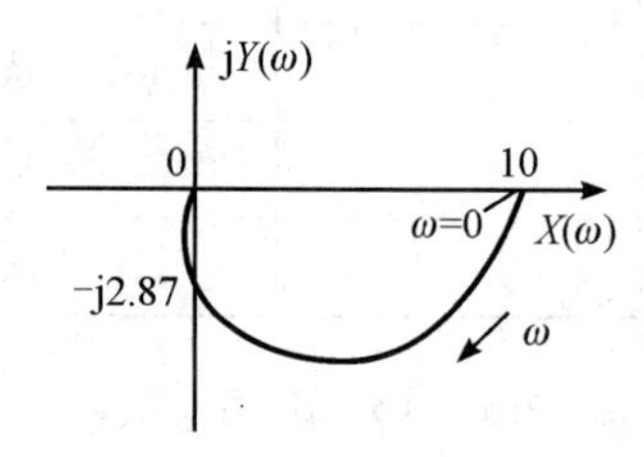

图 18 - 1　例 18 - 1 奈氏图

随堂练　试绘制下列开环传递函数的奈氏图，注意 T_1 和 T_2 大小不同时的区别。

$$G(s)=\frac{K(T_1 s+1)}{s^2(T_2 s+1)}$$

例 18 - 2　单位负反馈系统开环传递函数如下，试绘制其开环奈氏图。

$$G(s)=\frac{10}{s(s+1)(2s+1)}$$

解　该传递函数的幅频特性和相频特性分别为

$$A(\omega)=\frac{1}{\omega\sqrt{1+\omega^2}\sqrt{1+4\omega^2}},\ \varphi(\omega)=-90°-\arctan\omega-\arctan 2\omega$$

奈氏图起点与终点分别为

$\omega=0$　$A(\omega)=\infty$　$\varphi(\omega)=-90°$　起点从负虚轴方向无穷远开始

$\omega\to\infty$　$A(\omega)=0$　$\varphi(\omega)=-270°$　终点为(0，j0)，沿着正虚轴切入

因为相角从−90°变化到−270°，所以必有与负实轴的交点。由 $\varphi(\omega)=-180°$得

$$\arctan 2\omega=90°-\arctan\omega$$

上式两边取正切，得 $2\omega=1/\omega$，即 $\omega=0.707$。此时，$A(\omega)=0.67$。奈氏图与负实轴的交点为(−0.67，j0)。系统奈氏图如图 18 - 2 所示。

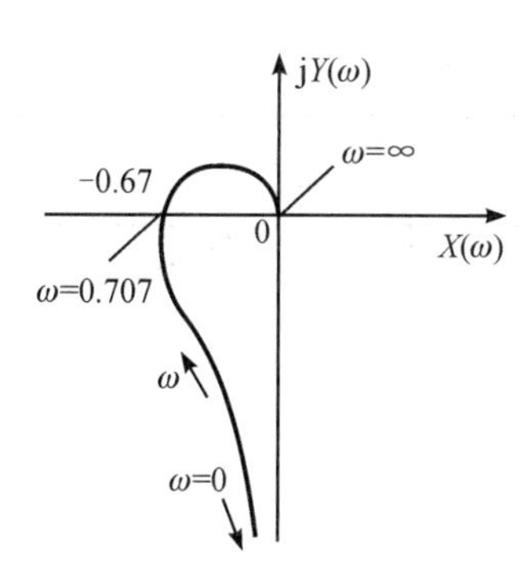

图 18-2　例 18-2 奈氏图

若例 18-2 中，开环增益从 10 变为 20，奈氏图与负实轴的交点坐标是多少？分别用劳斯判据和根轨迹分析闭环系统是否稳定，并求出临界增益时，对应的奈氏图与负实轴的交点坐标。

18.2　开环对数频率特性曲线的绘制

设控制系统由若干个典型环节相串联，其开环传递函数如式(18-1)，则系统的开环对数频率特性为

$$\begin{cases} L(\omega)=L_1(\omega)+L_2(\omega)+\cdots+L_n(\omega) \\ \varphi(\omega)=\varphi_1(\omega)+\varphi_2(\omega)+\cdots+\varphi_n(\omega) \end{cases} \tag{18-7}$$

其中，$L_i(\omega)=20\lg A_i(\omega)$，($i=1, 2, \cdots, n$)。可见，系统开环对数幅频特性和相频特性分别由各个环节的对数幅频特性和相频特性相加得到。将各环节对数幅频特性用其渐近线代替，可以很容易绘制出开环对数频率特性。

例 18-3　某零型系统开环传递函数如下，试绘制其开环伯德图。

$$G(s)=\frac{K}{(s+1)(10s+1)}$$

解　系统开环对数幅频特性和相频特性分别为

$$\begin{aligned} L(\omega)&=L_1(\omega)+L_2(\omega)+L_3(\omega) \\ &=20\lg K-20\lg\sqrt{1+\omega^2}-20\lg\sqrt{1+100\omega^2} \end{aligned}$$

$$\varphi(\omega)=\varphi_1(\omega)+\varphi_2(\omega)+\varphi_3(\omega)=-\arctan\omega-\arctan 10\omega$$

在同一坐标图上分别画出三个环节的对数幅频特性渐近线和相频特性，然后在每个频率点上将三个环节的数值相加，可以得到该系统的伯德图，如图 18-3 所示。

实际上，在熟悉了对数幅频特性的性质后，不必先一一画出各环节的特性，然后将对应点数值相加，而可以采用更简便的方法。由上例可见，零型系统开环对数幅频特性的低频段为 $20\lg K$ 的水平线，随着 ω 的增加，每遇到一个交接频率，对数幅频特性就改变一次斜率。

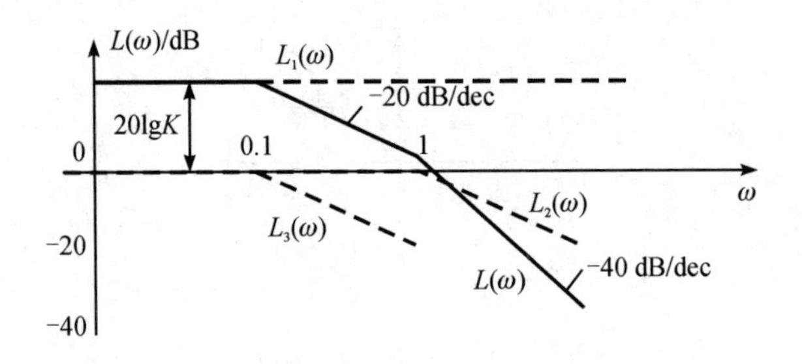

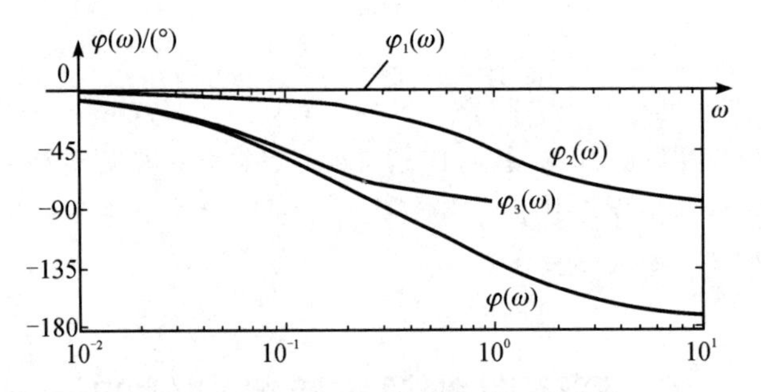

图 18-3　例 18-3 系统开环伯德图

例 18-4　某Ⅰ型系统开环传递函数如下，试绘制其开环伯德图。

$$G(s)=\frac{K}{s(Ts+1)}$$

解　系统开环对数幅频特性和相频特性分别为

$$L(\omega)=L_1(\omega)+L_2(\omega)+L_3(\omega)$$

$$=20\lg K-20\lg\omega-20\lg\sqrt{1+T^2\omega^2}$$

$$\varphi(\omega)=\varphi_1(\omega)+\varphi_2(\omega)+\varphi_3(\omega)=-90°-\arctan T\omega$$

不难看出，此系统对数幅频特性的低频段斜率为-20 dB/dec，它(或者其延长线)在$\omega=1$处与$L_1(\omega)=20\lg K$的水平线相交。在交接频率$\omega=1/T$，幅频特性的斜率由-20 dB/dec变为-40 dB/dec，系统的伯德图如图 18-4 所示。

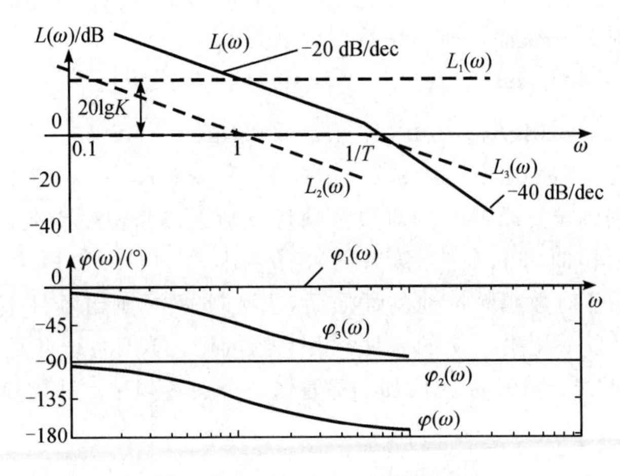

图 18-4　例 18-4 系统伯德图

通过以上分析，可以看出系统开环对数幅频特性有如下特点。低频段的斜率为 $-20v$ dB/dec，v 为开环系统中所包含的串联积分环节的数目。低频段(若存在小于 1 的交接频率时则为其延长线)在 $\omega=1$ 处的对数幅值为 $20\lg K$。在典型环节的交接频率处，对数幅频特性渐近线的斜率要发生变化，变化的情况取决于典型环节的类型。如遇到 $G(s)=(1+Ts)^{\pm 1}$ 的环节，交接频率处斜率改变 ± 20 dB/dec；如遇二阶振荡环节，则在二阶振荡环节交接频率处斜率就要改变 -40 dB/dec，等等。

综上所述，可以将绘制对数幅频特性的步骤归纳如下：

(1) 将开环频率特性分解，写成典型环节相乘的形式。

(2) 求出各典型环节的交接频率，将其从小到大排列为 ω_1，ω_2，$\omega_3\cdots$，并标注在 ω 轴上。

(3) 绘制低频渐近线(ω_1 左边的部分)，这是一条斜率为 $-20v$ dB/dec 的直线，它或它的延长线应通过(1，$20\lg K$)点。

(4) 随着 ω 的增加，每遇到一个典型环节的交接频率，就按上述方法改变一次斜率。

(5) 必要时可利用渐近线和精确曲线的误差表，对交接频率附近的曲线进行修正，以求得更精确的曲线。

对数相频特性可以由各个典型环节的相频特性相加而得，也可以利用相频特性函数直接计算。

精讲视频

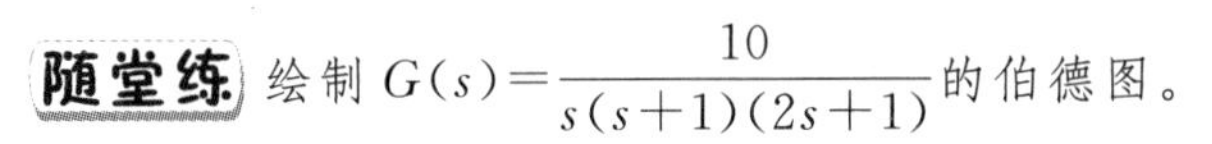
随堂练 绘制 $G(s)=\dfrac{10}{s(s+1)(2s+1)}$ 的伯德图。

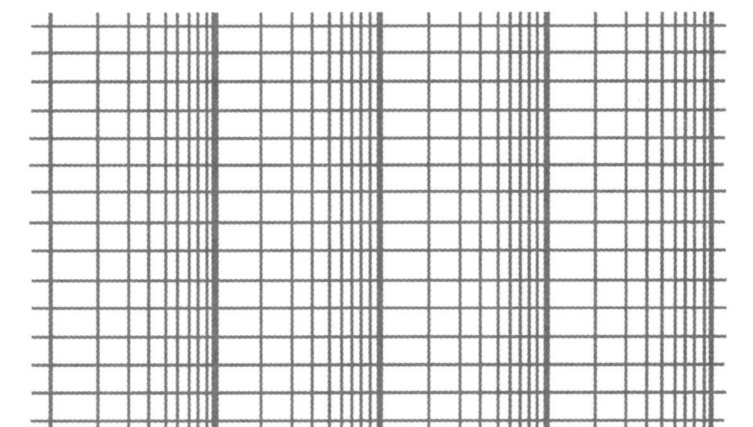

18.3　最小相位系统伯德图

在前述例子中，系统传递函数的极点和零点都位于 s 平面的左半部，这种在复平面右半平面既无零点也无极点的传递函数称为最小相位传递函数；否则，称为非最小相位传递函数。具有最小相位传递函数的系统，称为最小相位系统；而具有非最小相位传递函数的系统，则称为非最小相位系统。如果系统中含有延时环节或者包含不稳定零极点的传递函数，则系统就不是最小相位系统。

对幅频特性相同的系统，最小相位系统的相频特性函数的绝对值是最小的，即输出正弦信号相对于输入正弦信号的相移量最小。对于最小相位系统，对数幅频特性与相频特性之间存在着唯一的对应关系。根据系统的对数幅频特性，可以唯一地确定相应的相频特性和传递函数，反之亦然。对于非最小相位系统，不存在上述的这种关系。

例 18-5　绘制如下最小相位系统和非最小相位系统的频率特性并比较。

$$G_1(\mathrm{j}\omega)=\frac{1+\mathrm{j}T_1\omega}{1+\mathrm{j}T_2\omega},\ G_2(\mathrm{j}\omega)=\frac{1-\mathrm{j}T_1\omega}{1+\mathrm{j}T_2\omega},\ (T_2>T_1>0)$$

解　G_1 为最小相位系统，G_2 为非最小相位系统的幅频特性和相频特性分别为

$$A_1(\omega)=\sqrt{\frac{1+T_1^2\omega^2}{1+T_2^2\omega^2}},\ \varphi_1(\omega)=\arctan T_1\omega-\arctan T_2\omega$$

$$A_2(\omega)=\sqrt{\frac{1+T_1^2\omega^2}{1+T_2^2\omega^2}},\ \varphi_1(\omega)=-\arctan T_1\omega-\arctan T_2\omega$$

不难看出，这两个系统的对数幅频特性是完全相同的，而相频特性却根本不同。其幅频和相频特性见图 18-5。前一系统的相角 $\varphi_1(\omega)$变化范围很小，而后一系统的相角 $\varphi_2(\omega)$随着角频率的增加却从 0°变到趋于−180°。在图 18-5 中，单独从幅频特性图上无法区分是哪一个系统。

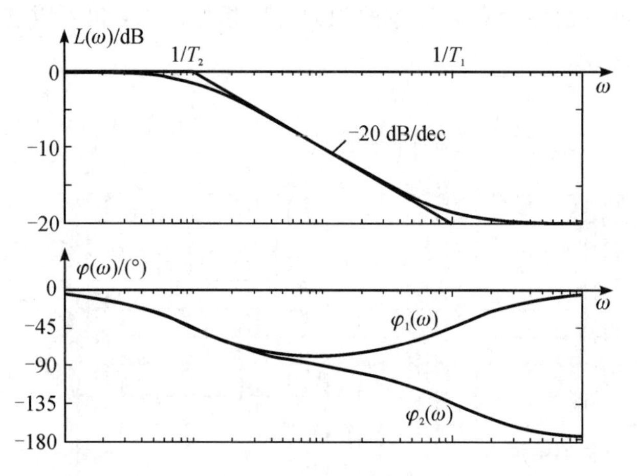

图 18-5　最小相位和非最小相位系统频率特性

思考题　从例 18-5 的幅频特性图上可以反推得到多少个具有该幅频特性的传递函数？分别写出其形式。

例 18-6　绘制如下开环传递函数的频率特性。

$$G(s)=\frac{\mathrm{e}^{-\tau s}}{Ts+1}$$

解　系统的幅频特性和相频特性分别为

$$A(\omega)=\sqrt{\frac{1}{1+T^2\omega^2}},\ \varphi(\omega)=-\arctan\omega T-\tau\omega$$

可见，此系统的幅频特性与惯性环节相同，而其相频特性却比惯性环节多了一项$-\tau\omega$。显然，它的迟后相角增加很快。该开环系统的伯德图如图 18-6 所示。

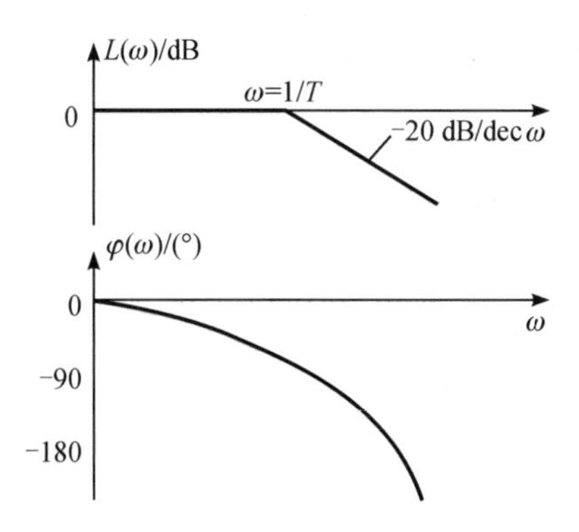

图 18－6　例 18－6 带延迟环节系统的伯德图

例 18－7　已知某最小相位系统的幅频特性如图 18－7 所示，求其传递函数。

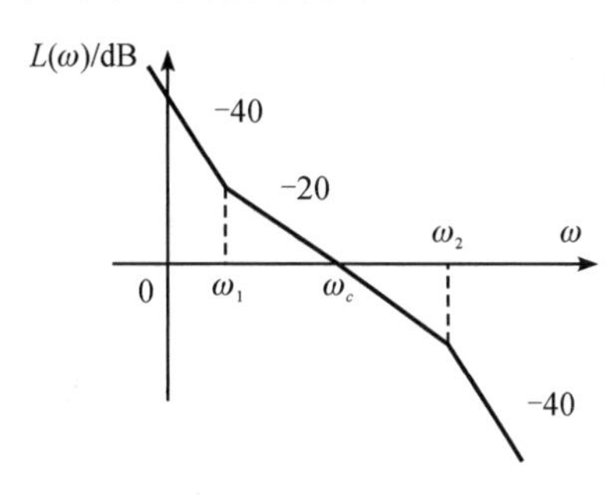

图 18－7　例 18－7 最小相位系统幅频特性

解　由图可知该最小相位系统的转折频率分别为 ω_1，ω_2，低频段斜率为－40 dB/dec，其传递函数具有如下形式：

$$G(s)=\frac{K(1+s/\omega_1)}{s^2(1+s/\omega_2)}$$

其幅频特性为

$$L(\omega)=20\lg K+20\lg\sqrt{1+\left(\frac{\omega}{\omega_1}\right)^2}-40\lg\omega-20\lg\sqrt{1+\left(\frac{\omega}{\omega_2}\right)^2}$$

其渐近线在截止频率 ω_c 处满足方程

$$L(\omega_c)\approx 20\lg K+20\lg\frac{\omega_c}{\omega_1}-40\lg\omega_c=0$$

因此，可以求得

$$20\lg K=40\lg\omega_c-20\lg\frac{\omega_c}{\omega_1}=20\lg\omega_1\omega_c,\ K=\omega_1\omega_c$$

该最小相位系统的传递函数为

$$G(s)=\frac{\omega_1\omega_c(1+s/\omega_1)}{s^2(1+s/\omega_2)}$$

思考题　例 18－7 系统的幅频特性渐近线方程是如何得到的？分别写出三段直线的方程。

随堂练 已知某最小相位系统的幅频特性如图 18－8 所示，求其传递函数。

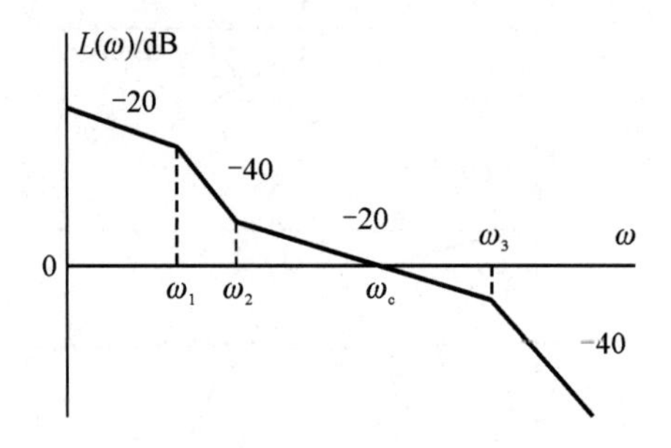

图 18－8　随堂练系统幅频特性

单元作业

1. 绘制给定传递函数 $G(s)=\dfrac{12}{(s+1)(s+2)(s+3)}$ 的奈氏图和伯德图。

2. 已知最小相位系统幅频特性如图 18－9 所示，求其传递函数。

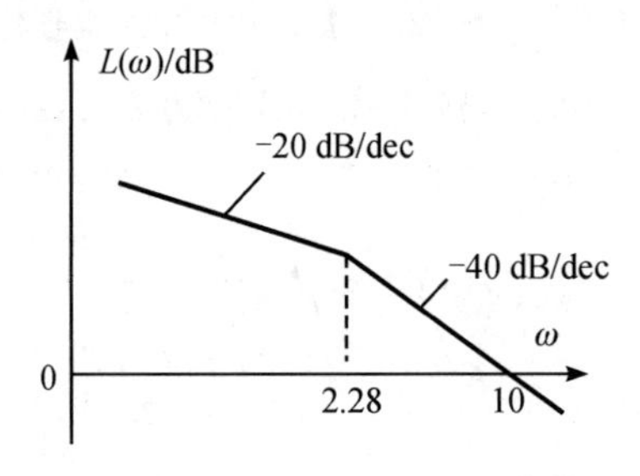

图 18－9　单元作业 2 系统幅频特性

第 19 讲　频域稳定判据

学习内容

（1）映射定理。

（2）奈奎斯特稳定判据。

（3）虚轴上有开环极点的奈奎斯特稳定判据。

学习目标

精讲视频

（1）熟练掌握映射定理内容。

（2）明确映射定理和奈氏判据之间的内在关系。

（3）熟练掌握奈奎斯特稳定判据内容。

（4）熟练运用奈氏判据分析系统稳定性。

（5）熟练运用多种方法计算临界增益。

控制系统的闭环稳定性是系统分析和设计所需要解决的首要问题。奈奎斯特稳定判据（简称奈氏判据）和对数频率稳定判据是常用的两种频域稳定性判据。频域稳定判据的特点是根据开环系统频率特性曲线判定闭环系统的稳定性，并能确定系统相对稳定。频域稳定判据是图解法的几何判据，具有简单、直观、计算量小的特点（劳斯判据是代数判据），可以不必知道系统的微分方程和传递函数，而只依靠解析法或实验法获得开环频率特性便可应用，有助于建立相对稳定性的概念。奈氏判据的数学基础是复变函数论中的映射定理，又称幅角定理。

19.1　映射定理

设有一复变函数为

$$F(s)=\frac{K(s-z_1)(s-z_2)\cdots(s-z_m)}{(s-p_1)(s-p_2)\cdots(s-p_n)} \tag{19-1}$$

其中，$s=\sigma+\mathrm{j}\omega$ 为复变量，$F(s)$为复变函数，记 $F(s)=U+\mathrm{j}V$。

设对于 s 平面上除了有限奇点之外的任一点 s，复变函数 $F(s)$为解析函数。那么，对于 s 平面上的每一解析点，在 $F(s)$平面上必定有一个对应的映射点。因此，如果在 s 平面画一条封闭曲线，并使其不通过 $F(s)$的任一奇点，则在 $F(s)$平面上必有一条对应的映射曲线，如图 19-1 所示。

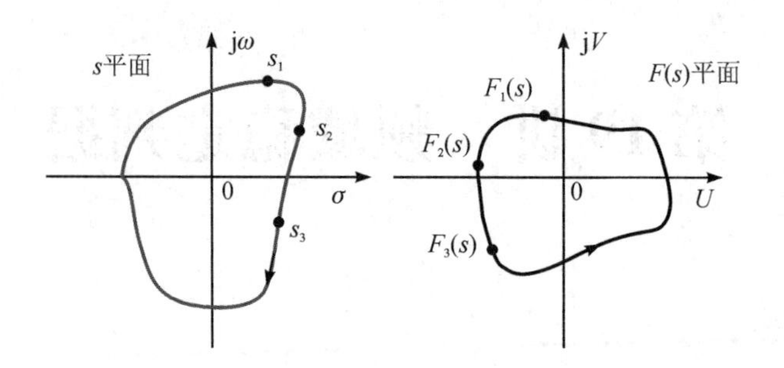

图 19-1　s 平面与 $F(s)$ 平面的映射关系

思考题　图 19-1 中，若 s 平面上的封闭曲线是沿着顺时针方向运动的，则在 $F(s)$ 平面上的映射曲线的运动特性如何？映射曲线运动方向是顺时针还是逆时针？映射曲线绕原点几圈？

若在 s 平面上的封闭曲线 C_s 是沿着顺时针方向运动的，则在 $F(s)$ 平面上的映射曲线 C_F 的运动方向可能是顺时针的，也可能是逆时针的，这取决于 $F(s)$ 函数的特性。我们感兴趣的不是映射曲线 C_F 的形状，而是它包围坐标原点的次数和运动方向，这两者与系统的稳定性密切相关，且都与 $F(s)$ 的相角变化有关系。

式(19-1)中的复变函数 $F(s)$，其相角可以表示为

$$\angle F(s)=\sum_{i=1}^{m}\angle(s-z_i)-\sum_{j=1}^{n}\angle(s-p_j) \tag{19-2}$$

假定在 s 平面上的封闭曲线 C_s 包围了 $F(s)$ 的一个零点 z_1，而其他零极点都位于封闭曲线之外，如图 19-2(a)所示。当 s 沿着 s 平面上的封闭曲线 C_s 顺时针方向移动一周时，向量 $(s-z_1)$ 的相角变化 -2π 弧度，而其他各相量的相角变化为零。这意味着在 $F(s)$ 平面上的映射曲线 C_F 沿顺时针方向围绕着原点旋转一周，也就是向量 $F(s)$ 的相角变化了 -2π 弧度，如图 19-2(b)所示。

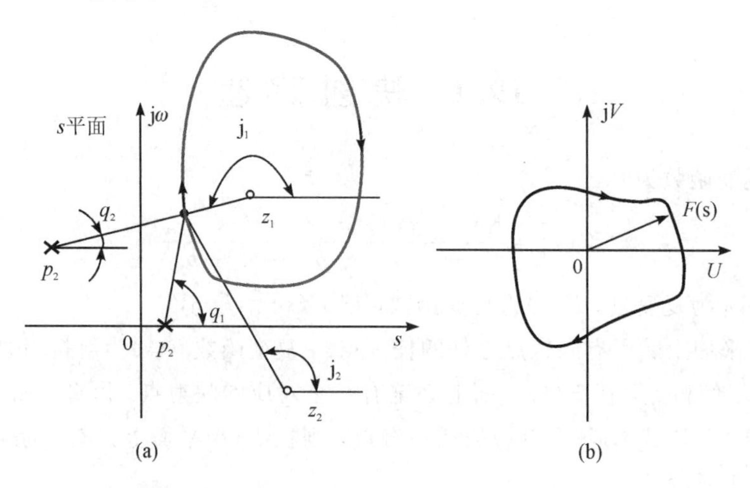

图 19-2　复变函数 $F(s)$ 相角计算

若 s 平面上的封闭曲线 C_s 包围着 $F(s)$ 的 Z 个零点，则在 $F(s)$ 平面上的映射曲线 C_F

将按顺时针方向围绕着坐标原点旋转 Z 周。用类似分析方法可以推论，若 s 平面上的封闭曲线 C_s 包围了 $F(s)$ 的 P 个极点，则当 s 沿着 C_s 顺时针移动一周时，在 $F(s)$ 平面上的映射曲线 C_F 将按逆时针方向围绕着原点旋转 P 周。

映射定理：设 s 平面上的封闭曲线 C_s 包围了复变函数 $F(s)$ 的 P 个极点和 Z 个零点，并且此曲线不经过 $F(s)$ 的任一零点和极点，则当复变量 s 沿封闭曲线 C_s 顺时针方向移动一周时，在 $F(s)$ 平面上的映射曲线 C_F 按逆时针方向包围坐标原点 $P-Z$ 周。

可见 F 平面上曲线绕原点的周数和方向与 s 平面上封闭曲线包围 $F(s)$ 的零极点数目有关。

思考题　系统闭环稳定性与闭环特征方程密切相关，如何利用映射定理构造一个辅助复变函数 $F(s)$ 及 s 平面上的封闭曲线 C_s 来判别系统的闭环稳定性？

19.2　奈奎斯特稳定判据

设系统的开环传递函数为

$$G(s)H(s)=\frac{K(s-z_1)(s-z_2)\cdots(s-z_m)}{(s-p_1)(s-p_2)\cdots(s-p_n)},(n\geqslant m) \tag{19-3}$$

式(19-3)中，z_i，p_j 分别为系统开环零极点。构造如下辅助函数

$$F(s)=1+G(s)H(s)=\frac{(s-s_1)(s-s_2)\cdots(s-s_n)}{(s-p_1)(s-p_2)\cdots(s-p_n)} \tag{19-4}$$

式(19-4)中，s_i，$i=1$，…，n 为系统闭环极点。

思考题　为什么式(19-4)中，s_i，$i=1$，…，n 为系统闭环极点？

(提示：系统闭环传递函数是什么?)

可以看到，辅助函数 $F(s)$ 与开环传递函数 $G(s)H(s)$ 只差 1，是闭环特征多项式与开环传递函数分母多项式之比。$F(s)$ 的零点为系统特征方程的根(闭环极点) s_1，s_2，…s_n，而 $F(s)$ 的极点则为系统的开环极点 p_1，p_2,…p_n。闭环系统稳定的充分和必要条件是特征方程的根，即 $F(s)$ 的零点，都位于 s 平面的左半部。

为了判断闭环系统的稳定性，需要检验 $F(s)$ 是否有位于 s 平面右半部的零点。根据映射定理，需要寻找一条封闭曲线，包围 $F(s)$ 位于 s 平面右半部的所有零点和极点。

思考题　$F(s)$ 位于 s 平面右半部的极点个数是多少？如何得到？包围整个右半平面的封闭曲线应该是什么样？

(提示：系统开环传递函数零极点形式已知)

奈奎斯特回线(简称奈氏回线)：一条包围整个 s 平面右半部按顺时针方向运动的封闭曲线，如图 19-3 所示。奈氏回线由两部分组成：一部分是沿着虚轴由下向上移动的直线 C_1，在此直线上 $s=\mathrm{j}\omega$，ω 由 $-\infty$ 变到 $+\infty$；另一部分是半径为无穷大的半圆 C_2。如此定义

的封闭曲线肯定包围了 $F(s)$ 的位于 s 平面右半部的所有零点和极点。

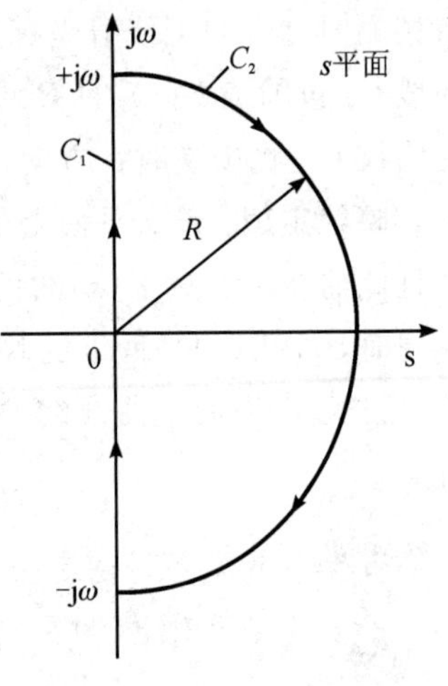

图 19-3　奈奎斯特回线

设复变函数 $F(s)$ 在 s 平面的右半部有 Z 个零点和 P 个极点。根据映射定理，假设奈氏回线不经过 $F(s)$ 的任一零点和极点，当 s 沿着 s 平面上的奈氏回线移动一周时，在 $F(s)$ 平面上的映射曲线 C_F 将按逆时针方向围绕坐标原点旋转 $N=P-Z$ 周。

由于闭环系统稳定的充要条件是：$F(s)$ 在 s 平面右半部无零点(即无闭环极点)即 $Z=0$，因此可得以下的稳定判据。

奈奎斯特稳定判据(第一种表述方法)：如果在 s 平面上，s 沿着奈氏回线顺时针方向移动一周时，在 $F(s)$ 平面上的映射曲线 C_F 围绕坐标原点按逆时针方向旋转 $N=P$ 周，则系统是稳定的(P 为不稳定开环极点的数目)。

如果开环系统稳定，即 $P=0$，则闭环系统稳定的条件是：映射曲线 C_F 围绕坐标原点的圈数为 $N=0$。

思考题

如果 $N\neq P$，闭环系统是否稳定？如果不稳定，闭环系统分布在右半 s 平面的极点数是多少？

(回顾：劳斯判据如何判定不稳定系统右半 s 平面的极点数?)

当 s 沿着 s 平面上的奈氏回线移动一周时，在 $F(s)$ 平面上直接绘制 $F(s)$ 映射曲线 C_F 有一定难度。注意到

$$G(s)H(s)=F(s)-1 \tag{19-5}$$

这意味着 $F(s)$ 的映射曲线 C_F 围绕原点运动的情况，相当于 $G(s)H(s)$ 的封闭曲线 C_{GH} 围绕着(-1，j0)点的运动情况，如图 19-4 所示。

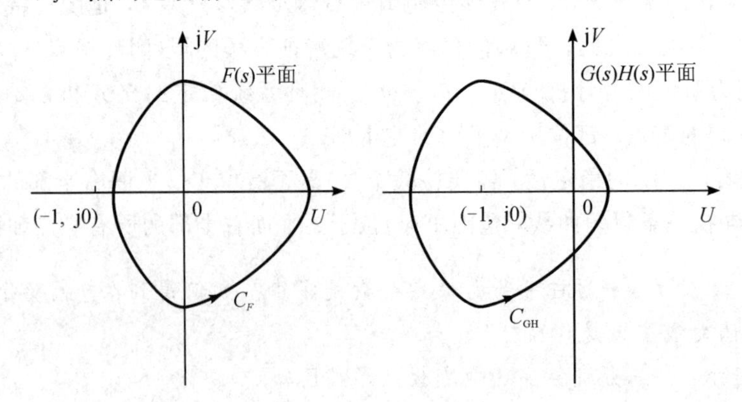

图 19-4　奈氏曲线在 $F(s)$ 和 $G(s)H(s)$ 平面的映射关系

注意到 $G(s)H(s)$ 为系统开环传递函数，因此利用开环频率特性曲线可以得到绘制映射曲线 C_{GH} 的方法：

(1) 对应于 C_1 的映射曲线：令 $s=\mathrm{j}\omega$ 代入 $G(s)H(s)$，得到开环频率特性 $G(\mathrm{j}\omega)H(\mathrm{j}\omega)$，$\omega$：$0\to+\infty$，画出奈氏图，再画出其对称于实轴的 ω：$-\infty\to0$ 的那部分曲线。

(2) 对应于无穷大半圆 C_2 的映射曲线：由于在实际系统中 $n\geqslant m$，当 $n>m$ 时，$G(s)H(s)$ 趋近于零(原点)；$n=m$ 时，$G(s)H(s)$为实常数。

因此，只要绘制出 ω 从 $-\infty$ 变化到 $+\infty$ 的开环频率特性，就构成了完整的映射曲线 C_{GH}。

综上所述，可将奈氏判据描述为如下的第二种表述方法。

奈奎斯特稳定判据(第二种表述方法)：闭环控制系统稳定的充分和必要条件是：当 ω 从 $-\infty$ 变化到 $+\infty$ 时，系统的开环频率特性 $G(\mathrm{j}\omega)H(\mathrm{j}\omega)$ 按逆时针方向包围$(-1,\ \mathrm{j}0)$点 $N=P$ 周，P 是位于 s 平面右半部的开环极点数目。

显然，若开环系统稳定，即位于 s 平面右半部的开环极点数 $P=0$，则闭环系统稳定的充分和必要条件是：系统的开环频率特性 $G(\mathrm{j}\omega)H(\mathrm{j}\omega)$不包围$(-1,\ \mathrm{j}0)$点。

如果 $N\neq P$，那么闭环系统不稳定，闭环系统在右半平面的极点数为 $Z=P-N$。

例 19-1　已知开环传递函数为

$$G(s)H(s)=\frac{K}{(0.5s+1)(s+1)(2s+1)}$$

绘制 $K=5$ 时的奈氏图，并判断系统的稳定性。

解　当 $K=5$ 时，开环幅频特性和相频特性分别为

$$A(\omega)=\frac{5}{\sqrt{1+0.25\omega^2}\sqrt{1+\omega^2}\sqrt{1+4\omega^2}}$$

$$\varphi(\omega)=-\mathrm{arctg}(0.5\omega)-\mathrm{arctg}\omega-\mathrm{arctg}(2\omega)$$

从而有 $\omega=0^+$ 时，$A(\omega)=5$，$\varphi(\omega)=0°$；$\omega\to+\infty$ 时，$A(\omega)=0$，$\varphi(\omega)=-270°$，故奈氏图在第Ⅱ象限趋向终点$(0,\ \mathrm{j}0)$。因为相角范围从 0°到$-270°$，所以必有与负实轴的交点。令

$$\varphi(\omega)=-\mathrm{arctg}(0.5\omega)-\mathrm{arctg}\omega-\mathrm{arctg}(2\omega)=-\alpha-\beta-\gamma=-180°$$

则有

$$\begin{aligned}\mathrm{tg}(\alpha+\beta+\gamma)&=\frac{\mathrm{tg}(\alpha+\beta)+\mathrm{tg}\gamma}{1-\mathrm{tg}(\alpha+\beta)\mathrm{tg}\gamma}\\&=\frac{(\mathrm{tg}\alpha+\mathrm{tg}\beta)/(1-\mathrm{tg}\alpha\,\mathrm{tg}\beta)+\mathrm{tg}\gamma}{1-\mathrm{tg}(\alpha+\beta)\mathrm{tg}\gamma}\\&=\mathrm{tg}180°=0\end{aligned}$$

即

$$\mathrm{tg}\alpha+\mathrm{tg}\beta+\mathrm{tg}\gamma-\mathrm{tg}\alpha\times\mathrm{tg}\beta\times\mathrm{tg}\gamma=0\qquad 0.5\omega+\omega+2\omega=0.5\omega\times\omega\times2\omega$$

解得 $\omega=1.87$，此时 $A(\omega)=0.44$，与实轴的交点在$(-1,\ \mathrm{j}0)$点的右侧。奈氏图如图 19-5(a)所示。因为 s 平面右半部的开环极点数 $P=0$，且奈氏曲线不包围$(-1,\ \mathrm{j}0)$点(即 $N=0$，则 $Z=P-N=0$)，所以系统稳定。

也可以用如下的 MATLAB 命令绘制奈氏图，如图 19-5(b)所示。

```
nyquist([5], conv(conv([0.5 1], [1 1]), [2 1]))
```

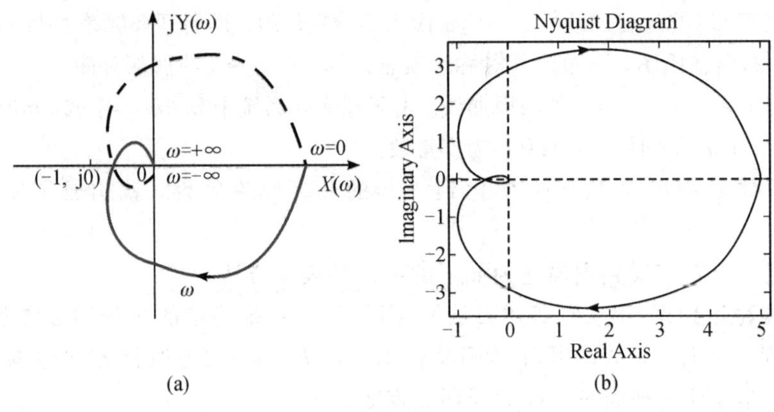

图 19-5　例 19-1 奈氏图

随堂练 例 19-1 中，当 $K=15$ 时，绘制其奈氏图并判断系统稳定性。

思考题

(1) 比较例 19-1 中 $K=15$ 和 $K=5$ 时的奈氏图，能得到什么结论？

(2) 用劳斯判据判断例 19-1 系统的稳定性，求出系统临界稳定时增益 K 的取值，并求出临界增益时，系统奈氏图与负实轴交点。

精讲视频

(3) 绘制例 19-1 系统的根轨迹，并求与虚轴交点及对应的增益值。

(4) 比较上述不同方法的计算结果，能得到什么结论？

19.3　虚轴上有开环极点的奈奎斯特稳定判据

虚轴上有开环极点的情况通常出现在系统中有串联积分环节时，即在 s 平面的坐标原点有开环极点时。因为映射定理要求此封闭回线不经过 $F(s)$ 的奇点，所以不能直接应用前面给出的奈氏回线。

为了在这种情况下应用奈氏判据，可以选择图 19-6 所示的奈氏回线。它与图 19-5 中奈氏回线的区别仅在于，此回线经过以坐标原点为圆心，以无穷小量 ε 为半径，在 s 平面右半部的小半圆，绕过了开环极点所在的原点。当 $\varepsilon\to 0$ 时，此小半圆的面积也趋近于零。因此，$F(s)$ 位于 s 平面右半部的零点和极点均被此奈氏回线包围在内，而将位于坐标原点处的开环极点划到了左半部。这样处理是为了满足映射定理和奈氏判据的要求。

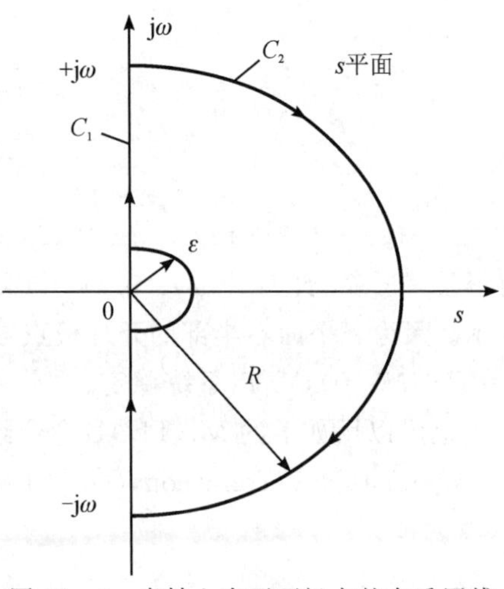

图 19-6　虚轴上有开环极点的奈氏回线

当 s 沿着上述小半圆移动时，有

$$s=\lim_{\varepsilon\to 0}\varepsilon e^{j\theta}$$

当 ω 从 0^- 沿小半圆变到 0^+ 时，s 按逆时针方向旋转了 180°。$G(s)H(s)$在其平面上的映射为

$$G(s)H(s)\Big|_{s=\lim\limits_{\varepsilon\to 0}\varepsilon e^{j\theta}}=\left.\frac{K(\tau_1 s+1)(\tau_2 s+1)\cdots(\tau_m s+1)}{s^v(T_1 s+1)(T_2 s+1)\cdots(T_n s+1)}\right|_{s=\lim\limits_{\varepsilon\to 0}\varepsilon e^{j\theta}}$$
$$=\lim_{\varepsilon\to 0}\frac{K}{\varepsilon^v}e^{-jv\theta}=\infty e^{-jv\theta} \tag{19-6}$$

式(19－6)中，v 为系统中串联的积分环节数目。

由以上分析可见，当 s 沿着小半圆从 $\omega=0^-$ 变化到 $\omega=0^+$ 时，θ 角从－90°经 0°变化到＋90°，这时在 $G(s)H(s)$平面上的映射曲线将沿着半径为无穷大的圆弧按顺时针方向从 $v\times 90°$经过 0°转到$-v\times 90°$。即：

$$\omega: 0^- \to 0^+$$
$$\theta: -90° \to 0° \to +90°$$
$$\varphi(\omega): v\times 90° \to 0° \to -v\times 90°$$

例 19－2　已知系统开环传递函数为

$$G(s)H(s)=\frac{10}{s(s+1)(s+2)}$$

绘制其奈氏图，并判断系统的稳定性。

解　系统开环幅频特性和相频特性分别为

$$A(\omega)=\frac{10}{\omega\sqrt{1+\omega^2}\sqrt{4+\omega^2}},\ \varphi(\omega)=-90°-\mathrm{arctg}\omega-\mathrm{arctg}(0.5\omega)$$

从而有

$$\omega=0^+: A(\omega)=\infty,\ \varphi(\omega)=-90°-\Delta$$
$$\omega=+\infty: A(\omega)=0,\ \varphi(\omega)=-270°+\Delta$$

其中，Δ 为正的很小量，故起点在第Ⅲ象限；在第Ⅱ象限趋向终点(0，j0)。因为相角范围从－90°到－270°，所以必有与负实轴的交点。由 $\varphi(\omega)=-180°$得

$$-90°-\mathrm{arctg}\omega-\mathrm{arctg}(0.5\omega)=-180°$$
$$\mathrm{arctg}(0.5\omega)=90°-\mathrm{arctg}\omega$$

上式两边取正切，得 $0.5\omega=1/\omega$，即 $\omega=\sqrt{2}$，此时 $A(\omega)=5/3\approx 1.67$。因此奈氏图与实轴的交点为(－1.67，j0)。系统开环传递函数有一极点在 s 平面的原点处，因此奈氏回线中半径为无穷小量 ε 的半圆弧对应的映射曲线是一个半径为无穷大的圆弧：

$$\omega: 0^- \to 0^+;\ \theta: -90° \to 0° \to +90°;\ \varphi(\omega): +90° \to 0° \to -90°$$

其奈氏图如图 19－7 所示。因为 s 平面右半部的开环极点数 $P=0$，且奈氏曲线顺时针包围(－1，j0)点 2 次(即 $N=-2$，则 $Z=P-N=2$)，所以系统不稳定，有两个闭环极点在 s 平面右半部。

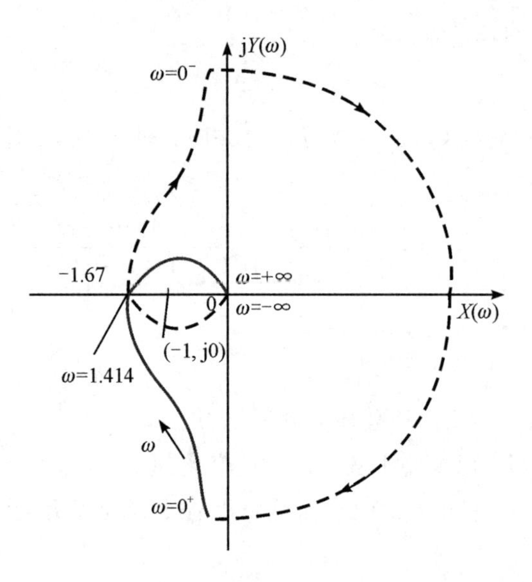

图 19－7　例 19－2 系统奈氏图

随堂练 已知系统开环传递函数为 $G(s)H(s)=\dfrac{10}{s^2(s+1)(s+2)}$，绘制其奈氏图，并判断系统的稳定性。

单元作业

1. 两个系统开环传递函数奈氏图($\omega=0^+\rightarrow+\infty$)如图 19－8 所示。设开环传递函数在右半平面没有极点，试画出完整的奈氏图，并确定系统的稳定性。

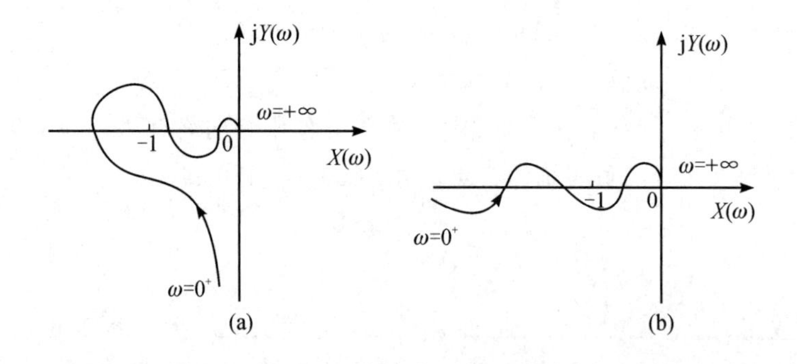

图 19－8　单元作业 1 系统奈氏图

2. 已知系统的开环传递函数为 $G(s)H(s)=\dfrac{K}{s(s+1)(3s+1)}$，试用奈氏稳定判据求系统稳定的临界增益 K 值。

第 20 讲　对数频率稳定判据、稳定裕度、闭环频域性能

学习内容

(1) 对数频率稳定判据。

(2) 稳定裕度。

(3) 闭环频域性能。

学习目标

精讲视频

(1) 熟悉对数频率稳定判据内容。

(2) 熟练运用对数频率稳定判据分析系统稳定性。

(3) 明确稳定裕度定义。

(4) 熟练计算系统稳定裕度。

(5) 了解闭环频域性能与开环频率特性关系。

(6) 熟悉闭环频域性能指标定义与计算方法。

20.1　对数频率稳定判据

对数频率稳定判据实际上是奈氏判据的另一种形式，即利用开环系统的伯德图来判别系统的稳定性。系统开环频率特性的奈氏图(极坐标图)和伯德图之间存在特定对应关系。图 20-1 表示系统的幅相频率特性曲线和其对应的对数频率特性曲线，可以看出二者之间存在如下关系：

(1) 奈氏图上以原点为圆心的单位圆对应于伯德图上对数幅频特性的 0 分贝线；奈氏图上的负实轴对应于伯德图上相频特性的$-180°$线。

(2) 奈氏图上单位圆以外区域对应于伯德图上对数幅频特性的 0 分贝线以上区域；奈氏图上单位圆以内区域对应于伯德图上对数幅频特性的 0 分贝线以下区域。

对应的，在伯德图(Bode 图)上的 $L(\omega)>0$ 区间内，相频曲线 $\varphi(\omega)$ 从$-180°$线以下增加到$-180°$线以上，称为 $\varphi(\omega)$ 对$-180°$线的正穿越(相角增加)；反之，称为负穿越(相角减少)。$\varphi(\omega)$ 从$-180°$线开始往上称为半个正穿越，$\varphi(\omega)$ 从$-180°$线开始往下称为半个负穿越。图 20-1 中，A 点对应负穿越，B 点对应正穿越。

幅相曲线沿 ω 增加方向绕$(-1, \mathrm{j}0)$点的圈数也可以根据幅相曲线在$(-\infty, -1)$的负实轴的穿越次数确定。开环幅相特性曲线 $G(\mathrm{j}\omega)H(\mathrm{j}\omega)$，沿 ω 增加方向，由上往下穿过$(-\infty, -1)$的负实轴一次，称为一个正穿越；由下往上穿过$(-\infty, -1)$的负实轴一次，称为一个负穿越；$G(\mathrm{j}\omega)H(\mathrm{j}\omega)$ 曲线从$(-\infty, -1)$的负实轴开始向下(向上)称为半个正(负)穿越。

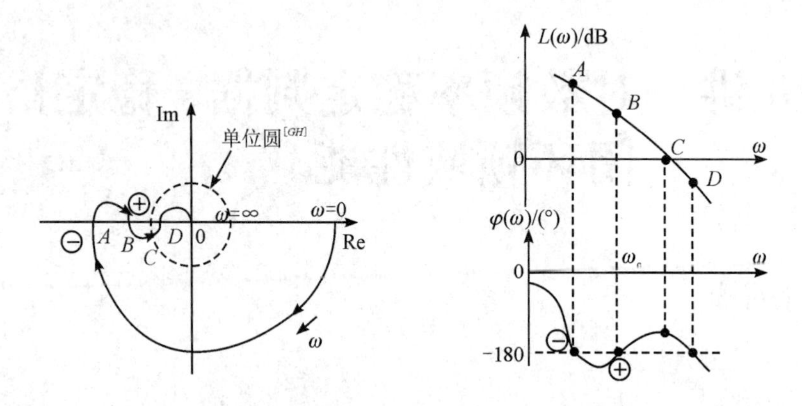

图 20－1　幅相频率特性曲线与对应的对数频率特性曲线

对数频率稳定判据　闭环系统稳定的充分必要条件是，当 ω 由 0 变到 $+\infty$ 时，在开环对数幅频特性 $L(\omega)>0$ 的频段内，相频特性 $\varphi(\omega)$ 穿越 $-180°$ 线的次数(正穿越与负穿越次数之差)为 $P/2$。P 为 s 平面右半部开环极点数目。

注意，奈氏判据中，s 沿着奈氏回线顺时针方向移动一周，故 ω 由 $-\infty$ 变到 $+\infty$，所以伯德图中 ω 由 0 变到 $+\infty$ 时，穿越次数为 $P/2$，而不是 P。对于开环稳定的系统，此时 $P=0$，若在 $L(\omega)>0$ 频段内，相频特性 $\varphi(\omega)$ 穿越 $-180°$ 线的次数(正穿越与负穿越次数之差)为 0，则闭环系统稳定；否则闭环系统不稳定。

例 20－1　系统开环传递函数如下，用对数稳定判据判断其稳定性。

$$G(s)H(s)=\frac{K}{s(Ts+1)}$$

解　系统开环伯德图如图 20－2 所示。系统的开环传递函数在 s 平面右半部没有极点，即 $P=0$，而在 $L(\omega)>0$ 的频段内，相频特性 $\varphi(\omega)$ 不穿越 $-180°$ 线，故闭环系统必然稳定。

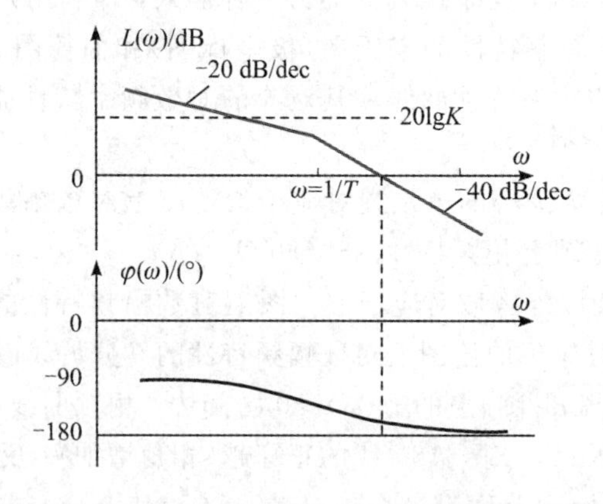

图 20－2　例 20－1 系统伯德图

例 20－2　系统开环传递函数为

$$G(s)H(s)=\frac{K}{s(s+1)(0.1s+1)}$$

用对数稳定判据分别判断 $K=2$，$K=50$ 时，系统的稳定性。

解　系统伯德图如图 20－3 所示，图中(1)、(2)分别为 $K=2$，$K=50$ 时的对数幅频特性曲线。由图可知系统开环稳定，$P=0$。

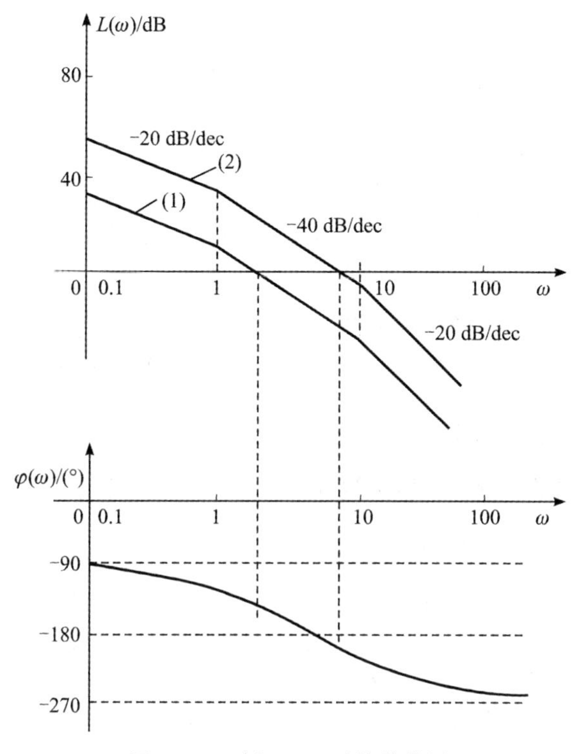

图 20-3　例 20-2 系统伯德图

当 $K=2$ 时，系统对数幅频特性在 $L(\omega)>0$ 的频段内，相频 $\varphi(\omega)$ 不穿越 $-180°$ 线，故系统稳定。当 $K=50$ 时，系统对数幅频特性在 $L(\omega)>0$ 的频段内，相频 $\varphi(\omega)$ 对 $-180°$ 线有一次负穿越，故系统不稳定。说明随着开环增益变大，系统稳定性下降。

随堂练 系统开环伯德图和右半平面开环极点数分别如图 20-4 所示，试判断系统稳定性。

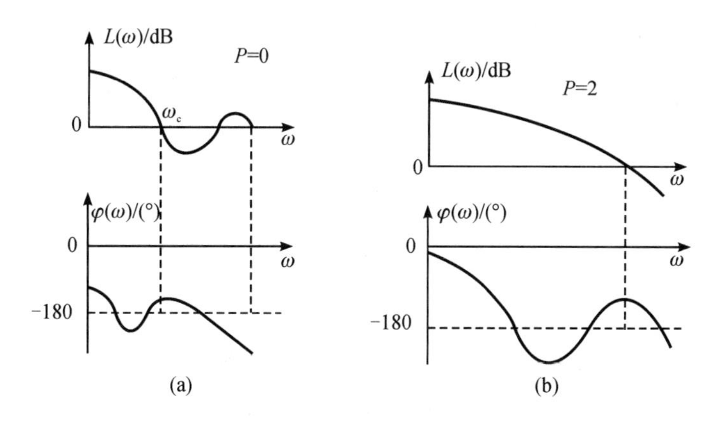

图 20-4　随堂练系统伯德图

20.2 稳定裕度

从理论上讲，当系统处于稳定状态或接近临界稳定状态时，系统是稳定的，但在实际应用中，由于系统数学模型和实际模型存在偏差，系统参数测量不准确及系统参数在工作中发生变化等因素的影响，可能导致系统进入不稳定状态。为了确保系统可靠稳定，必须给系统留有足够的稳定裕度，稳定裕度可以表征闭环系统的稳定程度，即系统的相对稳定性。

若开环系统稳定，则闭环系统稳定的充要条件为：系统的奈奎斯特曲线不包围(－1，j0)点，而奈奎斯特曲线正好穿过(－1，j0)点时，系统处于临界稳定状态。因此奈奎斯特曲线靠(－1，j0)点的程度表征了系统的相对稳定性。衡量闭环稳定系统稳定程度的指标，常用的有相角裕度 γ 和幅值裕度 K_g，如图 20－5 所示。

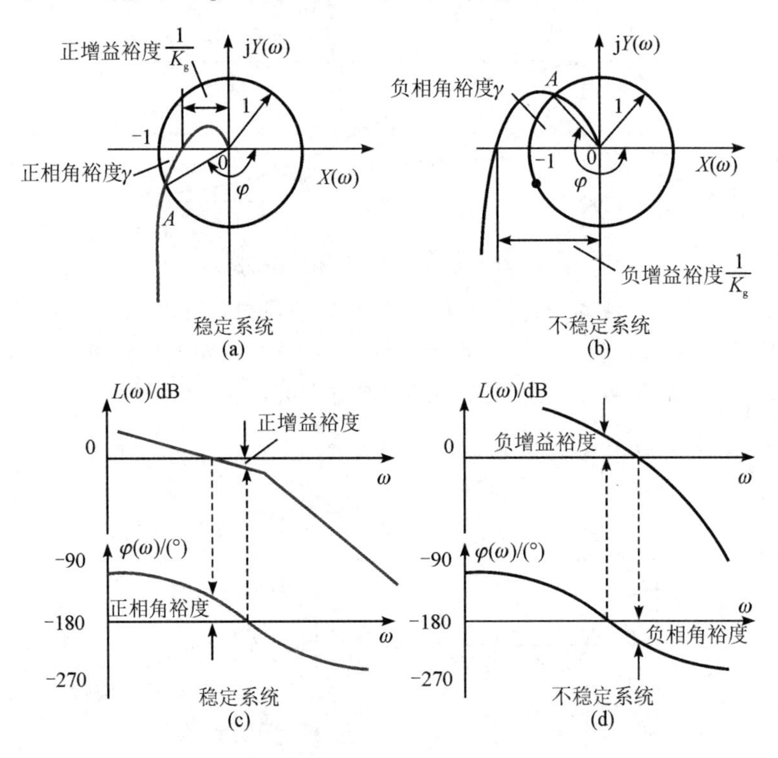

图 20－5　相角裕度和增益裕度

1. 相角裕度 γ

在频率特性上对应于幅值 $A(\omega)=1$ 的角频率称为剪切频率(截止频率)，以 ω_c 表示，在剪切频率处，相频特性距－180°线的相位差 γ 叫做相角裕度。即

$$\gamma=\varphi(\omega_c)-(-180^\circ)=180^\circ+\varphi(\omega_c) \tag{20-1}$$

图 20－5(a)表示的具有正相角裕度的系统不仅稳定，而且还有相当的稳定储备，它可以在 ω_c 的频率下，允许相角再增加(滞后)γ 度才达到临界稳定状态。因此相角裕度也叫相位稳定性储备。

对于稳定的系统，$\varphi(\omega_c)$必在伯德图－180°线以上，这时称为正相角裕度，或者有正相角裕度，如图 20-5(c)所示。对于不稳定系统，$\varphi(\omega_c)$必在$-180°$线以下，这时称为负相角裕度，如图 20-5(d)所示。

2. 增益裕度 K_g

在相频特性等于$-180°$的频率ω_g(穿越频率)处，开环幅频特性$A(\omega_g)$的倒数，称为增益裕度，记做K_g。即

$$K_g=\frac{1}{A}(\omega_g) \tag{20-2}$$

在 Bode 图上，增益裕度改以分贝(dB)表示，$K_g=-20\lg A(\omega_g)$。

对于稳定的系统，$L(\omega_g)$必在伯德图 0 dB 线以下，这时称为正增益裕度，如图 20-5(c)所示。对于不稳定系统，$L(\omega_g)$必在 0 dB 线以上，这时称为负增益裕度，如图 20-5(d)所示。在图 20-5(c)中，对数幅频特性还可上移K_g，即开环系统的增益增加K_g倍，此时闭环系统达到稳定的临界状态。

在奈氏图中，奈氏曲线与负实轴的交点到原点的距离即为$1/K_g$，它代表在频率ω_g处开环频率特性的模。显然，对于稳定系统，$1/K_g<1$，如图 20-5(a)所示；对于不稳定系统有$1/K_g>1$，如图 20-5(b)所示。严格地讲，应当同时给出相角裕度和增益裕度，才能确定系统的相对稳定性。但在粗略估计系统的暂态响应指标时，主要对相角裕度提出要求。为使系统有足够的稳定储备，以及得到较满意的暂态响应和动态性能，在工程实践中，一般要求$\gamma=40°-60°$，$K_g\geqslant 2$，($K_g\geqslant 6$ dB)。

对于稳定的最小相位系统，其相角裕度应为正值，增益裕度应大于 1。对于最小相位系位系统，开环幅频持性和相频特性之间存在唯一的对应关系。上述相角裕度意味着，系统开环对数幅频特性的斜率在剪切频率ω_c处应大于-40 dB/dec，因此，在校正时总是使$L(\omega)$在剪切频率ω_c处附近足够宽的频率范围内斜率为-20 dB/dec。

例 20-3　已知单位反馈系统开环传递函数如下，求相角裕度和增益裕度。

$$G(s)H(s)=\frac{10}{s(s+1)(s+5)}$$

解　系统开环频率特性为

$$G(\mathrm{j}\omega)H(\mathrm{j}\omega)=\frac{2}{\mathrm{j}\omega(\mathrm{j}\omega+1)(0.2\mathrm{j}\omega+1)}$$

首先计算穿越频率，由$\varphi(\omega_g)=-180°$，可得

$$-90°-\arctan\omega_g-\arctan 0.2\omega_g=-180°$$

解得$\omega_g=2.24$，所以增益裕度为$K_g=-20\lg A(\omega_g)=20\lg 3=9.5(\mathrm{dB})$。

再计算截止频率，

方法一：由$|G(\mathrm{j}\omega_c)H(\mathrm{j}\omega_c)|=1$，可得

$$\frac{2}{\omega_c\sqrt{\omega_c^2+1}\sqrt{(0.2\omega)^2+1}}=1$$

解得$\omega_c=1.23$，所以相位裕度为

$$\gamma=180°-90°-\arctan\omega_c-\arctan 0.2\omega_c=25.3°$$

方法二：画出对数幅频特性曲线，如图 20-6 所示，用图解法求。

由图可知：

$$-40(\lg\omega_c-\lg 1)=0-20\lg K=20\lg 2$$

解得剪切频率为 $\omega_c=\sqrt{2}=1.414$，$\gamma=180°+\varphi(\omega_c)=19.5°$。

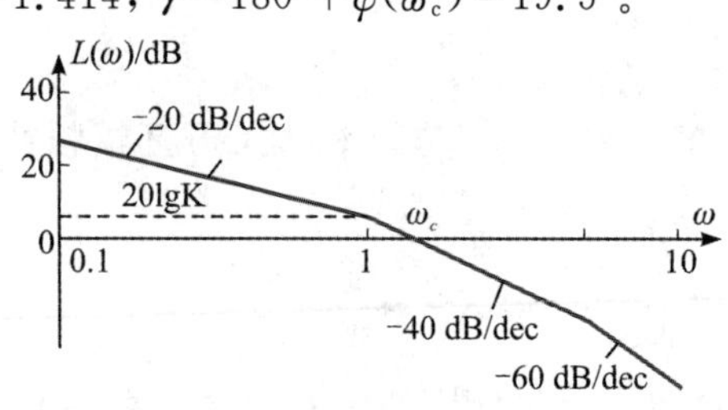

图 20-6　例 20-3 幅频特性

思考题　采用方法一和方法二求得的相角裕度不同，为什么？哪一个更准确？

MATLAB 给出了计算稳定裕度的命令"margin"，例 20-3 可以用下面的命令方便的求出相角裕度和增益裕度，结果如图 20-7 所示。

```
sys=tf([10], conv(conv([1 0], [1 1]), [1 5])); margin(sys);
```

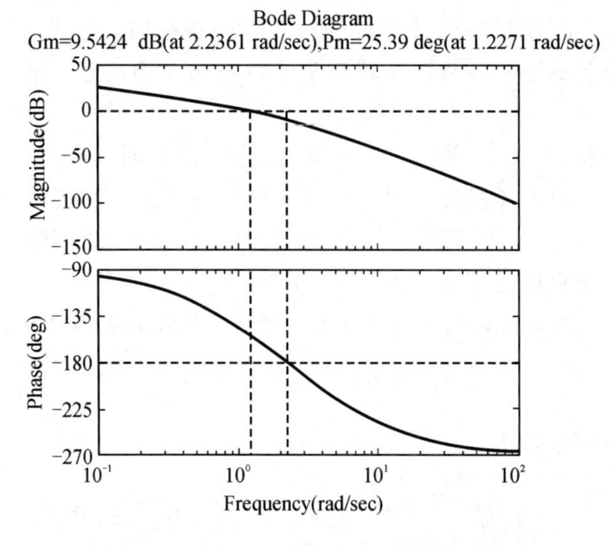

图 20-7　例 20-3MATLAB 计算稳定裕度

可见，例 20-3 中，方法一计算的相角裕度结果为准确值。

随堂练　例 20-3 中，令 $G(s)H(s)=\dfrac{100}{s(s+1)(s+5)}$，用图解法计算相角裕度。

20.3　闭环频域性能

对于负反馈控制系统，如果其开环频率特性为 $G(\mathrm{j}\omega)H(\mathrm{j}\omega)$，则其闭环频率特性为

$\Phi(\mathrm{j}\omega)=\dfrac{G(\mathrm{j}\omega)}{1+G(\mathrm{j}\omega)H(\mathrm{j}\omega)}$。因此，已知系统开环频率特性，就可以求出系统的闭环频率特性，也就可以绘出闭环频率特性。

下面介绍在已知系统开环频率特性时，如何大致估计系统闭环频率特性。系统的主反馈通道传递函数一般为常数，不影响闭环频率特性的形状。因此在研究闭环系统频域指标时，为简化分析，假设系统为单位负反馈，$H(\mathrm{j}\omega)=1$。则

$$\Phi(\mathrm{j}\omega)=\frac{G(\mathrm{j}\omega)}{1+G(\mathrm{j}\omega)} \tag{20-3}$$

一般系统开环频率特性具有低通滤波的性质。所以低频时$|G(\mathrm{j}\omega)|\gg 1$，则

$$|\Phi(\mathrm{j}\omega)|=\left|\frac{G(\mathrm{j}\omega)}{1+G(\mathrm{j}\omega)}\right|\approx 1 \tag{20-4}$$

高频时$|G(\mathrm{j}\omega)|\ll 1$，则

$$|\Phi(\mathrm{j}\omega)|=\left|\frac{G(\mathrm{j}\omega)}{1+G(\mathrm{j}\omega)}\right|\approx G(\mathrm{j}\omega) \tag{20-5}$$

因此，对于一般单位反馈的最小相位系统，如果输入的是低频信号，则输出可以认为与输入基本相等，而闭环系统在高频的特性与开环系统在高频的特性也近似相同。在中频段(即剪切频率 ω_c 附近)，闭环频率特性通常会产生谐振，可通过计算描点画出轮廓。一般系统的开环、闭环幅频特性大致如图 20－8 所示。

闭环系统的频域性能指标如图 20－9 所示。

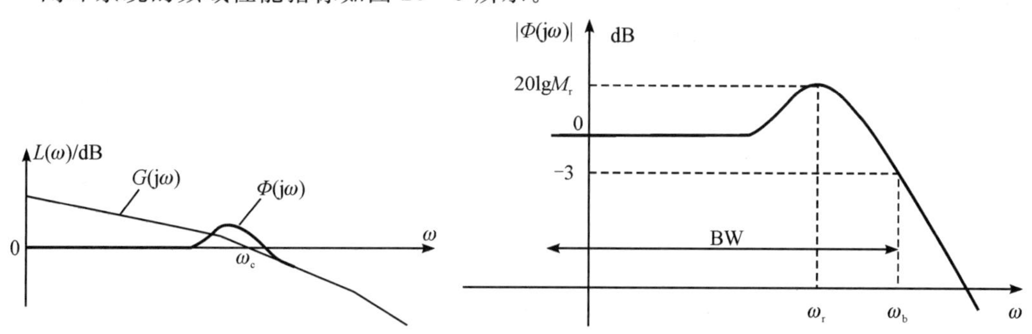

图 20－8　闭环系统幅频特性　　图 20－9　闭环系统频域性能指标

带宽频率 ω_b：是指对数幅频特性的幅值下降到－3 dB(即 0.707 倍低频幅值)时对应的频率。带宽 BW 是指幅值不低于－3 dB 对应的频率范围，也即 0 到 ω_b 的频率范围。对于高于带宽频率的正弦输入信号，系统输出将呈现较大的衰减。带宽反映了系统对噪声的滤波特性，同时也反映了系统的响应速度。带宽愈大，暂态响应速度愈快。反之，带宽愈小，只有较低频率的信号才易通过，则时域响应往往比较缓慢。

对于Ⅰ型和Ⅰ型以上的开环系统，其闭环频率特性满足

$$\Phi(\mathrm{j}0)=1,\ \Phi(\mathrm{j}\omega_b)=\frac{1}{\sqrt{2}} \tag{20-6}$$

对于开环为Ⅰ型的一阶和二阶系统，带宽和系统参数具有如下解析关系。

设一阶系统闭环传递函数为

$$\Phi(s)=\frac{1}{Ts+1}$$

由带宽定义得

拓展阅读

$$\Phi(\mathrm{j}\omega_b)=\frac{1}{\sqrt{1+T^2\omega_b^2}}=\frac{1}{\sqrt{2}}$$

可求得其带宽频率为 $\omega_b=\dfrac{1}{T}$，带宽与时间常数成反比。

设二阶系统闭环传递函数为

$$\Phi(s)=\frac{\omega_n^2}{s^2+2\zeta\omega_n s+\omega_n^2}$$

由带宽定义得

$$\Phi(\mathrm{j}\omega_b)=\frac{1}{\sqrt{\left(1-\frac{\omega_b^2}{\omega_n^2}\right)+4\zeta^2\frac{\omega_b^2}{\omega_n^2}}}=\frac{1}{\sqrt{2}}$$

可求得其带宽频率为

$$\omega_b=\omega_n\left[(1-2\zeta^2)+\sqrt{(1-2\zeta^2)^2+1}\right]^{\frac{1}{2}} \tag{20-7}$$

带宽与自然振荡频率 ω_n 成正比，且为阻尼比 ζ 的减函数。

谐振频率 ω_r：是指产生谐振峰值 M_r(闭环幅频特性的最大值)对应的频率，它在一定程度上反映了系统暂态响应的速度。ω_r 愈大，则暂态响应愈快。对于弱阻尼系统，ω_r 与 ω_b 的值很接近。谐振峰值 M_r 反映了系统的相对稳定性。一般而言，M_r 值愈大，则系统阶跃响应的超调量也愈大。通常希望系统的谐振峰值在 1.1 至 1.4 之间，相当于二阶系统的阻尼比为 $0.4<\zeta<0.7$。

对于闭环二阶系统

$$\Phi(s)=\frac{\omega_n^2}{s^2+2\zeta\omega_n s+\omega_n^2}$$

其幅频特性为

$$|\Phi(\mathrm{j}\omega)|=\frac{\omega_n^2}{\sqrt{(\omega_n^2-\omega^2)^2+(2\zeta\omega_n\omega)^2}}$$

由 $\dfrac{\mathrm{d}|\Phi(\mathrm{j}\omega)|}{\mathrm{d}\omega}=0$，得谐振频率 $\omega_r=\omega_n\sqrt{1-2\zeta^2}$，$(\zeta<\sqrt{2}/2)$，则谐振峰值为

$$M_r=|\Phi(\mathrm{j}\omega_r)|=\frac{1}{2\zeta\sqrt{1-\zeta^2}} \tag{20-8}$$

单元作业

设系统的开环传递函数为

$$G(s)H(s)=\frac{K}{s(0.2s+1)(0.02s+1)}$$

试分别绘制 $K=10$，$K=100$ 时系统的伯德图，求系统的相角裕度和增益裕度，并判断闭环系统的稳定性。

第 21 讲　基于 MATLAB 的系统频域分析设计

学习内容

(1) MATLAB 系统频域分析。
(2) MATLAB 系统频域设计。

学习目标

(1) 掌握用 MATLAB 进行系统频域分析的方法。
(2) 掌握用 MATLAB 进行系统频域设计的方法。

21.1　MATLAB 系统频域分析

在例 20－3 中，用 MATLAB 命令计算了系统的相角裕度和增益裕度。实际上，利用 MATLAB 不仅可以方便地绘制出系统的伯德图、奈奎斯特图，还可以通过特定函数来求得系统的相角裕度、增益裕度、带宽、谐振峰值、谐振频率、穿越频率等，从而非常方便的进行线性系统频域分析与设计。常用的频域分析命令见表 21－1。

表 21－1　MATLAB 常用频域分析命令

命　令	功　能
bode	绘制系统的伯德图
nyquist	绘制系统的奈奎斯特图
bodeplot	绘制系统的伯德图(更多参数设置)
nyquistplot	绘制系统的奈奎斯特图(更多参数设置)
bodemag	绘制系统对数幅频特性曲线
margin	计算相角裕度、增益裕度
freqresp(sys)	求取系统频率响应
bandwidth(sys)	求取系统带宽
getPeakGain	求取谐振峰值、谐振频率
getGainCrossover	求取系统穿越频率
logspace	生成对数分度向量
linspace	生成线性分度向量

例 21－1　已知系统开环传递函数为

$$G(s)H(s)=\frac{10}{s^2(s+1)(s+2)}$$

绘制其奈奎斯特图，并判断系统稳定性。

解　用下面的命令绘制其奈奎斯特图，结果如图 21-1 所示。

```
sys=tf([10], conv(conv([1 0 0], [1 1]), [1 2]));
nyquist(sys)
xlim([-3, 0.5]), ylim([-5, 5])
```

因为复平面右半部的开环极点数 $P=0$，且奈氏曲线顺时针包围(-1, j0)点 2 次，即 $N=-2$，则 $Z=P-N=2$，所以系统不稳定，有两个闭环极点在复平面右半部。

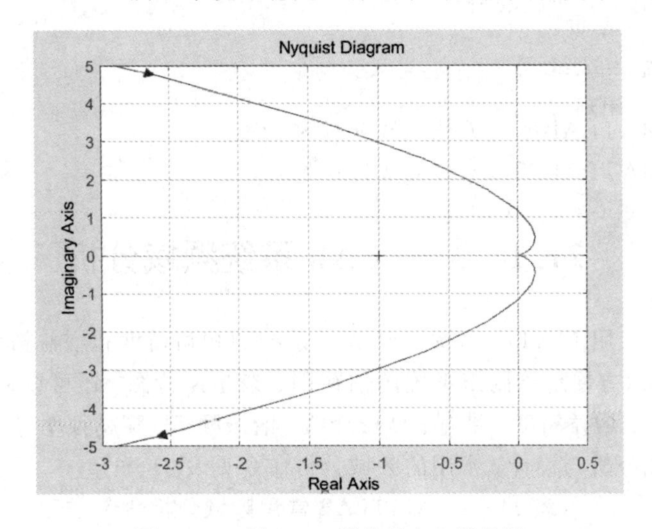

图 21-1　例 21-1 系统的奈奎斯特图

例 21-2　已知系统开环传递函数为

$$G(s)H(s)=\frac{20}{s^3+7s^2+10s}$$

绘制其奈奎斯特图、伯德图，判断系统稳定性，并求稳定裕度。

解　用下面的 MATLAB 命令完成上述要求，绘制结果如图 21-2 所示。

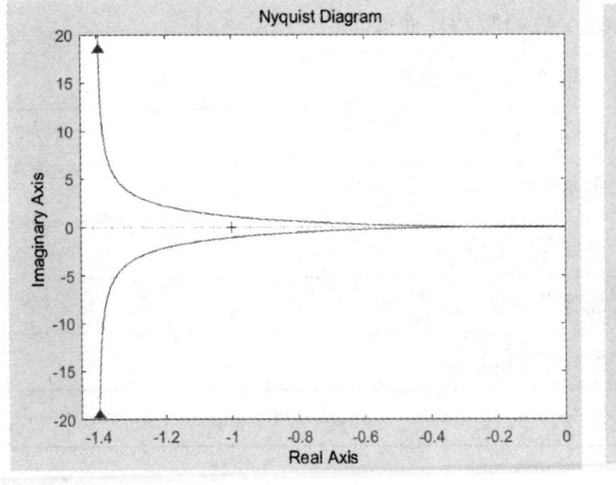

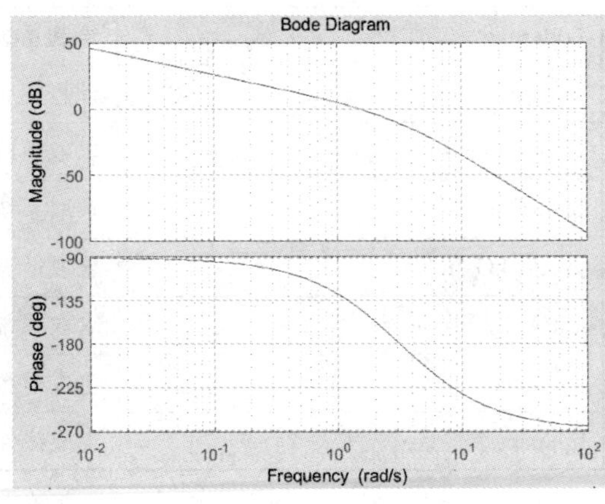

图 21-2　例 21-2 系统的奈奎斯特图和伯德图

```
sys=tf([20], [1 7 10 0]);
roots([1 7 10 0])%求开环极点，判断开环稳定性
w=logspace(-2, 2, 1000);    %设定伯德图绘制频率区间及间隔
figure(1); nyquist(sys), figure(2); bode(sys, w)
[Gm, Pm, Wc, Wg]=margin(sys), Gm_ dB=20log10(Gm)
%求增益裕度、相角裕度、穿越频率、截止频率
```

系统开环极点为 0，−2，−5，开环稳定。奈氏曲线没有包围(−1，j0)点，闭环系统稳定。增益裕度、相角裕度、穿越频率和截止频率分别为

$$G_m=3.5,\ P_m=35.78°,\ \omega_c=1.52,\ \omega_g=3.16,\ G_{m\_dB}=10.88\ \text{dB}$$

该系统的穿越频率也可以用如下命令得到

```
Wc=getGainCrossover(sys, 1)%系统幅频值 A(w)=1 处的频率
```

例 21-3　已知闭环二阶系统传递函数如下，求其带宽、谐振频率和谐振峰值。

$$\Phi(s)=\frac{100}{s^2+5s+100}$$

解　用下面的 MATLAB 命令完成上述计算，绘制结果如图 21-3 所示。

```
sys=tf([100], [1 5 100]); bode(sys)
Wb=bandwidth(sys)  %求带宽
[Mr, Wr] = getPeakGain(sys)  % 求谐振峰值和谐振频率
Mr_ dB=20 * log10(Mr)  % 求对数谐振峰值
```

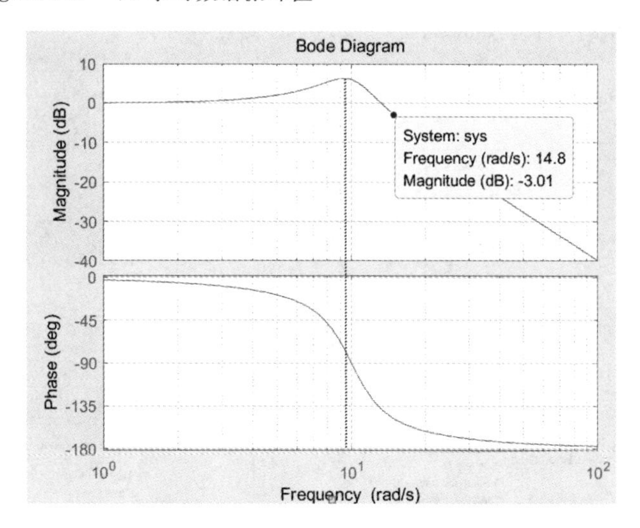

图 21-3　例 21-3 系统频率响应

系统带宽、谐振峰值和谐振频率分别为

$$\omega_b=14.84,\ M_r=2.06,\ \omega_r=9.32,\ M_{r\_dB}=6.30\ \text{dB}$$

21.2　MATLAB 系统频域设计

线性系统频域设计就是在给定系统性能指标和控制器结构的前提下，设计和选择合适的控制器参数，使得闭环系统性能满足要求。对高阶系统采用 MATLAB 辅助计算，可以

非常方便的进行设计。下面通过两个实例来看如何进行频域设计。

例 21－4　雕刻机 x 轴方向驱动电机位置控制系统开环模型为

$$G(s)=\frac{K}{s(s+1)(s+2)}$$

为使得雕刻机快速平稳地运行，用频域设计方法选择控制器增益值，使得闭环系统带宽尽可能大，谐振峰值 $M_r<1.2$。

解　首先绘制系统根轨迹，从图 21－4 中可知，当 $0.39<K<5.82$ 时，闭环系统有一对稳定的主导极点，可将该三阶系统近似为二阶系统。

$$\Phi(s)=\frac{\omega_n^2}{s^2+2\zeta\omega_n s+\omega_n^2}$$

随堂练　求该系统根轨迹的分离点、与虚轴的交点以及对应的增益 K。

二阶系统带宽与自然振荡频率 ω_n 成正比，且为阻尼比 ζ 的减函数，谐振峰值与阻尼比 ζ 的关系满足式(20－8)，当 $\zeta<0.707$ 时，也是阻尼比 ζ 的减函数。为满足谐振峰值 $M_r<1.2$，可取 $\zeta=0.5$，此时对应的 $M_r=1.155$。

从系统根轨迹图 21－4 上点选与 $\zeta=0.5$ 处的交点，可得

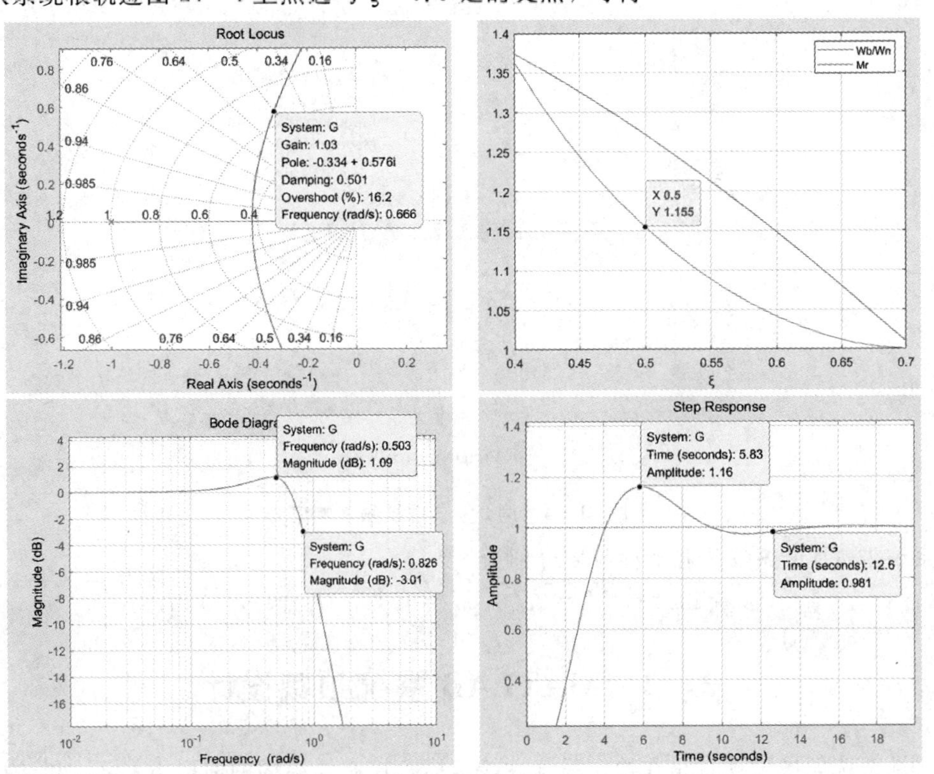

图 21－4　例 21－4 系统频率分析设计

$$K=1.03,\ s_{1,2}=-0.334\pm j0.576,\ \sigma=16.2\%$$

此时，系统近似为

$$\Phi(s)=\frac{\omega_n^2}{s^2+2\zeta\omega_n s+\omega_n^2}=\frac{0.443}{s^2+0.668s+0.443}$$

做原闭环三阶系统的对数幅频特性，可得

$$\omega_b=0.826,\ \omega_r=0.503,\ 20\lg M_r=1.09,\ M_r=1.134$$

做原闭环三阶系统的阶跃响应，可得

$$t_p=5.83,\ \sigma=16\%,\ t_s=12.6\ (\Delta=2\%)$$

设计中采用的 MATLAB 命令如下：

```
G=tf([1], [1 3 2 0]); figure(3); rlocus(G); grid; %绘制根轨迹
i=1; for kesi=0.4: 0.02: 0.7
    a=1-2*kesi*kesi; Wb(i)=sqrt(a+sqrt(a*a+1));
    Mr(i)=1/(2*kesi*sqrt(1-kesi*kesi));
    K(i)=kesi; i=i+1;
end
figure(2); plot(K, Wb); hold on; %绘制带宽与阻尼比关系
plot(K, Mr); xlim([0.4 0.7]); grid; %绘制谐振峰值与阻尼比关系
k=1.03; G=tf([k], [1 3 2 k]);
figure(3); bodemag(G); grid; %绘制原闭环三阶系统的对数幅频特性
figure(4); step(G); grid%绘制原闭环三阶系统的阶跃响应
```

思考题　例 21-4 中，当 $K=1.03$ 时，为什么可以将原三阶系统近似为二阶系统？求当 $K=1.03$ 时系统的第三个闭环特征根的值。

例 21-5　空间站机械手臂控制系统如图 21-5 所示，其中，控制器、执行机构、反馈回路传递函数分别为

$$G_1(s)=\frac{K(\tau s+1)}{0.1s+1},\ G_2(s)=\frac{1}{s(0.5s+1)},\ H(s)=1$$

为使得机械手臂控制系统快速平稳地运行，用频域设计方法确定控制器增益 K 和时间常数 τ，使得闭环系统谐振峰值 $M_r<1.3$，并确定相应的带宽。

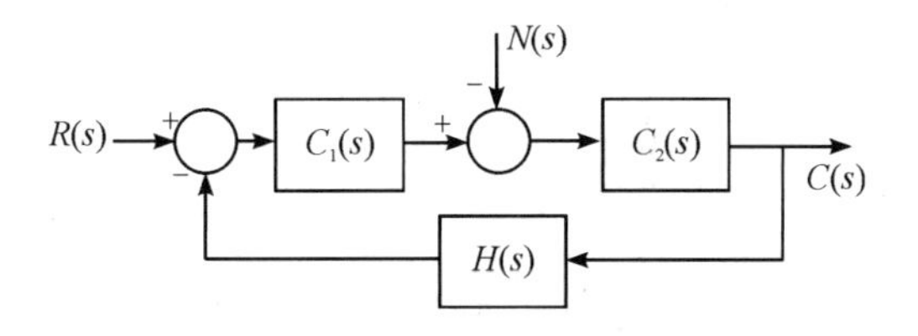

图 21-5　例 21-5 系统结构图

拓展阅读

解　该系统闭环为三阶系统，首先考虑将该系统近似为具有一对稳定共轭主导极点的二阶系统，为此令 $\tau=0.11$，绘制该系统根轨迹，从图中可知，当 $K>0.5$ 时，闭环系统有一对稳定的共轭主导极点，可将该三阶系统近似为二阶系统。

$$\Phi(s)=\frac{\omega_n^2}{s^2+2\zeta\omega_n s+\omega_n^2}$$

随堂练 求该系统根轨迹的分离点以及对应的增益 K。

二阶系统带宽与自然振荡频率 ω_n 成正比，且为阻尼比 ζ 的减函数，谐振峰值与阻尼比 ζ 的关系满足式(20－8)，当 $\zeta<0.707$ 时，也是阻尼比 ζ 的减函数。为满足谐振峰值 $M_r<1.3$，可取 $\zeta=0.45$，此时对应的 $M_r=1.26$。

从系统根轨迹图 21－6 上点选与 $\zeta=0.45$ 处的交点，可得

$$K=0.58,\ s_{1,2}=-1.03\pm j2.03,\ \sigma=20.2\%$$

此时，系统近似为

$$\Phi(s)=\frac{\omega_n^2}{s^2+2\zeta\omega_n s+\omega_n^2}=\frac{5.18}{s^2+2.06s+5.18}$$

做原闭环三阶系统的对数幅频特性，可得

$$\omega_b=3.03,\ \omega_r=1.78,\ 20\lg M_r=1.87,\ M_r=1.24$$

做原闭环三阶系统的阶跃响应，可得

$$t_p=1.55,\ \sigma=20\%,\ t_s=3.65\ (\Delta=2\%)$$

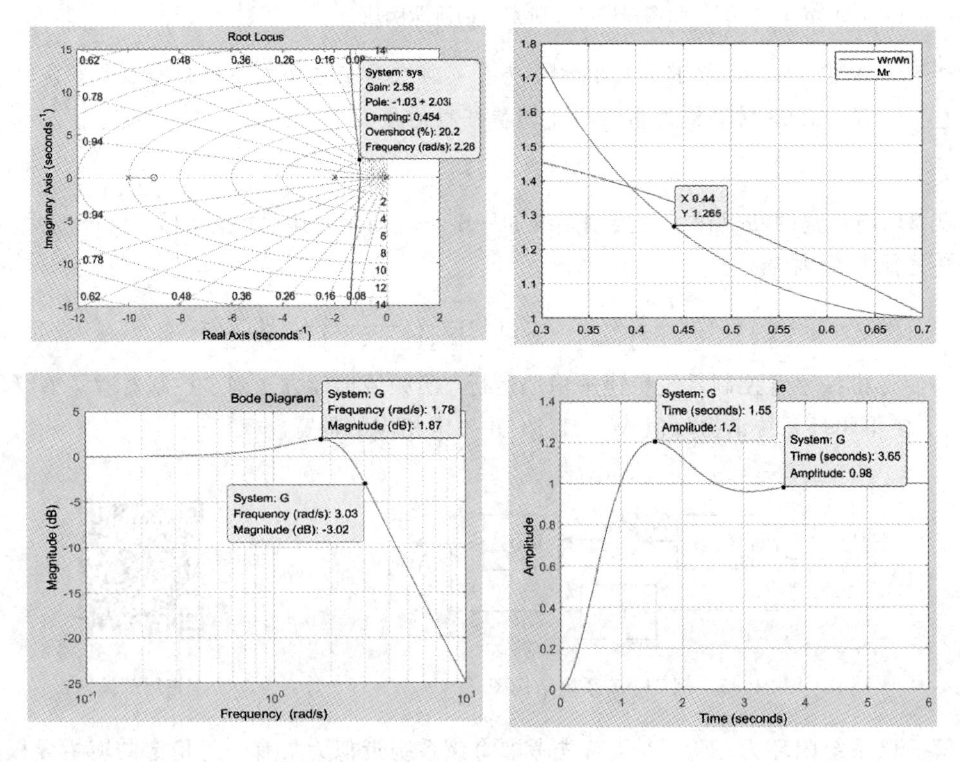

图 21－6　例 21－5 系统频率分析设计

设计中采用的 MATLAB 命令如下：

```
a=9; sys=tf([1/a 1], conv(conv([1 0], [0.5 1]), [0.1 1]));
figure(1); rlocus(sys) %绘制根轨迹
i=1; for kesi=0.3: 0.02: 0.7
    a=1-2 * kesi * kesi; Wb(i)=sqrt(a+sqrt(a * a+1));
    Mr(i)=1/(2 * kesi * sqrt(1-kesi * kesi));
    K(i)=kesi; i=i+1;
end
figure(2); plot(K, Wb); hold on; %绘制带宽与阻尼比关系
plot(K, Mr); xlim([0.3 0.7]); grid; %绘制谐振峰值与阻尼比关系
k=0.58; w=logspace(-1, 1, 1000);
G=feedback(k * sys, 1)
figure(3); bodemag(G); grid; %绘制原闭环三阶系统的对数幅频特性
figure(4); step(G); grid %绘制原闭环三阶系统的阶跃响应
```

思考题 在例 21-5 中，为将该系统近似为具有一对稳定共轭主导极点的二阶系统，选择了 $\tau=0.11$，为什么？是否可以选取其他值？

随堂练 绘制 $K=0.58$，$\tau=0.11$ 时开环系统的伯德图，求其截止频率和稳定裕度。

单元作业

在例 21-5 中，令 $\tau=0.125$，重新设计控制器增益 K 的值。

第22讲 校正的概念及基本控制规律

学习内容

(1) 校正基本概念。

(2) 常用性能指标。

(3) 几种校正方式。

(4) 基本控制规律。

学习目标

(1) 了解校正的基本概念。

(2) 熟悉常用的性能指标。

(3) 熟悉几种校正方式的结构。

(4) 掌握PID控制器特性及其实现方式。

在前面几章里，我们讨论了控制系统的两种工程分析方法：时间域方法和频率域方法。利用这些方法我们能够在系统结构和参数已确定的条件下，计算或估算出系统的性能。这类问题是系统的分析问题。但在工程实际中常常提出相反的要求：被控对象是已知的，性能指标是预先给定的，要求设计控制器的结构和参数，使控制器和被控对象组成一个性能满足要求的系统。

22.1 系统的设计和校正

根据被控对象及给定的技术指标要求设计自动控制系统，需要进行大量的分析计算。设计中需要考虑的问题是多方面的。既要保证所设计的系统有良好的性能，满足给定技术指标的要求，又要便于加工，经济性好，可靠性高。

当被控对象给定后，按照被控对象的工作条件、被控信号应具有的最大速度和加速度等要求，可以初步选定执行元件的形式、特性和参数。然后，根据测量精度、抗扰能力、被测信号的物理性质、测量过程中的惯性及非线性度等因素，选择合适的测量变送元件。在此基础上，设计增益可调的前置放大器与功率放大器。这些初步选定的元件以及被控对象，构成系统中的不可变部分。

控制系统的设计，是将构成控制器的各元件与被控对象适当组合起来，使之满足表征控制精度、阻尼程度和响应速度的性能指标要求。如果通过调整放大器增益后仍然不能全面满足设计要求的性能指标，就需要在系统中增加一些参数及特性,可按需要改变的校正装置，使系统性能全面满足设计要求。这就是控制系统设计中的校正问题。

性能指标通常由使用单位或者被控对象的设计制造单位提出，不同的控制系统对性能指标的要求有不同的侧重点。例如，调速系统对平稳性和稳态精度要求高，而随动系统则侧重于快速性要求。性能指标的提出，还应当符合实际系统的需求和可能，而不是一味盲目的追求高指标。

评价控制系统优劣的性能指标一般是由系统在典型输入下输出响应的某些特征量来给出的。常用的时域指标主要有：峰值时间、调节时间、超调量、阻尼比、稳态误差等；常用的频域指标主要有：相角裕度、幅值裕度、剪切频率、谐振峰值、闭环带宽、静态误差系数等。

对二阶系统，很容易得到各指标的定量关系：

谐振峰值：

$$M_r = \frac{1}{2\zeta\sqrt{1-\zeta^2}}, \zeta \leqslant 0.707 \tag{22-1}$$

谐振频率：

$$\omega_r = \omega_n\sqrt{1-2\zeta^2}, \zeta \leqslant 0.707 \tag{22-2}$$

带宽频率：

$$\omega_b = \omega_n\sqrt{1-2\zeta^2+\sqrt{2-4\zeta^2+4\zeta^4}} \tag{22-3}$$

截止频率：

$$\omega_c = \omega_n\sqrt{\sqrt{1+4\zeta^4}-2\zeta^2} \tag{22-4}$$

相角裕度：

$$\gamma = \arctan\frac{2\zeta}{\sqrt{\sqrt{1+4\zeta^4}-2\zeta^2}} \tag{22-5}$$

超调量：

$$\sigma\% = e^{-\zeta\pi/\sqrt{1-\zeta^2}} \times 100\% \tag{22-6}$$

调节时间：

$$t_s \approx \frac{3}{\zeta\omega_n}\ (\Delta=5\%),\ t_s \approx \frac{4}{\zeta\omega_n}\ (\Delta=2\%) \tag{22-7}$$

对高阶系统，很难有准确的定量关系来刻画上述指标，但只要考虑得当，这些近似关系依然可用来指导高阶系统的设计。

在控制系统设计中，一般根据性能指标选取设计方法。给定时域性能指标采用时域法校正，给定频域指标则采用频域法校正。性能指标中的带宽频率 ω_b 是一项重要的技术指标。无论采用哪种校正方式，都要求校正后的系统既能以所需精度跟踪输入信号，又能抑制噪声扰动信号。在控制系统实际运行中，输入信号一般是低频信号，而噪声信号则一般是高频信号。显然，为了使系统能够准确复现输入信号，要求系统具有较大的带宽；然而从抑制噪声角度来看，又不希望系统的带宽过大。合理选择控制系统的带宽，在系统设计中是一个很重要的问题。通常取带宽为输入信号带宽的 5～10 倍，且处于噪声信号频谱之外。

校正装置接入系统的形式主要有两种：一种是校正装置与被校正对象相串联，如图 22－1(a)所示。这种校正方式称为串联校正；另一种是从被校正对象引出反馈信号，与被校正对象或其一部分构成局部反馈回路，并在局部反馈回路内设置校正装置。这种校正方式称为局部反馈校正或并联校正，如图 22－1(b)所示。为提高性能，也常采用如图 22－1(c)所示的串联反馈校正。图 22－1(d)所示的称为前馈补偿或前馈校正。在此，反馈控制与前馈控制并用，所以也称为复合控制系统。

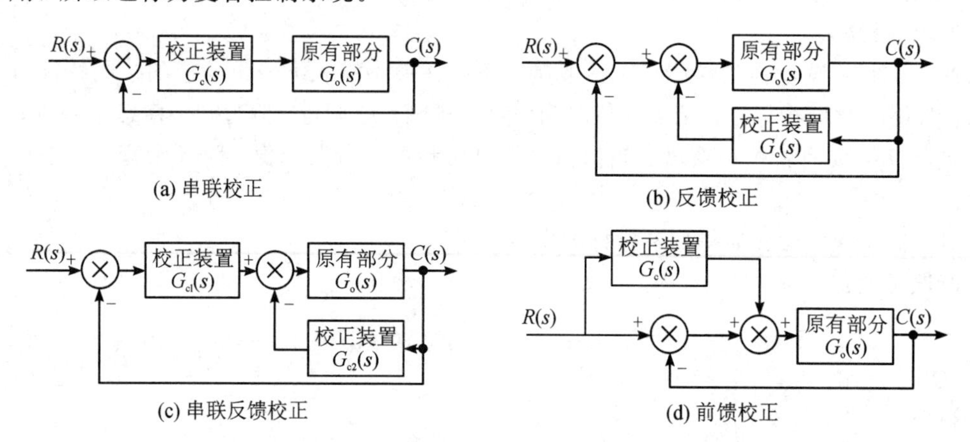

图 22-1　校正装置在控制系统中的位置

选择何种校正装置，主要取决于系统结构的特点，采用的元件、信号的性质、经济条件及设计者的经验等。一般说来，串联校正简单，较易实现。目前多采用有源校正网络构成串联校正装置。串联校正装置常设于系统前向通道的能量较低的部位，以减少功率损耗。反馈校正的信号是从高功率点传向低功率点，故通常不需采用有源元件。采用反馈校正还可以改造被反馈包围的环节的特性，抑制这些环节参数波动或非线性因素对系统性能的不良影响。复合控制则对于既要求稳态误差小，同时又要求暂态响应平稳快速的系统尤为适用。

综上所述，控制系统的校正不会像系统分析那样只有单一答案，也就是说，能够满足性能指标的校正方案不是唯一的。在进行校正时还应注意，性能指标不是越高越好，因为性能指标太高会提高成本。另外当所要求的各项指标发生矛盾时，需要折中处理。

22.2　系统的基本控制规律

线性系统的运动过程可由微分方程描述，微分方程的解就是系统的响应，欲使系统响应具有所需的性能，可以通过附加校正装置去改变描述系统运动过程的微分方程。

如果校正装置的输出与输入之间是一个简单的但能按需要调节的比例常数关系，则这种控制作用通常称为比例控制。选取不同的比例常数值，就能改变系统微分方程的相应项的系数，于是系统的零、极点分布随之相应地变化，从而达到改变系统响应的目的。

比例控制对改变系统零、极点分布的作用是很有限的，仅依靠比例控制往往不能使系统获得所需的性能。为了更大程度地改变描述系统运动过程的微分方程，以使系统具有所要求的暂态和稳态性能，一个线性连续系统的校正装置应该能够实现其输出是输入对时间的微分或积分，这就是微分控制或积分控制。

比例(P)、微分(D)和积分(I)控制常称为线性系统的基本控制规律，应用这些基本控制规律的某些组合，如比例-微分、比例-积分、比例-积分-微分等组合控制规律，可以实现对被控对象的有效控制，如图 22-2 所示。线性连续系统的校正装置能简单地看成是包含加法器(相加或相减)、放大器、衰减器、微分器或积分器等部件的一个装置。设计者的任务是恰当地组合这些部件，确定连接方式以及它们的参数。

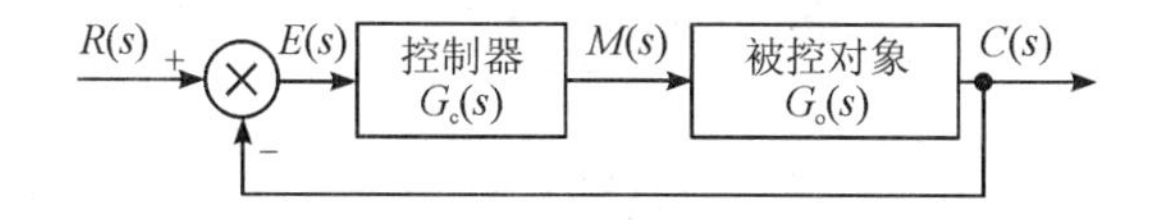

图 22－2　控制系统结构图

1. 比例(P)控制规律

具有比例控制规律的控制器，称为比例(P)控制器。则图 22－2 中的控制器满足

$$G_c(s)=\frac{M(s)}{E(s)}=K_p,\ m(t)=K_p e(t) \tag{22-8}$$

式中，K_p 称为比例控制器增益。

比例控制器实质上是一个具有可调增益的放大器。在信号变换过程中，比例控制器只改变信号的增益而不影响其相位。在串联校正中，加大控制器增益，可以提高系统的开环增益，减小系统的稳态误差，从而提高系统的控制精度，但会降低系统的相对稳定性，甚至可能造成闭环系统稳定。因此，在系统校正设计中，很少单独使用比例控制规律。

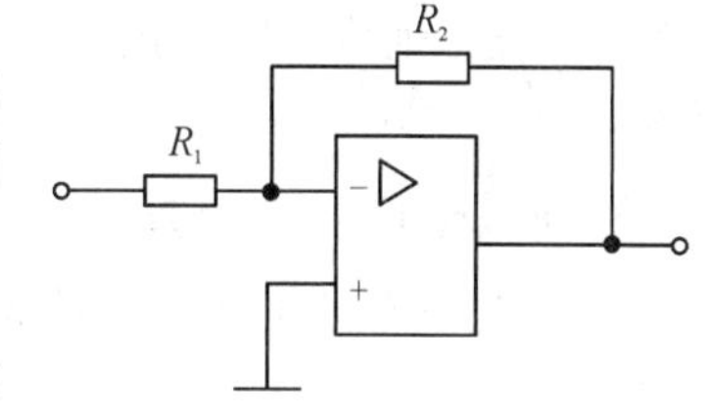

图 22－3　比例控制有源实现

图 22－3 为比例控制的有源实现，$K_p=-\frac{R_2}{R_1}$，可在运算放大器输出端增加反相器，改变比例控制器增益的符号。

2. 比例-微分(PD)控制规律

具有比例-微分控制规律的控制器，称为比例-微分(PD)控制器。则图 22－2 中的控制器满足

$$G_c(s)=\frac{M(s)}{E(s)}=K_p(1+T_d s),\ m(t)=K_p e(t)+K_p T_d\frac{\mathrm{d}e(t)}{\mathrm{d}t} \tag{22-9}$$

式中，K_p 为比例系数，T_d 为微分时间常数，两者都是可调参数。

PD 控制器中的微分控制规律，能反应输入信号的变化趋势，产生有效的早期修正信号，以增加系统的阻尼程度，从而改善系统的稳定性。在串联校正中，可使系统增加一个 $-1/T_d$ 的开环零点，使系统的相角裕度增加，因而有助于系统动态性能的改善。

例 22－1　设比例-微分控制系统如图 22－4 所示，试分析 PD 控制器对系统性能的影响。

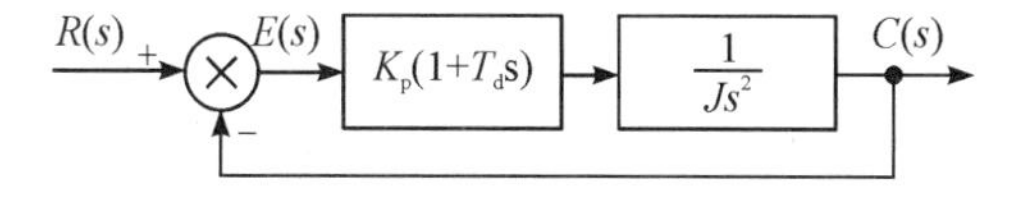

图 22－4　(PD)控制系统

解　无 PD 控制器时，系统的特征方程为

$$Js^2+1=0$$

显然，系统的阻尼比等于零，系统处于临界稳定状态，即实际上的不稳定状态。接入 PD 控制器后，系统的特征方程为

$$Js^2+K_pT_ds+K_p=0$$

其阻尼比为

$$\zeta=\frac{T_d}{2}\sqrt{\frac{K_p}{J}}>0$$

PD控制器提高了系统的阻尼程度，因此闭环系统是稳定的。

图 22-5 为比例-微分控制的有源实现，$K_p=-\frac{R_2+R_3}{R_1}$，$K_d=\frac{R_2R_3}{R_2+R_3}C$，可在运算放大器输出端增加反相器，改变比例系数的符号。

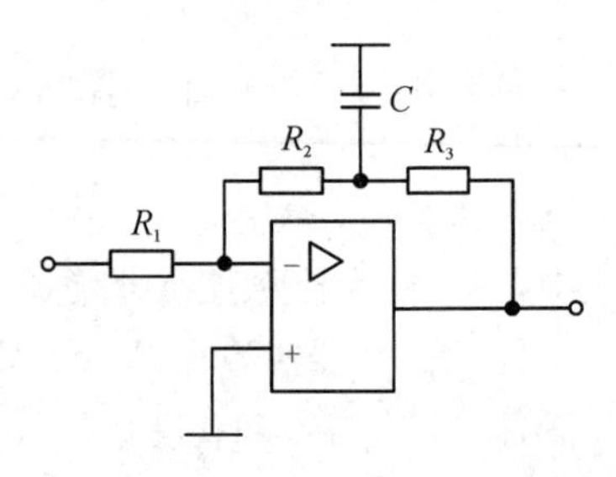

图 22-5 比例-微分控制有源实现

需要注意的是，因为微分控制作用只对动态过程起作用，而对稳态过程没有影响，且对系统噪声非常敏感，所以单一的微分控制器在任何情况下都不宜与被控对象串联起来单独使用。通常，微分控制规律总是与比例控制规律或比例—积分控制规律结合起来，构成组合的PD或PID控制器，应用于实际的控制系统。

3. 积分(Ⅰ)控制规律

具有积分控制规律的控制器，称为积分(Ⅰ)控制器。则图 22-2 中的控制器满足

$$G_c(s)=\frac{M(s)}{E(s)}=\frac{1}{T_is},\ m(t)=\frac{1}{T_i}\int_0^t e(t)\mathrm{d}t \tag{22-10}$$

式中，T_i 为积分时间常数，可调。由于积分控制器的积分作用，当输入信号消失后，输出信号有可能是一个不为零的常量。

在串联校正时，采用积分控制器可以提高系统的型别(Ⅰ型系统，Ⅱ型系统等)，有利于系统稳态性能的提高，但积分控制使系统增加了一个位于原点的开环极点，使信号产生90°的相角滞后，对系统的稳定性不利。因此，在控制系统的校正设计中，通常不宜采用单一的积分控制器。

图 22-6 为积分控制的有源实现，$T_i=R_1C$，可在运算放大器输出端增加反相器，改变传递函数的符号。

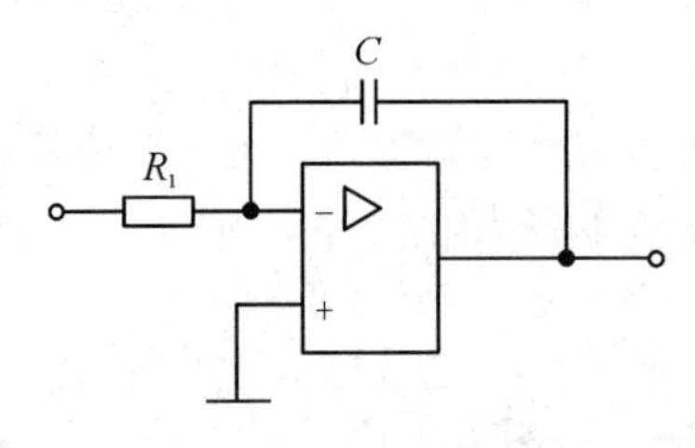

图 22-6 积分控制的有源实现

随堂练 求图 22-6 电路的输入输出微分方程和传递函数。

4. 比例-积分 PI 控制规律

具有比例-积分控制规律的控制器，称为比例-积分 PI 控制器。则图 22-2 中的控制器满足

$$G_c(s)=\frac{M(s)}{E(s)}=K_p\left(1+\frac{1}{T_is}\right),\ m(t)=K_pe(t)+\frac{K_p}{T_i}\int_0^t e(t)\mathrm{d}t \qquad (22-11)$$

式中，K_p 为比例系数，T_i 为积分时间常数，二者均可调。

在串联校正中，PI 控制器相当于在系统中增加一个位于原点的开环极点，同时也增加了一个位于 s 左半平面的开环零点。增加的极点可以提高系统的型别，以消除或减小系统的稳态误差，改善系统稳态性能；而增加的负实零点则用来减小系统的阻尼程度，缓和 PI 控制器极点对系统稳定性及动态过程产生的不利影响。只要积分时间常数 T_i 足够大，PI 控制器对系统稳定性的不利影响可大大减弱。在实际控制系统中，PI 控制器主要用来改善系统稳态性能。

图 22-7 为比例-积分控制的有源实现，$K_p=R_2/R_1$，$T_i=R_2C$，可在运算放大器输出端增加反相器，改变传递函数的符号。

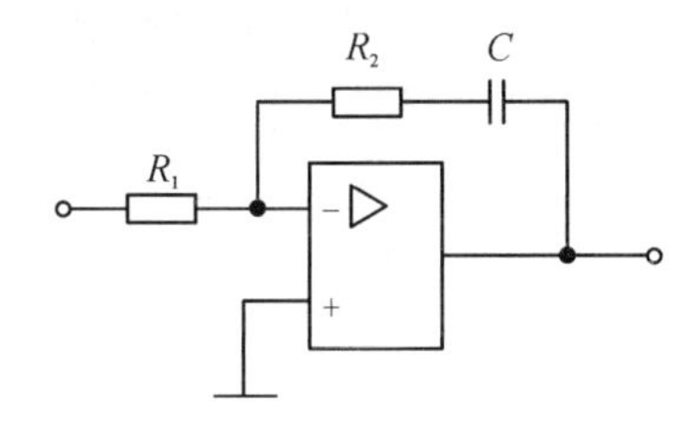

图 22-7　比例-积分控制有源实现

例 22-2　设比例-积分控制系统如图 22-8 所示，试分析 PI 控制器对系统稳态性能的改善作用。

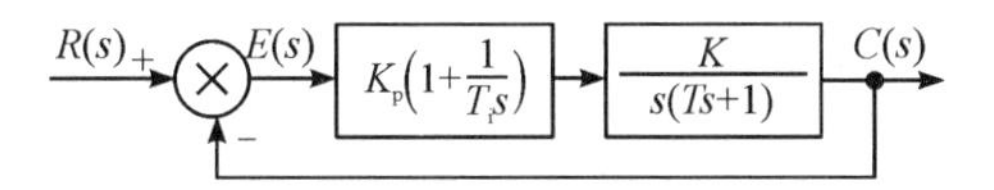

图 22-8　比例-积分控制系统

解　接入 PI 控制器后，系统的开环传递函数为

$$G(s)=\frac{KK_p(T_is+1)}{T_is^2(Ts+1)}$$

可见，系统由原来的Ⅰ型系统提高到Ⅱ型系统。若系统的输入信号为单位斜坡函数，则无 PI 控制器时，系统的稳态误差为 $1/K$；接入 PI 控制器后，稳态误差为零。表明Ⅰ型系统采用 PI 控制器后，可以消除系统对斜坡输入信号的稳态误差，控制准确度大为改善。

采用 PI 控制器后，系统的特征方程为

$$TT_is^3+T_is^2+KK_pT_is+KK_p=0$$

其中，参数 T，T_i，K，K_p 都是正数。由劳斯判据可知，只要

$$T_i\cdot KK_pT_i>TT_i\cdot KK_p$$

即 $T_i>T$，也就是调整 PI 控制器的积分时间常数 T_i，使其大于被控对象时间常数 T，就可以保证闭环系统的稳定性。

5. 比例-积分-微分 PID 控制规律

具有比例-积分-微分控制规律的控制器，称为比例-积分-微分 PID 控制器。则图22-2中的控制器满足

$$G_c(s)=\frac{M(s)}{E(s)}=K_p\left(1+\frac{1}{T_i s}+T_d s\right)=\frac{K_p}{T_i}\cdot\frac{T_iT_ds^2+T_is+1}{s},$$
$$m(t)=K_pe(t)+\frac{K_p}{T_i}\int_0^t e(t)\mathrm{d}t+K_pT_d\frac{\mathrm{d}e(t)}{\mathrm{d}t} \qquad (22-12)$$

式中，K_p 为比例系数，T_i 为积分时间常数，T_d 为微分时间常数，三者均可调。

若 $4T_d/T_i<1$，则有

$$G_c(s)=\frac{K_p}{T_i}\cdot\frac{(T_1s+1)(T_2s+1)}{s}$$

其中

$$T_1=\frac{T_i}{2}\left(1+\sqrt{1-\frac{4T_d}{T_i}}\right),\ T_2=\frac{T_i}{2}\left(1-\sqrt{1-\frac{4T_d}{T_i}}\right)$$

可见，当利用 PID 控制器进行串联校正时，除可使系统的型别提高一级外，还将提供两个负实零点。与 PI 控制器相比，PID 控制器除了同样具有提高系统的稳态性能的优点外，还多提供一个负实零点，从而在提高系统的动态性能方面，具有更大的优越性。因此，在工业过程控制系统中，PID 控制器应用广泛。

随堂练 图 22-9 为比例-积分-微分控制的有源实现，求其传递函数。

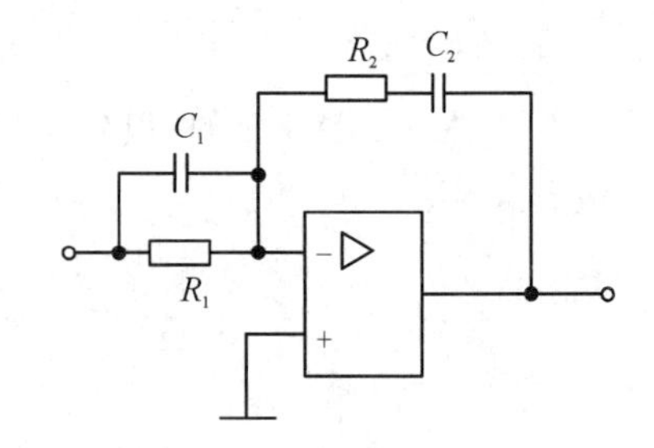

图 22-9　比例-积分-微分控制有源实现

6. PID 控制参数的工程整定方法

PID 控制器各部分参数的选择，一般在工业过程现场调试最后确定。下面介绍常用的参数整定方法。

1) 临界比例法

临界比例法适用于具有自平衡型的被控对象。首先，将控制器设置为比例 P 控制器，形成闭环，其次，改变比例系数，使得系统对阶跃输入的响应达到临界振荡状态(临界稳定)。将这时的比例系数记为 K_r，振荡周期记为 T_r。由这两个基准参数得到不同类型控制器的调节参数，见表 22-1。

表 22－1　临界比例法确定 PID 控制器参数

控制器类型	K_p/K_r	T_i/T_r	T_d/T_r
P	0.5	—	—
PI	0.45	0.85	—
PID	0.6	0.5	0.12

2）响应曲线法

根据对象动态响应曲线，将其近似等效为带纯滞后时间的效惯性环节，估计出其等效纯滞后时间 τ、等效惯性时间常数 T 以及广义对象的放大系数 K。表 22－2 给出了(PID)控制器参数 K_p，T_i，T_d 与 K，T，τ 之间的关系。

表 22－2　响应曲线法确定的 PID 控制器参数

控制器类型	$K_p/[T/(K\tau)]$	T_i/τ	T_d/τ
P	1	—	—
PI	0.91	3.3	—
PID	1.18	2	0.5

3）试凑法

在进行参数试凑时，根据前述 PID 参数对控制过程的作用影响，对参数实行先比例、后积分再微分的整定步骤。具体步骤如下：

(1) 首先只整定比例部分。先将积分和微分环节设为 0，逐渐加大比例系数，观察系统的响应，直到得到反应快、超调小的响应曲线。如果系统没有静差或静差很小已小到允许的范围内，且响应曲线已属满意，则只须用比例控制器即可，最优比例系数可由此确定。

(2) 如果在比例控制的基础上系统的静差不能满足设计要求，则须加入积分环节。同样积分作用先选小，然后逐渐加大，使在保持系统良好动态性能的情况下，静差得到消除，得到较满意的响应曲线。在此过程中，可根据响应曲线的好坏反复改变比例系数与积分系数，以期得到满意的控制过程与整定参数。

(3) 若使用比例积分控制器消除了静差，但动态过程经反复调整仍不能满意，则可加入微分环节，构成比例积分微分控制器。这时可以加大微分作用以提高响应速度，减少超调，但对于干扰较敏感的系统，则要谨慎，加大微分可能反而加大系统的超调量。在整定时需要相应地改变比例系数和积分系数，逐步试凑，以获得满意的调节效果和控制参数。

例 22－3　控制系统如图 22－10，设计 PID 参数，使得闭环系统单位阶跃响应超调量 $<10\%$，过渡过程时间 <1 s，稳态误差为 0。

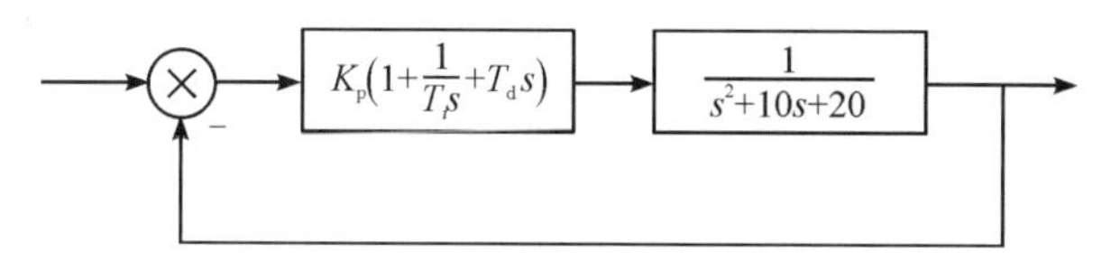

图 22－10　例 22－3 控制系统结构图

解　为使得稳态误差为 0，需使用 PI 或者 PID 控制器。系统闭环传递函数为

$$\frac{C(s)}{R(s)}=\frac{K_{\mathrm{p}}T_{\mathrm{d}}s^{2}+K_{\mathrm{p}}s+K_{\mathrm{p}}/T_{i}}{s^{3}+(K_{\mathrm{p}}T_{\mathrm{d}}+10)s^{2}+(K_{\mathrm{p}}+20)s+K_{\mathrm{p}}/T_{i}}$$

编写如下 MATLAB 程序，采用试凑法整定 PID 参数，整定过程如图 22 - 11 所示。

```
Kp=10; Ti=0.2; Td=0;
num=[Kp * Td Kp Kp/Ti];
den=[1 Kp * Td+10 Kp+20 Kp/Ti];
sys=tf(num, den );
step(sys)
```

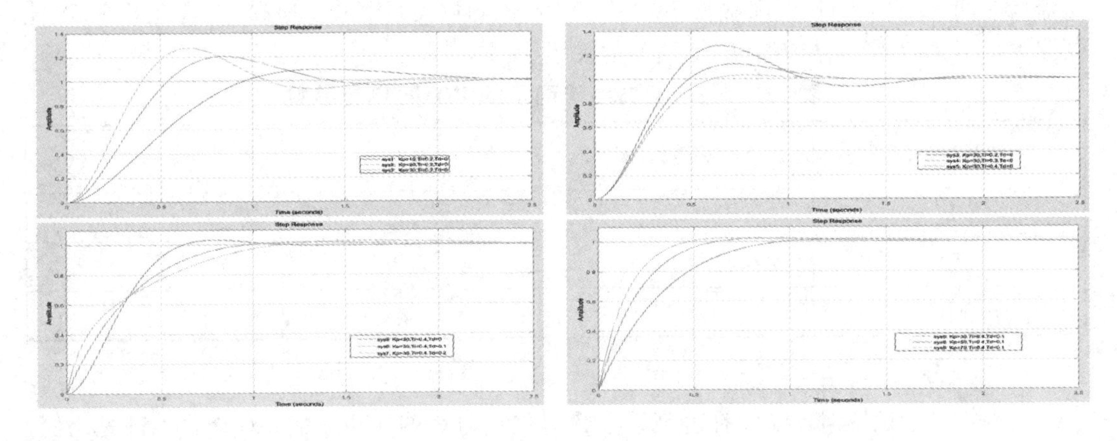

图 22 - 11　试凑法整定 PID 参数

思考题　从频域的角度看，PID 控制器是如何对系统产生作用的？

单元作业

系统开环传递函数为 $G_{\mathrm{O}}(s)=\frac{1}{(s+1)(0.5s+1)}$，用试凑法整定 PID 参数，使得超调量 $<5\%$，过渡过程时间 <6 s。

第 23 讲　串 联 校 正

学习内容

（1）串联校正基本思想。

（2）串联相位超前校正。

（3）串联相位滞后校正。

（4）串联相位滞后—超前校正。

学习目标

精讲视频

（1）了解频域串联校正的基本思想。

（2）熟悉串联相位超前校正特性及方法。

（3）熟悉串联相位滞后校正特性及方法。

（4）解串联相位滞后—超前校正。

利用频率特性设计系统的校正装置是一种比较简单实用的方法，在频域中设计校正装置实质是一种配置系统滤波特性的方法。设计依据的指标不是时域参量，而是频域参量，如相角裕度或谐振峰值；闭环系统带宽或开环对数幅频特性的剪切频率；以及系统的开环增益。

在频域内进行系统设计，是一种间接设计方法，因为设计结果满足的是一些频域指标，而不是时域指标。然而，这又是一种简便的方法。频域法设计校正装置主要是通过伯德图进行的。在伯德图上虽然不能严格定量地给出系统的动态性能，但却能方便地根据频域指标确定校正装置的参数，特别是对已校正系统的高频特性有要求时，采用频域法校正较其他方法更为方便。频域设计的这种简便性，是与开环系统的频率特性和闭环系统的时间响应有关。

一般地说，开环频率特性的低频段表征了闭环系统的稳态性能；开环频率特性的中频段表征了闭环系统的动态性能；开环频率特性的高频段表征了闭环系统的复杂性和噪声抑制能力。

因此，用频域法设计控制系统的实质，就是在系统中加入频率特性形状合适的校正装置，使开环系统频率特性形状变成所期望的形状：低频段增益充分大，以保证稳态误差要求；中频段对数幅频特性斜率一般为－20 dB/dec，并占据充分宽的频带，以保证具备适当的相角裕度；高频段增益尽快减小，以削弱噪声影响，若系统原有部分高频段已符合这种要求，则校正时可保持高频段形状不变，以简化校正装置的形式。

23.1　串联相位超前校正

相位超前校正装置可用如图 23－1 所示的电气网络实现，图 23－1(a)是由无源阻容元

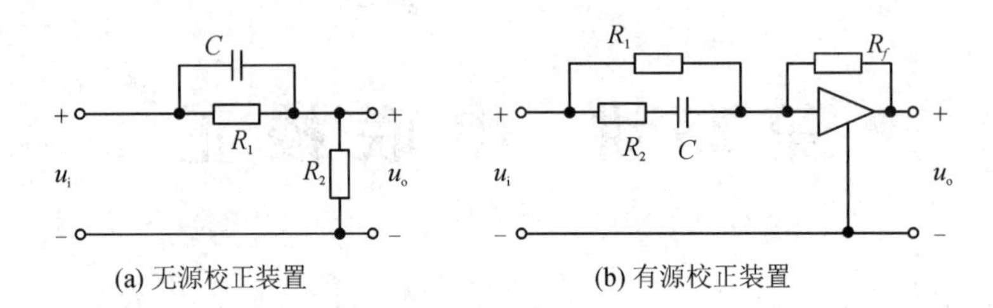

图 23-1　相位超前校正装置

件组成的。设此网络输入信号源的内阻为零，输出端的负载阻抗为无穷大，则此相位超前校正装置的传递函数是

$$G_c(s)=\frac{U_o(s)}{U_i(s)}=\frac{1}{a}\cdot\frac{1+aTs}{1+Ts} \tag{23-1}$$

式中 $a=(R_1+R_2)/R_2>1$，$T=R_1R_2C/(R_1+R_2)$。

对于图 23-1(b)的有源校正装置，其对应的传递函数为

$$G_c(s)=\frac{U_o(s)}{U_i(s)}=-K\cdot\frac{1+aTs}{1+Ts} \tag{23-2}$$

式中 $K=R_f/R_1$，$a=(R_1+R_2)/R_2>1$，$T=R_2C$。负号是因为采用了负反馈的运放，可以再串联一只反相放大器消除负号。

由式(23-1)和式(23-2)可知，在采用相位超前校正装置时，系统开环增益会有 a(或 $1/K$)倍的衰减，可用附加放大器予以补偿，补偿后，其频率特性为

$$G_c(j\omega)=\frac{1+jaT\omega}{1+jT\omega} \tag{23-3}$$

其伯德图如图 23-2 所示。其幅频特性具有正斜率段，相频特性具有正相移。正相移表明，校正网络在正弦信号作用下的正弦稳态输出信号，在相位上超前于输入信号，所以称为超前校正装置或超前网络。

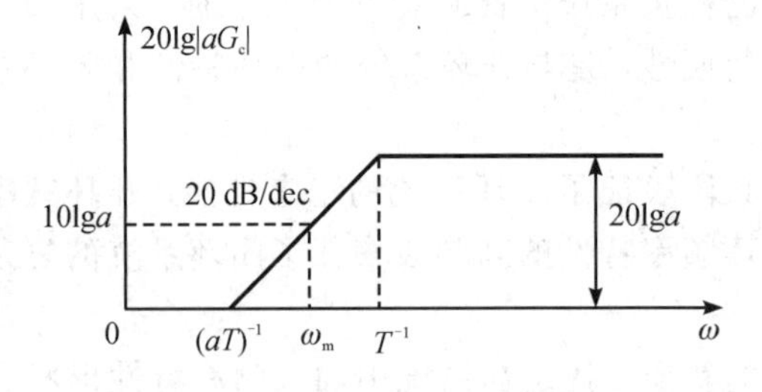

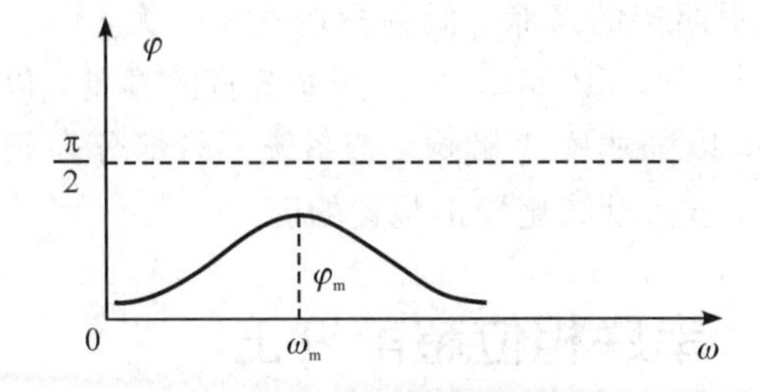

图 23-2　超前校正装置伯德图

精讲视频

其相角可用下式计算

$$\varphi(\omega)=\arctan\frac{(a-1)T\omega}{1+aT^2\omega^2} \tag{23-4}$$

利用 $\mathrm{d}\varphi/\mathrm{d}\omega=0$ 的条件，可以求出最大超前相角的频率为

$$\omega_m=\frac{1}{\sqrt{a}\,T} \tag{23-5}$$

上式表明，ω_m 是频率特性的两个交接频率的几何中心。将式(23-5)代入式(23-4)可得到

$$\varphi_m=\arctan\frac{a-1}{2\sqrt{a}}=\arcsin\frac{a-1}{a+1} \tag{23-6}$$

由上式可得

$$a=\frac{1+\sin\varphi_m}{1-\sin\varphi_m} \tag{23-7}$$

另外，容易看出在最大超前相角的频率 ω_m 处，有 $L(\omega_m)=10\lg\alpha$。校正装置的两个转折频率分别为

$$\omega_1=\frac{1}{aT}=\frac{\omega_m}{\sqrt{a}},\ \omega_2=\frac{1}{T}=\omega_m\sqrt{a} \tag{23-8}$$

在选择 a 的数值时，需要考虑系统的高频噪声。超前校正装置是一个高通滤波器，而噪声的一个重要特点是其频率要高于控制信号的频率，a 值过大对抑制系统噪声不利。为了保持较高的系统信噪比，一般实际中选用的 a 不大于 14，此时 $\varphi_m\approx60°$。超前校正的主要作用是产生超前角，可以用它部分地补偿被校正对象在截止频率 ω_c 附近的相角迟后，以提高系统的相角裕度，改善系统的动态性能。PD 控制器也是一种超前校正装置。

超前校正的基本原理是利用超前校正网络的相角超前特性去增大系统的相角裕度，以改善系统的暂态响应。因此在设计校正装置时应使最大的超前相位角尽可能出现在校正后系统的剪切频率 ω_c 处。超前校正原理如图 23-3 所示。

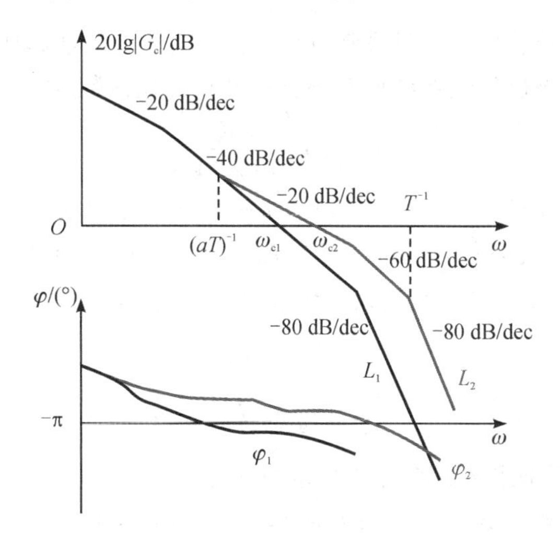

图 23-3 超前校正原理示意图

原系统分析：由 L_1，φ_1 曲线可知，在 $L_1>0$ 的范围内，φ_1 对 $-\pi$ 线有一次负穿越，原系统不稳定。

超前校正作用频段：在中频段串联加入超前校正，并使其转折频率原则上位于未校正系统剪切频率 ω_{c1} 的两侧，校正后的曲线为 L_2，φ_2。

校正前后频率特性变化：中频段渐近线斜率由－40 dB/dec 变为－20 dB/dec；剪切频率由 ω_{c1} 增大到 ω_{c2}；相角由 φ_1 明显上移到 φ_2。

校正后系统分析：经校正后系统不仅稳定，而且有一定稳定裕度，既改善了系统稳定性，又提高了系统快速性。但超前校正使系统高频段上移了 $20\lg a$ dB，削弱了系统抗高频干扰的能力。

用频率特性法设计串联超前校正装置的步骤大致如下：

(1) 根据给定的系统稳态性能指标，确定系统的开环增益 K。

(2) 绘制在确定的 K 值下系统的伯德图，并计算其相角裕度 γ_0。

(3) 根据给定的相角裕度 γ，计算所需要的相角超前量 φ_0

$$\varphi_0=\gamma-\gamma_0+\varepsilon$$

考虑到校正装置对剪切频率的影响而预留出的裕量，取 $\varepsilon=15°\sim20°$。

(4) 令超前校正装置的最大超前角 $\varphi_m=\varphi_0$，并计算校正网络系数 a 的值

$$a=\frac{1+\sin\varphi_m}{1-\sin\varphi_m}$$

如果 $\varphi_m\approx60°$，则应考虑采用有源校正装置或两级超前网络串联。

(5) 将校正网络在 ω_m 处的增益定为 $10\lg a$，同时确定未校正系统伯德曲线上增益为 $-10\lg a$ 处的频率即为校正后系统的剪切频率 ω_{cm}。

(6) 确定超前校正装置的交接频率

$$\omega_1=\frac{1}{aT}=\frac{\omega_m}{\sqrt{a}},\ \omega_2=\frac{1}{T}=\omega_m\sqrt{a}$$

(7) 画出校正后系统的伯德图，验算系统的相角稳定裕度。如不符要求，可增大 ε 值，并从第 3 步起重新计算。

(8) 校验其他性能指标，必要时重新设计参量，直到满足全部性能指标。

例 23-1　设Ⅰ型单位反馈系统原有部分的开环传递函数为

$$G_O(s)=\frac{K}{s(s+1)}$$

要求设计串联校正装置，使系统具有 $K=12$ 及 $\gamma_0=40°$的性能指标。

解　当 $K=12$ 时，未校正系统的伯德图如图 23-4 中的曲线 G_O，可以计算出其剪切频率 ω_{c1}。由于伯德曲线自 $\omega=1$ 开始以－40 dB/dec 的斜率与零分贝线相交于 ω_{c1}，故存在下述关系：

$$\frac{20\lg12-0}{\lg1-\lg\omega_{c1}}=-40$$

故 $\omega_{c1}=\sqrt{12}=3.46$。于是未校正系统的相角裕度为

$$\gamma_0=180°-90°-\arctan\omega_{c1}=90°-\arctan3.46=16.12°<40°$$

为使系统相角裕量满足要求，引入串联超前校正网络。在校正后系统剪切频率处的超前相角应为

$$\varphi_0=40°-16.12°+16.12°=40°=\varphi_m$$

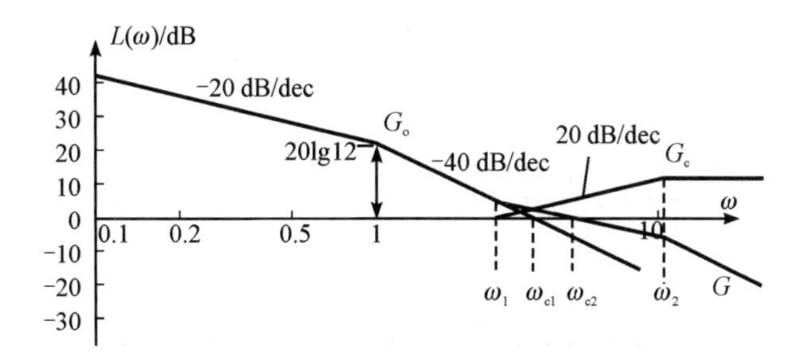

图 23-4　例 23-1 系统伯德图幅频特性

因此

$$a=\frac{1+\sin\varphi_{\mathrm{m}}}{1-\sin\varphi_{\mathrm{m}}}=4.6$$

在校正后系统剪切频率 ω_{c2} 处校正网络的增益应为 10lg4.60=6.63 dB。

根据前面计算 ω_{c1} 的原理，可以计算出未校正系统增益为−6.63 dB 处的频率即为校正后系统之剪切频率 ω_{c2}，即

$$\frac{0+6.63}{\lg\omega_{c1}-\lg\omega_{c2}}=-40,\ \omega_{c2}=5.07=\omega_{\mathrm{m}}$$

校正网络的两个交接频率分别为

$$\omega_1=\frac{\omega_{\mathrm{m}}}{\sqrt{a}}=\frac{5.07}{\sqrt{4.60}}=2.36,\ \omega_2=\omega_{\mathrm{m}}\sqrt{a}=5.07\sqrt{4.60}=10.87$$

为补偿超前校正网络衰减的开环增益，放大倍数需要再提高 $\alpha=4.60$ 倍。

经过超前校正，系统开环传递函数为

$$G(s)=G_c(s)G_o(s)=\frac{12(s/2.36+1)}{s(s+1)(s/10.87+1)}$$

其相角裕度为

$$\gamma_2=180°-90°+\arctan\frac{5.07}{2.36}-\arctan 5.07-\arctan\frac{5.07}{10.87}=51.19°>40°$$

思考题　在例 23-1 中，设计超前相角时，为什么取 $\varepsilon=16.12°$？实际验证相角裕度时，$\varepsilon=59.19°-40°=15.19°<16.12°$，为什么？

23.2　串联相位滞后校正

相位滞后校正装置可用如图 23-5 所示的电气网络实现，图 23-5(a)是由无源阻容元件组成的。设此网络输入信号源的内阻为零，输出端的负载阻抗为无穷大，则此相位滞后校正装置的传递函数是

$$G_c(s)=\frac{U_o(s)}{U_i(s)}=\frac{1+Ts}{1+bTs}\tag{23-9}$$

式中，$b=(R_1+R_2)/R_2>1$，$T=R_2C$。

对于图 23-5(b)的有源校正装置，其对应的传递函数为

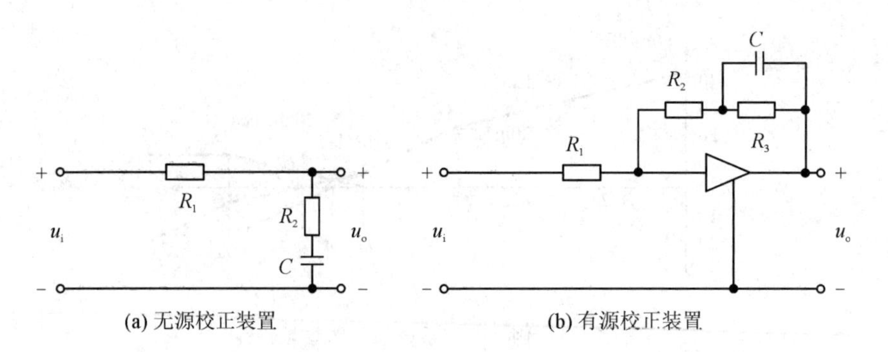

图 23-5　相位滞后校正装置

$$G_c(s)=\frac{U_o(s)}{U_i(s)}=-K\,\frac{1+Ts}{1+bTs} \tag{23-10}$$

式中，$K=(R_2+R_3)/R_1$，$b=(R_2+R_3)/R_2>1$，$T=R_2R_3C/(R_2+R_3)$。

相位滞后校正装置的频率特性为

$$G_c(\mathrm{j}\omega)=\frac{1+\mathrm{j}T\omega}{1+\mathrm{j}bT\omega} \tag{23-11}$$

其伯德图如图 23-6 所示。由于传递函数分母的时间常数大于分子的时间常数，所以其幅频特性具有负斜率段，相频特性出现负相移。负相移表明，校正网络在正弦信号作用下的正弦稳态输出信号，在相位上滞后于输入信号，所以称为滞后校正装置或滞后网络。

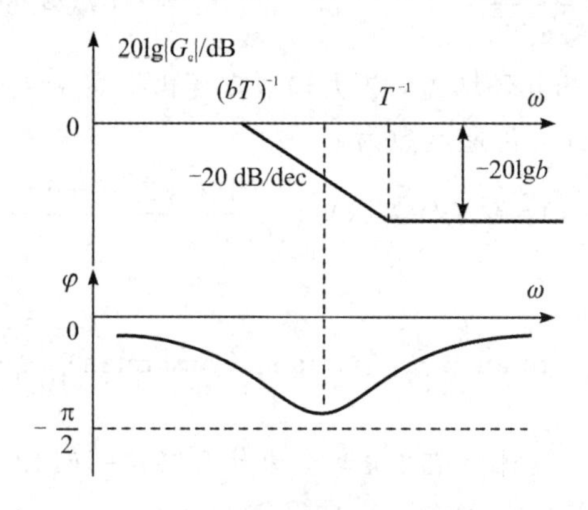

图 23-6　相位滞后校正装置伯德图

与相位超前校正装置类似，滞后网络的相角可用下式计算

$$\varphi(\omega)=\arctan\frac{(1-b)T\omega}{1+bT^2\omega^2} \tag{23-12}$$

最大滞后相角的频率和对应的相角分别为

$$\omega_m=\frac{1}{\sqrt{b}T},\ \varphi_m=\arctan\frac{1-b}{2\sqrt{b}}=\arcsin\frac{1-b}{1+b} \tag{23-13}$$

另外，容易看出在最大滞后相角的频率 ω_m 处，有 $L(\omega_m)=-10\lg b$。校正装置的两个转折频率分别为

$$\omega_1=\frac{1}{bT},\ \omega_2=\frac{1}{T} \tag{23-14}$$

图 23-6 表明相位滞后校正网络实际是一低通滤波器，它对低频信号基本没有衰减作用，但能削弱高频噪声，b 值愈大，抑制噪声的能力愈强。通常选择 $b=10$ 较为适宜。

采用相位迟后校正装置改善系统的暂态性能时，主要是利用其高频幅值衰减特性，以降低系统的开环剪切频率，提高系统的相角裕度。因此，力求避免使最大迟后相角发生在校正后系统的开环对数频率特性的剪切频率 ω_c 附近，以免对暂态响应产生不良影响。一般可取

$$\frac{1}{T}=\frac{1}{10}\omega_c\sim\frac{1}{4}\omega_c \tag{23-15}$$

PI 控制器是一种滞后校正装置。

串联滞后校正装置的作用：其一是提高系统低频响应的增益，减小系统的稳态误差，同时基本保持系统的暂态性能不变；其二是滞后校正装置的低通滤波器特性，将使系统高频响应的增益衰减，降低系统的剪切频率，提高系统的相对稳定裕度，以改善系统的稳定性和某些暂态性能。滞后校正原理如图 23-7 所示。

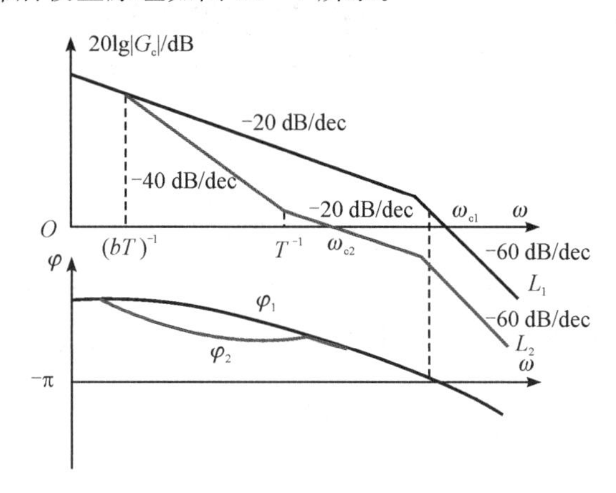

图 23-7　滞后校正原理

原系统：L_1 在中频段 ω_{c1} 附近斜率为 -60 dB/dec，系统动态响应平稳性很差。

校正作用频段：滞后环节将 $1/T$，$1/bT$ 设在远离 ω_{c1} 处，校正后系统为 L_2，φ_2。

校正前后伯德图的变化：相角滞后主要发生在低频段；剪切频率减小，快速性降低；稳定裕度增加，并且系统稳定性和振荡性改善；高频段幅频衰减 $-20\lg b$ dB，提高了抗干扰能力。

用频率设计串联滞后校正装置的步骤大致如下：

(1) 根据给定的稳态性能要求去确定系统的开环增益。

(2) 绘制未校正系统在确定开环增益下的伯德图，并求出其相角裕度 γ_0。

(3) 求出未校正系统伯德图上相角裕度为 $\gamma_2=\gamma+\varepsilon$ 处的频率 ω_{c2}，其中 γ 是要求的相角裕度，而 $\varepsilon=15°\sim20°$ 则是为补偿迟后校正装置在 ω_{c2} 处的相角滞后。ω_{c2} 即是校正后系统的剪切频率。

(4) 令未校正系统伯德图在 ω_{c2} 处的增益等于 $20\lg b$，由此确定 b 的值。

(5) 按下列关系式确定滞后校正网络的交接频率

$$\omega_2=\frac{1}{T}=\frac{1}{10}\omega_{c2}\sim\frac{1}{4}\omega_{c2}，\omega_1=\frac{1}{bT}=\frac{1}{b}\omega_2$$

(6) 画出校正后系统的伯德图，校验其相角裕度。

(7) 必要时检验其他性能指标，若不能满足要求，可重新选定 T 值。但 T 值不宜选取过大，只要满足要求即可，以免校正网络难以实现。

例 23-2 设Ⅰ型单位反馈系统原有部分的开环传递函数为

$$G_O(s)=\frac{K}{s(s+1)(0.25s+1)}$$

设计串联校正，使系统满足下列性能指标：$K\geqslant5$，$\gamma\geqslant40°$，$\omega_c\geqslant0.5$。

解 以 $K=5$ 代入未校正系统的开环传递函数中，绘制伯德图如图 23-8 所示。

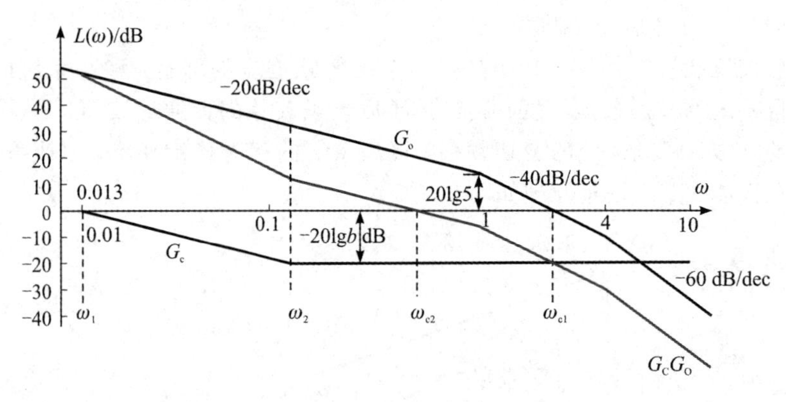

图 23-8 例 23-2 系统伯德图幅频特性

首先计算未校正系统的剪切频率 ω_{c1}。由于在 $\omega=1$ 处，系统的开环增益为 201g5 dB，而穿过剪切频率 ω_{c1} 的系统伯德曲线的斜率为 −40 dB/dec，所以

$$\frac{20\lg5-0}{\lg1-\lg\omega_{c1}}=-40,\ \omega_{c1}=\sqrt{5}=2.24$$

相应的相角稳定裕度为

$$\gamma=180°-90°-\arctan\omega_{c1}-\arctan(0.25\omega_{c1})=-5.19°$$

说明未校正系统是不稳定的。

计算未校正系统相频特性中对应于相角裕度为 $\gamma_2=\gamma+\varepsilon=40°+15°=55°$时的频率 ω_{c2}。由

$$\gamma_2=180°-90°-\arctan\omega_{c2}-\arctan(0.25\omega_{c2})=55°$$

可得

$$\arctan\omega_{c2}+\arctan(0.25\omega_{c2})=35°,\ \omega_{c2}=0.52$$

此值符合系统剪切频率 $\omega_c\geqslant0.5$ 的要求，故可选为校正后系统的剪切频率。

当 $\omega=\omega_{c2}=0.52$ 时，令未校正系统对应频率点的开环增益等于 $20\lg b$，从而求出串联滞后校正装置的系数 b。

$$\frac{20\lg b-20\lg5}{\lg0.52-\lg1}=-20,\ b=9.62$$

取 $b=10$，选择 $\omega_2=\omega_{c2}/4=0.13$，$\omega_1=\omega_1/b=0.013$。

故校正后系统的开环传递函数为

$$G(s)=G_c(s)G_o(s)=\frac{5(7.7s+1)}{s(77s+1)(s+1)(0.25s+1)}$$

校验校正后系统的相角稳定裕度

$$\gamma=180°-90°+\arctan(7.7\omega_{c2})-\arctan\omega_{c2}-\arctan(0.25\omega_{c2})=42.53°>40°$$

思考题　在例 23－2 中，设计超前相角时取了 $\varepsilon=15°$，实际验证相角裕度时 $\varepsilon=42.53°-40°=2.53°$，为什么？

23.3　串联相位滞后-超前校正

相位滞后-超前校正装置可用如图 23－9 所示的电气网络实现，图 23－9(a)是由无源阻容元件组成的。设此网络输入信号源的内阻为零，输出端的负载阻抗为无穷大，则此相位滞后-超前校正装置的传递函数是

$$G_c(s)=\frac{U_o(s)}{U_i(s)}=\frac{(R_1C_1s+1)(R_2C_2s+1)}{R_1R_2C_1C_2s^2+(R_1C_1+R_2C_2+R_1C_2)s+1}\tag{23-16}$$

若适当选择参量，使式(23－16)具有两个不相等的负实数极点，即令

$$T_1=R_1C_1,\ T_2=R_2C_2,\ \beta T_1+T_2/\beta=R_1C_1+R_2C_2+R_1C_2,\ \beta>1,\ T_1>T_2$$

则式(23－16)可改写为

$$G_c(s)=\frac{T_1s+1}{\beta T_1s+1}\cdot\frac{T_2s+1}{T_2s/\beta+1}\tag{23-17}$$

其中前一分式起滞后作用，后一分式起超前作用。

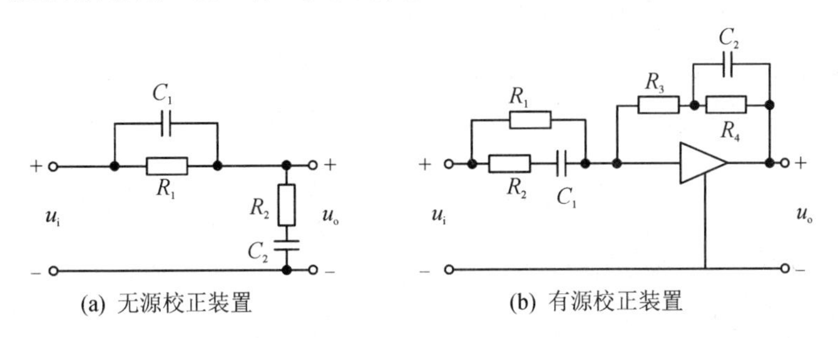

图 23－9　滞后-超前校正装置

对于图 23－9(b)的有源校正装置，其对应的传递函数为

$$G_c(s)=-\frac{R_3+R_4}{R_1}\cdot\frac{\left(1+\dfrac{R_3R_4}{R_3+R_4}\right)s[1+(R_1+R_2)C_1s]}{(1+R_4C_2s)(1+R_2C_1s)}\tag{23-18}$$

令

$$K=\frac{R_3+R_4}{R_1},\quad T_1=\frac{R_3R_4C_2}{R_3+R_4}$$

$$T_2=(R_1+R_2)C_1,\quad \beta=\frac{R_3+R_4}{R_3}=\frac{R_1+R_2}{R_2}>1$$

且使 $T_1>T_2$，则式(23－18)可改写为

$$G_c(s)=-K\frac{T_1s+1}{\beta T_1s+1}\cdot\frac{T_2s+1}{T_2s/\beta+1}\tag{23-19}$$

相位滞后-超前校正装置其频率特性为

$$G_c(j\omega)=\frac{(1+jT_1\omega)(1+jT_2\omega)}{(1+j\beta T_1\omega)(1+jT_1\omega/\beta)} \tag{23-20}$$

其伯德图如图 23-10 所示。

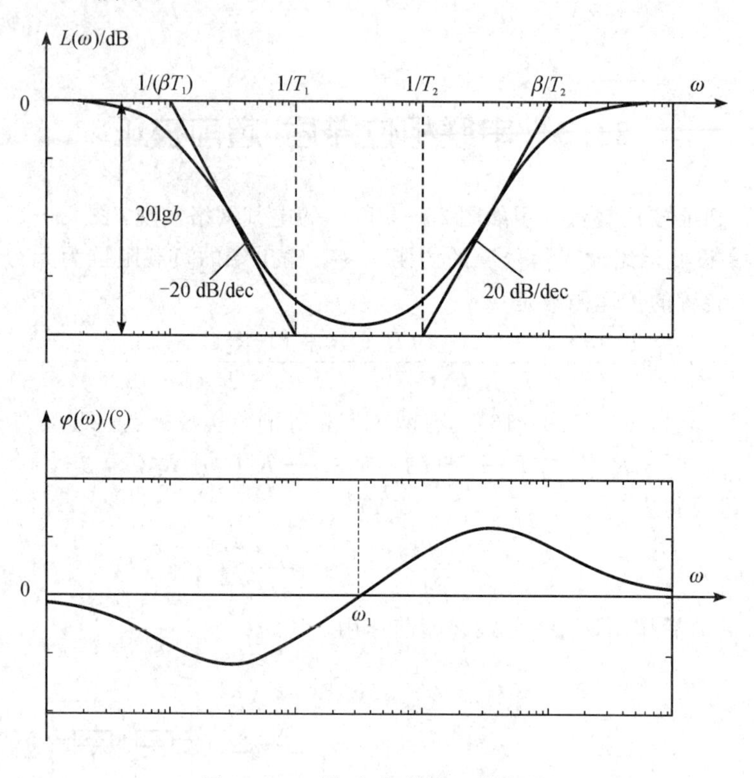

图 23-10 滞后-超前校正伯德图

令 $\omega_1=1/\sqrt{T_1T_2}$，在 ω 由 0 增至 ω_1 的频带中，网络有迟后的相角特性；在 ω 由 ω_1 增至∞的频带中，网络有超前的相角特性；在 ω_1 处，相角为零。可见，滞后-超前校正装置就是滞后装置和超前装置的组合。

超前校正装置可增加频带宽度，提高快速性，但损失增益，不利于稳态精度；滞后校正装置可提高平稳性及稳态精度，而降低了快速性。若采用滞后-超前校正装置，则可全面提高系统的控制性能。PID 控制器是一种滞后-超前校正装置。

这种校正方法兼有滞后校正和超前校正的优点，即校正后系统响应速度较快，超调量较小，抑制高频噪声的性能也较好。当校正前系统不稳定，且要求校正后系统的响应速度、相角裕度和稳态精度较高时，以采用串联滞后-超前校正为宜。其基本原理是利用滞后-超前网络中的超前部分来增大系统的相角裕度，同时利用滞后部分来改善系统的稳态性能。下面将举例说明。

例 23-3 设系统原有部分的开环传递函数为

$$G_O(s)=\frac{K}{s(0.1s+1)(0.01s+1)}$$

要求设计串联校正装置，使系统满足下列性能指标：$K_v>100$，$\gamma>40°$，$\omega_c=20$。

解 首先按静态指标的要求令 $K=K_v=100$ 代入原有部分的开环传递函数中，并绘制伯德图如图 23-11 所示。

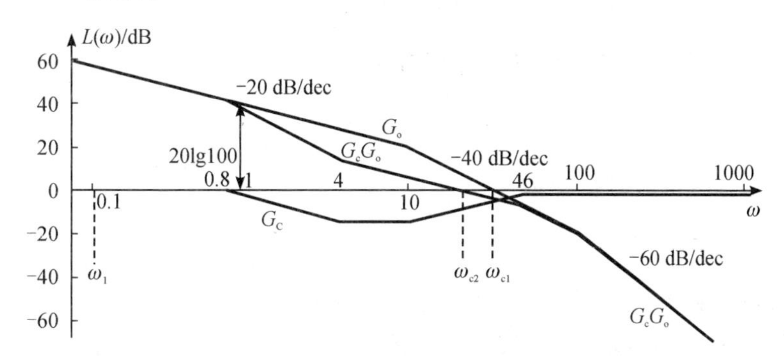

图 23-11　例 23-3 伯德图幅频特性

先计算未校正系统的剪切频率 ω_{c1}，幅频特性过(1，20lg100)，(10，20)两点，而穿过剪切频率 ω_{c1} 的系统伯德曲线的斜率为 -40 dB/dec，所以

$$\frac{20-0}{\lg 10-\lg\omega_1}=-40,\ \omega_{c1}=10\sqrt{10}=31.62$$

随堂练 求上述未校正系统在 $\omega=20$ 处的幅频值。

在期望的剪切频率 $\omega_{c2}=20$ 处，未校正系统的幅频值和相角裕度分别为

$$L_0(\omega_{c2})=8\ \text{dB},\ \gamma_0=180°-90°-\arctan(0.1\omega_{c2})-\arctan(0.01\omega_{c2})=15°$$

为了保证 40°的相角裕度，必须增加至少 25°的超前角，所以需要加超前校正。另外，要将中频段的开环增益降低 8 dB。但低频段的增益是根据静态指标确定的，不能降低，因此还需要引进滞后校正。

先设计超前校正。考虑到滞后校正会产生 $\varepsilon=15°\sim20°$ 的相角滞后，令

$$\varphi_0=25°+15°=40°=\varphi_m,\ a=\frac{1+\sin\varphi_m}{1-\sin\varphi_m}=4.60$$

根据式(23-8)，超前网络的交接频率为

$$\omega_1=\frac{1}{aT}=\frac{\omega_m}{\sqrt{a}}=\frac{\omega_{c2}}{\sqrt{a}}=9.3,\ \omega_2=\frac{1}{T}=\omega_m\sqrt{a}=\omega_{c2}\sqrt{a}=43$$

考虑到对象本身在 $\omega=9.3$ 的附近，即 $\omega=10$ 处有一个极点，为简化计算，我们使校正装置的零点与它重合，即选 $\omega_1=10$，$\omega_2=a\omega_1=46$，超前网络的传递函数为

$$G_{c1}(s)=\frac{0.1s+1}{0.022s+1}$$

在期望的剪切频率 $\omega_{c2}=20$ 处，未校正系统的幅频值为 $L_0(\omega_{c2})=8$ dB，超前校正网络提供的幅频为 $L_{c1}(\omega_{c2})=10\lg a=6.63$ dB，为了将穿越频率保持在 $\omega_{c2}=20$ 处，还需要滞后校正来把中频段增益减少 $L_0(\omega_{c2})+L_{c1}(\omega_{c2})=14$ dB。

下面进行滞后校正的设计。令 $20\lg b=14$，求得 $b=5$。选滞后网络的交接频率为 $\omega_2=\omega_{c2}/5=4$，$\omega_1=\omega_2/b=0.8$。滞后网络的传递函数为

$$G_{c2}(s)=\frac{0.25s+1}{1.25s+1}$$

我们得到滞后-超前校正网络的传递函数为

$$G_c(s)=G_{c1}(s)G_{c2}(s)=\frac{(0.1s+1)(0.25s+1)}{(0.022s+1)(1.25s+1)}$$

校正后系统的开环传递函数为

$$G(s)=G_c(s)G_0(s)=\frac{100(0.25s+1)}{s(0.01s+1)(0.022s+1)(1.25s+1)}$$

校正后系统的相角裕度为 $\gamma_2=180°+\varphi(\omega_{c2})=46°$。

在上述设计过程中，我们曾使校正装置在 $\omega=10$ 处有一个零点，它正好与系统原有部分在 $\omega=10$ 处的极点抵消。当然，由于对象的数学模型以及校正装置的物理实现总包含一些误差，因而各时间常数并不精确。所以实际上两者并未抵消，只是彼此很接近，但是这种设计方法仍然是可取的。这样的“零极相消”可以使校正后的开环模型简单化，便于用经验公式估算其运动的主要特征。但是应当注意，不能用这种方法去抵消系统原有部分在右半复平面的极点。否则由于未能精确抵消反而会使闭环系统不稳定。

综上所述，滞后-超前校正的设计可按以下步骤进行：

(1) 根据稳态性能要求确定系统的开环增益，绘制未校正系统在已确定的开环增益下的伯德图。

(2) 按要求确定 ω_c，求出系统原有部分在 ω_c 处的相角，考虑滞后校正将会产生的相角滞后，得到超前校正的超前角。

(3) 求出超前校正网络的参数，求出 ω_c 处系统原有部分和超前校正网络的增益 L_0 和 L_c。

(4) 令 $20\lg b=L_0+L_c$，求出 b。

(5) 求出迟后校正网络的参数。

(6) 将滞后校正网络与超前校正网络组合在一起，就构成滞后-超前校正。

思考题　在例 23-3 中，求出的超前校正交接频率 $\omega_1=9.3$，为什么可以调整为 $\omega_1=10$？

单元作业

已知控制系统的开环传递函数为 $G(s)=\dfrac{10}{s(0.2s+1)(0.5s+1)}$，要求相角裕度 $\gamma\geqslant40°$，$K_v=10$。试分别设计出超前校正和滞后校正装置，并比较两种校正的效果有何不同？

第 24 讲　反馈校正与复合校正

学习内容

（1）反馈校正。

（2）前置滤波校正。

（3）复合校正。

（4）最小节拍校正。

学习目标

精讲视频

（1）了解反馈校正特点及作用。

（2）掌握前置滤波校正设计原理。

（3）熟悉复合校正特点。

（4）掌握最小节拍校正方法。

校正装置接入系统的形式主要有两种：一种是校正装置与被校正对象相串联的串联校正；另一种是从被校正对象引出反馈信号，与被校正对象或其一部分构成局部反馈回路，并在局部反馈回路内设置校正装置的局部反馈校正或并联校正。为提高性能，也常采用前馈补偿或前馈校正，反馈控制与前馈控制并用，也称为复合控制。

24.1　反馈校正

反馈校正的特点是采用局部反馈包围系统前向通道中的一部分环节以实现校正，其系统结构图如图 24－1 所示。

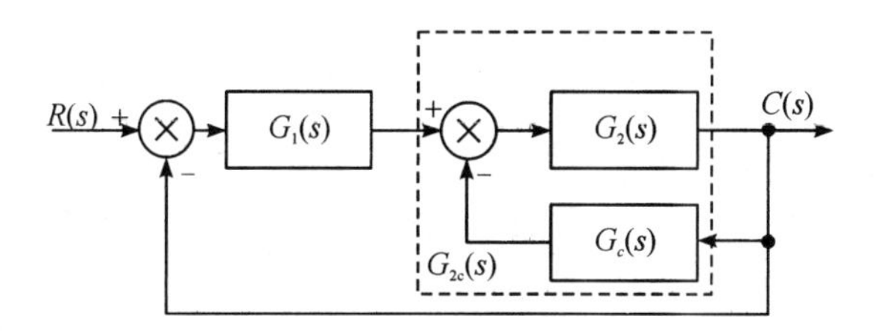

图 24－1　反馈校正结构图

图中被局部反馈包围部分的传递函数是

$$G_{2c}(s)=\frac{G_2(s)}{1+G_2(s)G_c(s)} \tag{24-1}$$

利用反馈校正可以改变系统局部的结构和参数，从而影响系统性能。

1. 比例反馈包围积分环节

$$G_2(s)=\frac{K}{s},\ G_c(s)=K_h$$
$$G_{2c}(s)=\frac{K/s}{1+KK_h/s}=\frac{1/K_h}{s/(KK_h)+1} \tag{24-2}$$

结果由原来的积分环节转变成惯性环节。

2. 比例反馈包围惯性环节

$$G_2(s)=\frac{K}{Ts+1},\ G_c(s)=K_h$$
$$G_{2c}(s)=\frac{K/(Ts+1)}{1+KK_h/(Ts+1)}=\frac{K/(1+KK_h)}{Ts/(1+KK_h)+1} \tag{24-3}$$

结果仍为惯性环节，但时间常数和比例系数都缩小很多。反馈系数 K_h 越大，时间常数越小。时间常数的减小，说明惯性减弱了，通常这是人们所希望的。比例系数减小虽然未必符合人们的希望，但只要在 $G_1(s)$中加入适当的放大器就可以补救，所以无关紧要。

3. 微分反馈包围惯性环节

$$G_2(s)=\frac{K}{Ts+1},\ G_c(s)=K_hs$$
$$G_{2c}(s)=\frac{K/(Ts+1)}{1+KK_hs/(Ts+1)}=\frac{K}{(T+KK_h)s+1} \tag{24-4}$$

结果仍为惯性环节，但时间常数增大了。反馈系数 K_h 越大，时间常数越大。因此，利用反馈校正可使原系统中各环节的时间常数拉开，从而改善系统的动态平稳性。

4. 微分反馈包围振荡环节

$$G_2(s)=\frac{K}{T^2s^2+2\zeta Ts+1},\ G_c(s)=K_hs$$
$$G_{2c}(s)=\frac{K}{T^2s^2+(2\zeta T+KK_h)s+1} \tag{24-5}$$

结果仍为振荡环节，但是阻尼系数却显著增大，从而有效地减弱小阻尼环节的不利影响。

微分反馈是将被包围环节的输出量速度信号反馈至输入端，故常称速度反馈。速度反馈在随动系统中使用极为广泛，而且具有较高快速性和良好的平稳性。当然实际上理想的微分环节是很难实现的，如测速发电机还具有电磁时间常数，故速度反馈的传递函数可取为 $K_hs/(T_is+1)$，只要 T_i 足够小($10^{-2}\sim10^{-4}$)，阻尼效应仍是很明显的。

图 24-1 中局部反馈回路 $G_{2c}(s)$的频率特性为

$$G_{2c}(s)=\frac{G_2(j\omega)}{1+G_2(j\omega)G_c(j\omega)} \tag{24-6}$$

在一定的频率范围内，如能选择结构参数，使 $G_2(j\omega)G_c(j\omega)\gg1$，则

$$G_{2c}(j\omega)\approx\frac{1}{G_c(j\omega)},\ G_{2c}(s)\approx\frac{1}{G_c(s)} \tag{24-7}$$

这表明整个反馈回路的传递函数与被包围的 $G_2(s)$全然无关，达到了以 $1/G_c(s)$取代

$G_2(s)$的效果。反馈校正的这种作用有一些重要的优点：

首先，$G_2(s)$是系统原有部分的传递函数，它可能测定的不准确，可能会受到运行条件的影响，甚至可能含有非线性因素等，直接对它设计控制器比较困难，而反馈校正$G_c(s)$完全是设计者选定的，可以做得比较准确和稳定。所以，用$G_c(s)$改造$G_2(s)$可以使设计控制器的工作比较简单，所得的控制系统也比较稳定。也就是说，有反馈校正的系统对于受控对象参数的变化敏感度低。这是反馈校正的重要优点。

其次，反馈校正是从系统的前向通道的某一元件的输出端引出反馈信号，构成反馈回路的，这就是说，信号是从功率电平较高的点传向功率电平较低的点。因而通常不必采用附加的放大器。因此，它所需的元件数目往往比串联校正少，所用的校正装置也比较简单。

还有，反馈校正在系统内部形成了一个局部闭环回路，作用在这个回路上的各种扰动，受到局部闭环负反馈的影响往往被削弱。也就是说，系统对扰动的敏感度低，这样可以减轻测量元件的负担，提高测量的准确性，这对于控制系统的性能也是有利的。

24.2 前置滤波校正

当系统性能指标要求为时域特征量时，为了改善控制系统的性能，除了采用串联校正方式之外，还可以配置前置滤波器，形成组合校正方式，以获得某些改善系统性能的特殊功能。其系统结构图如图 24-2 所示。

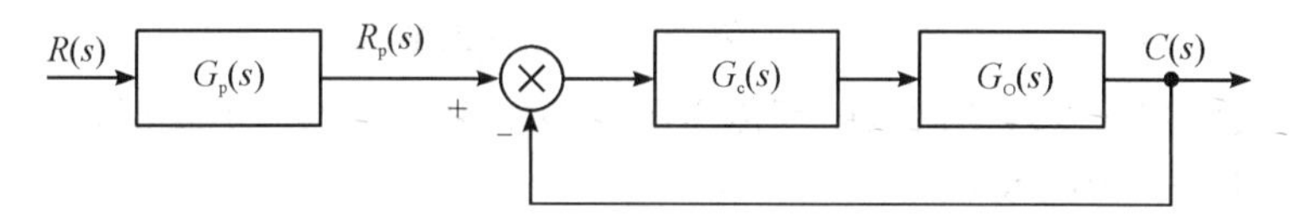

图 24-2 前置滤波校正系统结构图

为了改善系统性能，在系统中常采用形如$G_c(s)=(s+z)/(s+p)$的串联校正网络，以改变系统的闭环极点。但是$G_c(s)$同时也会在系统闭环传递函数中增加一个新的零点，从而严重影响闭环系统动态性能。此时，可以考虑在系统的输入端增加一个前置滤波器，以消除新增闭环零点的不利影响。

例 24-1 前置滤波控制系统如图 24-2 所示，其中

$$G_O(s)=\frac{1}{s},\quad G_c(s)=\frac{K_1 s+K_2}{s}$$

设计K_1、K_2、$G_P(s)$，使得系统满足$\zeta=0.707$，$\sigma\%\leqslant 5\%$。$t_s\leqslant 0.6s(\Delta=2\%)$。

解 无前置滤波器时，系统闭环传递函数为

$$\Phi(s)=\frac{(K_1 s+K_2)}{s^2+K_1 s+K_2}$$

闭环特征方程为

$$s^2+K_1 s+K_2=s^2+2\zeta\omega_n s+\omega_n^2=0$$

由系统性能指标要求，可得

$$\zeta=0.707=\frac{1}{\sqrt{2}},\quad t_s\approx\frac{4}{\zeta\omega_n}\leqslant 0.6$$

因此有 $\zeta\omega_n \geqslant 6.67$，取 $\zeta\omega_n = 8$，可得 $\omega_n = 8\sqrt{2}$。所求控制器参数为

$$K_1 = 2\zeta\omega_n = 16, \quad K_2 = \omega_n^2 = 128$$

此时，系统闭环传递函数为

$$\Phi(s) = \frac{16(s+8)}{s^2 + 16s + 128}$$

上式表明，此时闭环系统为有一个零点的二阶系统。用 MATLAB 可得该系统阶跃响应如图 24-3(a)所示，$t_s = 0.44$ 符合要求，但 $\sigma\% = 21\%$ 不符合要求。

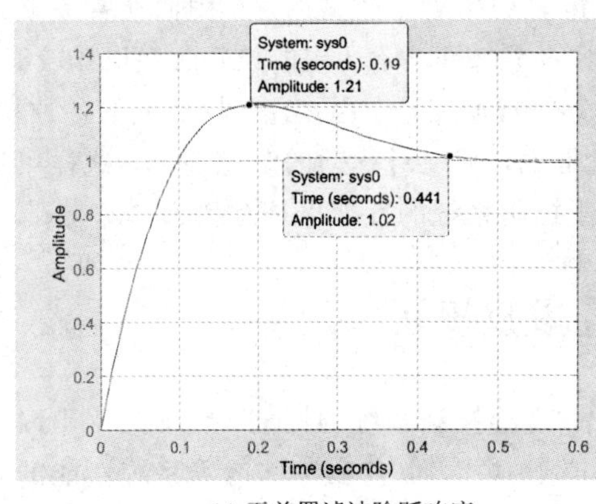

(a) 无前置滤波阶跃响应　　(b) 有前置滤波阶跃响应

图 24-3　例 24-1 系统阶跃响应

增加前置滤波器 $G_P(s)$ 来对消闭环传递函数 $\Phi(s)$ 中的零点，并同时保持系统原有直流增益 $\Phi(0)=1$ 不变，为此取

$$G_P(s) = \frac{8}{s+8}$$

此时闭环传递函数变为

$$\Phi_P(s) = \frac{128}{s^2 + 16s + 128}$$

此为标准二阶系统，可以计算出相应的性能指标为

$$\sigma\% = e^{-\zeta\pi/\sqrt{1-\zeta^2}} \cdot 100\% = 4.3\%, \quad t_s \approx \frac{4}{\zeta\omega_n} = 0.5$$

满足性能设计要求。增加前置滤波后的系统阶跃响应如图 24-3(b)所示。

在实际工业过程中，经常遇到系统工艺过程变化导致的设定值从一个工作点变化到另外一个工作点，这种阶跃跳变通常会导致误差信号瞬间变大，系统波动过大，为此需要对输入设定值进行“柔化”，这就是一种前置滤波处理。注意到例 24-1 中，前置滤波器为一阶惯性环节，因此相当于将原来的阶跃信号 $R(s)$“柔化”为一阶惯性环节的阶跃响应 $R_P(s)$，再作用于系统。因此减小了系统的波动性和超调量。

思考题　在例 24-1 中，采用前置滤波后，系统调节时间增加了，为什么？

24.3　复合校正

如前所述，前置滤波校正相当于对给定值信号进行整形或滤波后，再送入反馈系统。这是一种在系统主反馈回路之外采用的校正方式，是一种前馈校正。前馈校正可以单独作用于开环控制系统，也可以作为反馈控制系统的附加校正，亦可以组合成复合控制系统。

设计反馈控制系统的校正装置时，经常遇到稳态和暂态性能难于兼顾的情况，例如为减小稳态误差，可以采用提高系统的开环增益 K，或是增加串联积分环节的办法，但由此可能导致系统的相对稳定降低甚至不稳定。此外，通过适当选择频带宽度的方法，可以抑制高频扰动，但对低频扰动却无能为力。

如果在系统的反馈控制回路中加入前馈通路，组成一个前馈控制和反馈控制相结合的系统，只要参数选择得当，不但可以保持系统稳定，极大地减小乃至消除稳态误差，而且几乎可以抑制所有的可量测扰动。这样的系统就称之为复合控制系统，相应的控制方式称为复合控制。把复合控制的思想用于系统设计，就是所谓复合校正。复合控制在高精度的控制系统中，得到了广泛的应用。

下面来看另外一种反馈与给定输入前馈的复合校正，结构如图 24 - 4 所示。

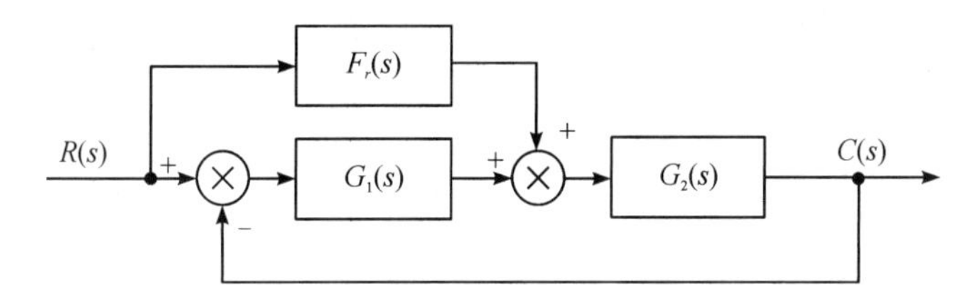

图 24 - 4　反馈与给定输入前馈的复合校正

在此，除了原有的反馈串联控制 $G_1(s)$外，给定的参考输入 $R(s)$还通过前馈(补偿)装置 $F_r(s)$对系统输出 $C(s)$进行开环控制。对于线性系统可以应用叠加原理，故有

$$C(s)=\frac{F_r(s)G_2(s)+G_1(s)G_2(s)}{1+G_1(s)G_2(s)}R(s) \tag{24-8}$$

如选择前馈装置 $F_r(s)$的传递函数为

$$F_r(s)=\frac{1}{G_2(s)} \tag{24-9}$$

则可使输出响应 $C(s)=R(s)$完全复现给定输入，系统的暂态和稳态误差都是零。

下面来进一步说明前馈装置 $F_r(s)$能够完全消除误差的物理意义。注意到

$$E(s)=R(s)-C(s)=\frac{1-F_r(s)G_2(s)}{1+G_1(s)G_2(s)}R(s)$$

这相当于在系统中增加了一个输入信号 $F_r(s)G_2(s)R(s)$，其产生的误差信号与原输入信号 $R(s)$产生的误差信号相比，大小相等而符号相反。

式(24 - 9)称为对输入信号的完全补偿条件。但由于实际的对象 $G_2(s)$一般具有复杂的形式且其传递函数为真有理分式，故全补偿条件的前馈装置 $F_r(s)$的物理实现相当困难。在工程实践中，大多数采用满足跟踪精度要求的部分补偿条件，或者在对系统性能起主要

影响的频段内实现近似完全补偿，以使得前馈装置 $F_r(s)$ 的形式简单并易于物理实现。

从控制系统稳定性的角度来考察，由式(24-8)可知，没有前馈控制时的反馈系统闭环特征方程与有前馈控制时的复合控制系统的闭环特征方程完全一致，表明系统的稳定性与前馈控制无关。因此，可以先单独设计串联校正控制器来保证系统的稳定性，再设计前馈控制器来改善系统性能。复合校正控制系统很好地解决了一般反馈控制系统在提高控制精度与确保系统稳定性之间的矛盾问题。

思考题　一般反馈控制系统如何提高控制精度？提高控制精度操作对系统稳定性有什么影响？

例 24-2　复合控制系统如图 24-4 所示，其中

$$G_1(s)=\frac{10(s+2)}{s+10},\ G_2(s)=\frac{10}{s(s+2)}$$

设计前馈控制器 $F_r(s)$，使得输入信号为单位斜坡函数时，系统稳态误差为零。

解　未增加前馈控制时，系统开环传递函数为

$$G_O(s)=G_1(s)G_2(s)=\frac{100}{s(s+10)}$$

显然系统为Ⅰ型系统，$K_v=10$，跟踪单位斜坡函数，稳态误差为 10%。

若取前馈控制器 $F_r(s)$ 为完全补偿，则 $F_r(s)=0.1s(s+2)$，较难实现。现取前馈控制器 $F_r(s)$ 为部分补偿 $F_r(s)=Ks$，则有

$$E(s)=\frac{1-F_r(s)G_2(s)}{1+G_1(s)G_2(2)}R(s)=\frac{s(s+10)(s+2-10K)}{(s+2)(s^2+10s+100)}R(s)$$

令 $K=0.2$，在输入信号为单位斜坡函数时，有

$$e_{ss}=\lim_{s\to 0}sE(s)=\lim_{s\to 0}s\cdot\frac{s^2(s+10)}{(s+2)(s^2+10s+100)}\cdot\frac{1}{s^2}=0$$

上述的前馈控制器 $F_r(s)=0.2s$，意味着对输入信号进行求导，作为前馈补偿信号加入系统，实现了对输入信号的“提前预测”，因而能够实现稳态跟踪误差。

在高精度的控制系统中，对扰动信号的抑制非常重要。这时增加按扰动补偿的复合控制就非常有必要。图 24-5 所示为增加了按扰动前馈控制的反馈控制系统框图。

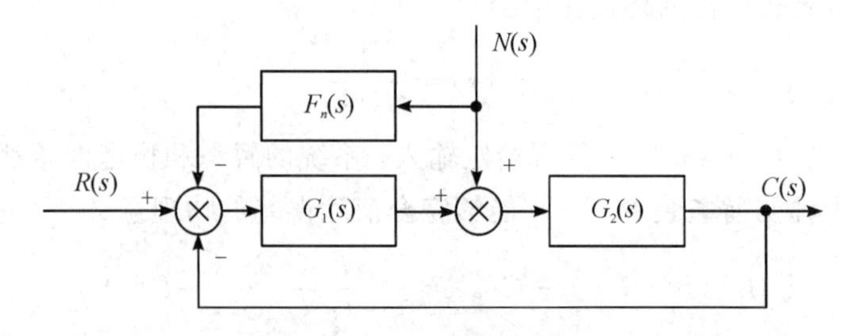

图 24-5　按扰动前馈控制的复合控制系统

此处除了原有的反馈控制外，还引入了扰动 $N(s)$ 的前馈(补偿)控制。前馈控制装置的传递函数是 $F_n(s)$。分析扰动时，可认为参考输入 $R(s)=0$，则有

$$C(s)=\{N(s)-[C(s)+F_n(s)N(s)]G_1(s)\}G_2(s)$$

或

$$C(s)=\frac{[1-F_n(s)G_1(s)]G_2(s)}{1+G_1(s)G_2(s)}N(s) \tag{24-10}$$

如选择前馈装置 $F_n(s)$ 的传递函数为

$$F_n(s)=\frac{1}{G_1(s)} \tag{24-11}$$

则可使输出响应 $C(s)$ 完全不受扰动 $N(s)$ 的影响。于是系统受扰动后的暂态和稳态误差都是零。

采用前馈控制补偿扰动信号对输出的影响，首先要求扰动信号可量测，其次要求前馈补偿装置在物理上是可实现的，并力求简单。一般来说，主要扰动引起的误差，由前馈控制进行全部或部分补偿；次要扰动引起的误差，由反馈控制予以抑制。这样，在不提高开环增益的情况下，各种扰动引起的误差均可得到补偿，从而有利于同时兼顾提高系统稳定性和减小系统稳态误差的要求。

从补偿原理来看，由于前馈补偿实际上是采用开环控制方式去补偿可量测的扰动信号，因此前馈补偿并不改变反馈控制系统的特性，加入前馈控制后并不影响系统传递函数的极点。从抑制扰动的角度来看，前馈控制可以减轻反馈控制的负担，所以反馈控制的增益可以取的小一些，以利于系统的稳定性。当扰动还没有在输出端测量出来并通过反馈产生校正作用之前，对扰动的补偿就已通过前馈通道产生了，故前馈控制比通常的反馈控制更为及时。这些都是用复合校正方法设计控制系统的有利因素。

但是以上结论仅在理想条件下成立，实际是做不到的。前馈补偿要求选择前馈装置的传递函数是 $G_1(s)$ 或者 $G_2(s)$ 的倒数，这就要求前馈装置是一个理想的(甚至是高阶的)微分环节。而理想的微分环节实际不存在，工程上一般通过测速发电机与无源网络组成带惯性的一阶微分环节来近似。

24.4　最小拍校正

一个好的控制系统，应该满足“稳、准、快”的要求，应该具有快速的阶跃响应和很小的超调量。最小拍响应是指系统的阶跃响应具有最小的上升时间和调节时间，且其超调量小于系统允许稳态误差值，其响应如图 24－6 所示。

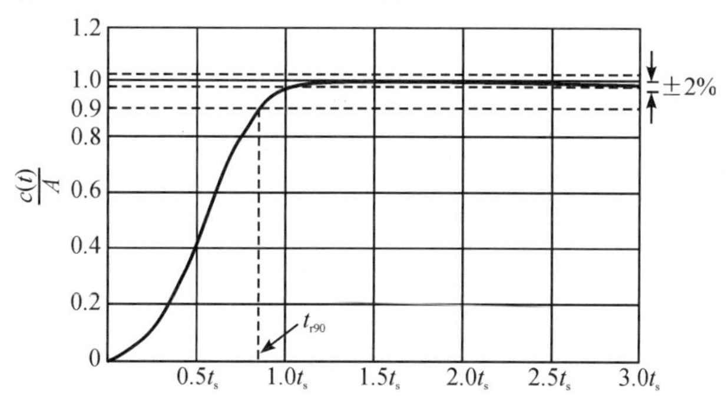

图 24－6　最小拍系统阶跃响应

令稳态误差带取为±2%，则系统输入阶跃信号时，其调节时间就是响应首次进入误差带的时间，因此有 $t_s < t_r$。定义 t_{r90} 为输出响应达到稳态值的 90%时的对应时间。

最小拍响应系统的标准化闭环传递函数参数及其主要响应性能指标见表 24－1 。其中所有时间均为标准化时间。例如 $t_s=4.82$ 是指 $\omega_n t_s=4.82$，实际调节时间为 $t_s=4.82/\omega_n$。

表 24－1　最小拍响应系统的标准化闭环传递函数参数及其主要响应性能

闭环系统	α	β	γ	超调量	上升时间 t_{r90}	调节时间 t_s
$\dfrac{\omega_n^2}{s^2+\alpha\omega_n s+\omega_n^2}$	1.82			0.10	3.47	4.82
$\dfrac{\omega_n^3}{s^3+\alpha\omega_n s^2+\beta\omega_n^2 s+\omega_n^3}$	1.90	2.20		1.65	3.48	4.04
$\dfrac{\omega_n^3}{s^4+\alpha\omega_n s^3+\beta\omega_n^2 s^2+\gamma\omega_n^3 s+\omega_n^4}$	2.70	3.50	2.80	0.89	4.16	4.81

例 24－3　前馈控制系统如图 24－2 所示，其中

$$G_O(s)=\frac{K}{s(s+1)},\ G_c(s)=\frac{s+z}{s+p},\ G_P(s)=\frac{z}{s+z}$$

选择参数 k，z，p 的值，使得该系统为最小拍响应系统，且 $t_s=2$ s。

解　由图 24－2 可得

$$\frac{C(s)}{R(s)}=\frac{G_P(s)G_c(s)G_O(s)}{1+G_c(s)G_O(s)}=\frac{Kz}{s^3+(p+1)s^2+(p+K)s+Kz}$$

三阶最小拍响应系统标准化传递函数为

$$\Phi(s)=\frac{\omega_n^3}{s^3+\alpha\omega_n s^2+\beta\omega_n^2 s+\omega_n^3}$$

比较上面两式可得

$$Kz=\omega_n^3,\ \alpha\omega_n=p+1,\ \beta\omega_n^2=p+K$$

由表 24－1，有 $\alpha=1.90$，$\beta=2.20$，$\omega_n t_s=4.04$，要求 $t_s=2$ s，可得

$$\omega_n=2.02,\ K=6.14,\ z=1.34,\ p=2.84$$

控制器和前置滤波器分别为

$$G_c(s)=\frac{s+1.34}{s+2.84},\ G_P(s)=\frac{1.34}{s+1.34}$$

系统无前置滤波和有前置滤波的阶跃响应如图 24－7 所示。

系统无前置滤波时的性能为

$$\sigma\%=21\%,\ t_p=1.44\ \text{s},\ t_s=3.49\ \text{s}\quad(\Delta=2\%)$$

系统有前置滤波时的性能为

$$\sigma\%=1.65\%,\ t_s=2\ \text{s}\quad(\Delta=2\%)$$

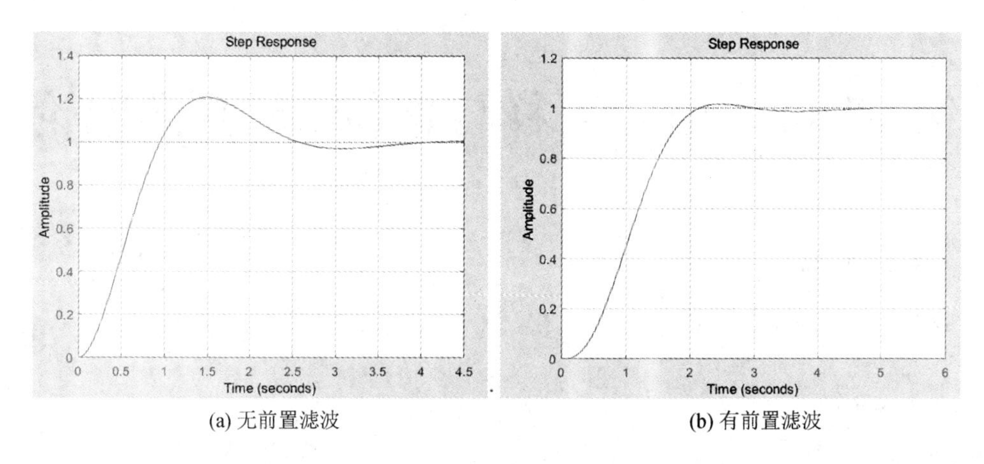

(a) 无前置滤波 (b) 有前置滤波

图 24－7 系统阶跃响应

单元作业

采用速度反馈的控制系统如图 24－8 所示。要求满足下列性能指标：

(1) 闭环系统阻尼比 $\zeta=0.5$。

(2) 调整时间 $t_s \leqslant 5$ s。

(3) 速度误差系数 $K_v \geqslant 5\ s^{-1}$。

用反馈校正确定参数 K_1 和 K_3。

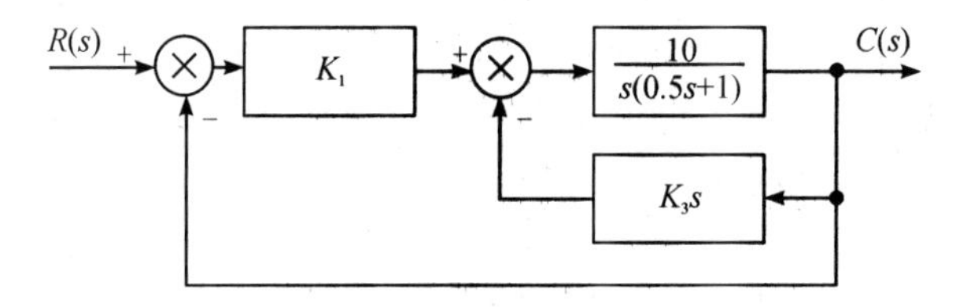

图 24－8 速度反馈控制系统

第25讲　信号采样与保持、z变换理论

学习内容

(1) 离散系统基本概念。

(2) 信号采样与保持。

(3) z变换理论。

学习目标

(1) 了解离散系统的基本概念。

(2) 熟悉信号采样与保持过程。

(3) 熟悉香农采样定理。

(4) 熟悉z变换定义和性质。

(5) 掌握求z变换的方法。

前面几讲讨论了连续控制系统的基本问题。在连续系统中，各处的信号都是时间的连续函数。这种在时间上连续，在幅值上也连续的信号称为连续信号，又称模拟信号。另有一类控制系统，其特征是系统中某些位置存在的信号不是连续的模拟信号，而是在时间上离散的脉冲序列或者数码信息，称为离散信号。近年来，随着数字计算机和微处理器的蓬勃发展，数字控制器在许多场合取代了模拟控制器。离散系统与连续系统相比，既有本质不同，又有分析研究方面的相似性。

25.1　离散系统基本概念

根据离散信号的种类，离散系统可以分为采样控制系统和数字控制系统。

采样控制系统，是指系统中有一处或多处采样开关，如图25-1所示。采样开关后的信号就不是连续的模拟信号，而是在时间上离散的脉冲序列，称为采样信号。采样的方式是多样的，例如周期采样、多速率采样、随机采样等，本书只讨论周期采样。如果系统中几个采样器，则认为它们的采样周期相同。

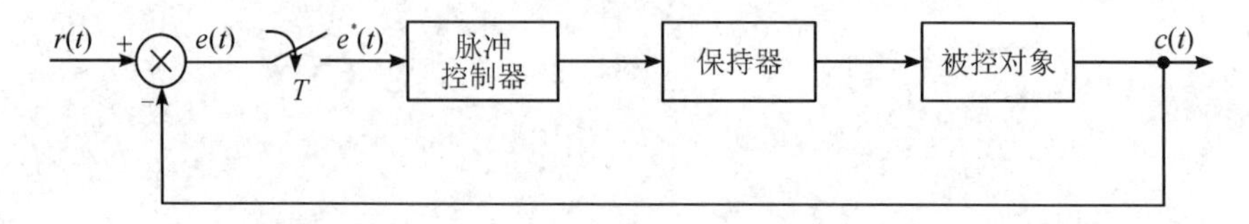

图25-1　采样控制系统

在采样系统中，不仅有模拟部件，还有脉冲部件。通常，测量元件、执行元件和被控对象是模拟元件，其输入和输出都是连续信号，即时间上和幅值上都是连续信号。而控制器

中有脉冲元件，其输入和输出为脉冲序列，即时间上离散而幅值上连续的信号。为了使两种信号在系统中能够互相传递，在连续信号和脉冲信号之间要增加采样器，而在脉冲序列和连续信号之间要增加保持器，以实现两种信号的转换。采样器和保持器是采样控制系统中的两个特殊环节。

例 25－1　炉温采样控制系统，其工作原理如图 25－2 所示。

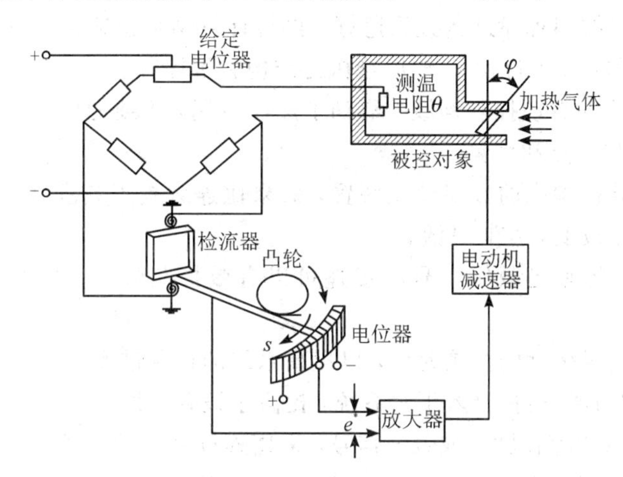

图 25－2　炉温采样控制系统

当炉温偏离给定值时，测温电阻阻值变化导致电桥失去平衡，检流计指针发生偏转，电位器输出电压经过放大器和电动机减速器去控制阀门开度，改变加热气体的进气量，使得炉温趋于设定值。

为保证系统的控制精度，通常采用较大的开环增益。但在采用连续控制方式时，由于炉温调节是一个大惯性过程，温度变化缓慢，大的开环增益会导致系统灵敏度较高，炉温大幅波动。

为此对炉温进行采样控制。通过特定的同步电机控制凸轮运转，使得检流计的指针周期性的上下运动，每隔 T 秒与电位器接触一次，此时电动机才在采样信号作用下产生运动，进行炉温调节。而在检流计与电位器脱开时，电动机就停止不动，保持阀门开度不变，等待炉温缓慢变化。在采样控制情况下，电动机时转时停，所以调节过程超调和波动大大减小。

当数字计算机加入到控制系统中，就构成了数字控制系统，如图 25－3 所示，工程上也称为计算机控制系统。数字控制系统是一种以数字计算机为控制器去控制具有连续工作状态的被控对象的闭环控制系统，包括工作于离散状态的数字计算机与工作于连续状态的被控对象两大部分。

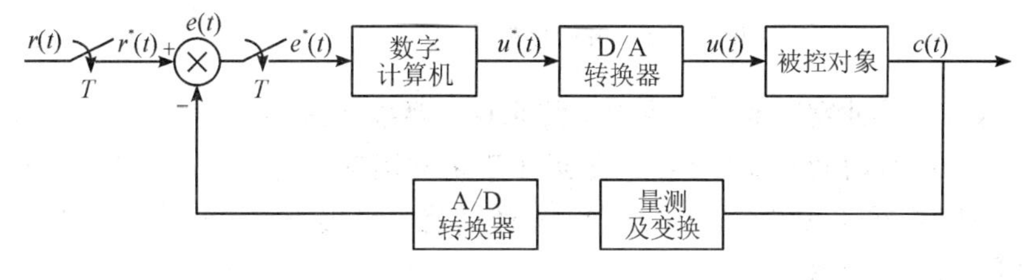

图 25－3　数字控制系统

计算机作为系统的控制器，其输入和输出只能是二进制编码的数字信号，即在时间和幅值上都离散的信号，而系统中被控对象和测量元件的输入输出是连续信号，所以在计算机控制系统中，需要应用 A/D(模/数)和 D/A(数/模)转换器，实现两种信号的转换。

数字计算机在对系统进行实时控制时，每间隔 T 秒进行一次控制修正。在每次控制修正中，控制器要完成对连续信号的采样和量化编码(A/D 过程)，将连续信号转化为数字信号，然后按照给定的控制规律进行数码运算，再将计算结果由输出寄存器经过解码网络将数码转换成连续信号(D/A 过程)，输出给执行结构和被控对象。

采样和数控技术在自动控制领域中得到了广泛应用，主要原因是采样系统特别是数字控制系统具有一系列特点和优势：

(1) 由数字计算机构成的数字校正装置，效果比连续校正装置好，由软件实现的控制规律易于实现，易于改变，控制灵活。

(2) 采样信号，特别是数字信号的传递可以有效抑制噪声，从而提高了系统抗干扰能力。

(3) 允许采用高灵敏度的控制元件，以提高系统的控制进度。

(4) 可以用一台计算机控制若干个系统，提高了设备利用率，经济性好。

由于在离散系统中存在脉冲或数字信号，采用连续系统的拉氏变换方法会导致计算过程出现复变量 s 的超越函数，计算复杂困难。为此，可以采用 z 变换方法来建立离散系统数学模型，把连续系统中的稳定性分析、稳态误差计算、时域响应分析、系统校正等方法经过适当改变后应用于离散系统分析和设计中。

25.2 信号采样与保持

把连续信号变换为脉冲序列的装置称为采样器，又叫采样开关。采样过程可以用一个周期性闭合的采样开关 S 来表示，如图 25-4 所示。假设采样开关每隔 T 秒闭合一次，闭合的持续时间为 τ。采样器的输入 $e(t)$ 为连续信号，输出 $e^*(t)$ 为宽度等于 τ 的调幅脉冲序列，在采样瞬间 $nT(n=0, 1, 2, \cdots, \infty)$ 时出现。即在 $t=0$ 时，采样器闭合 τ 秒，此时 $e^*(t)=e(t)$；$t=\tau$ 以后，采样器打开，输出 $e^*(t)=0$。以后每隔 T 秒重复一次这种过程。

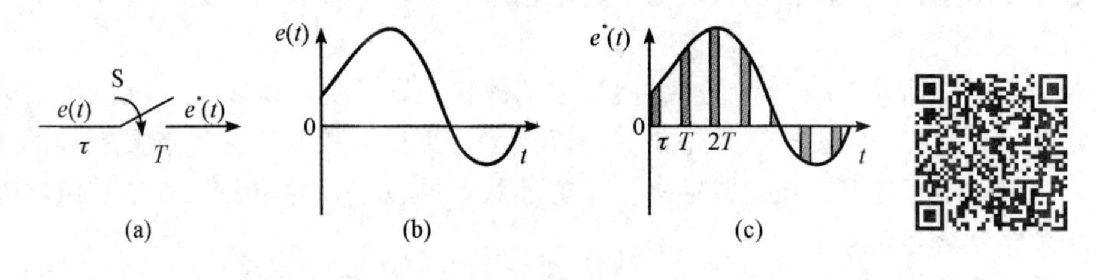

图 25-4 采样过程

精讲视频

对于具有有限脉冲宽度的采样控制系统来说，要准确进行数学分析是非常复杂的。考虑到采样开关的闭合时间 τ 非常小，一般远小于采样周期 T 和系统连续部分的最大时间常数，因此在分析时，可以认为 $\tau=0$。这样，采样器就可以用一个理想采样器来代替。理想的采样过程如图 25-5 所示。

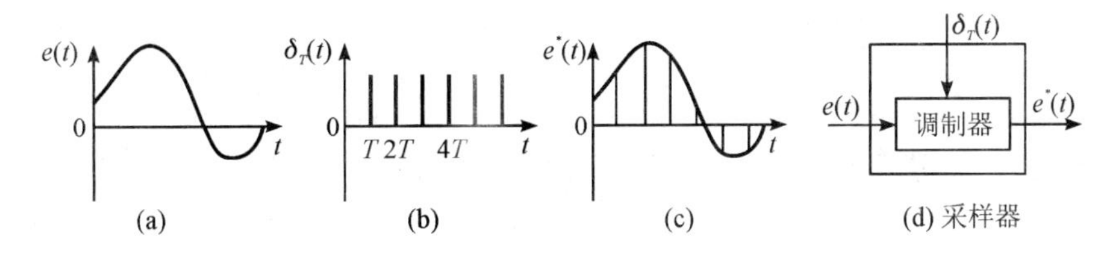

图 25-5　理想采样过程

采样开关的周期性动作相当于产生一串理想脉冲序列，是一个强度为 1 的采样序列，数学上可表示成如下形式：

$$\delta_T(t)=\sum_{n=0}^{\infty}\delta(t-nT) \tag{25-1}$$

输入模拟信号 $e(t)$ 经过理想采样器的过程相当于 $e(t)$ 调制在载波 $\delta_T(t)$ 上的结果，而各脉冲强度用其高度来表示，它们等于采样瞬间 $t=nT$ 时 $e(t)$ 的幅值。调制过程在数学上的表示为两者相乘，即调制后的采样信号可表示为

$$e^*(t)=e(t)\delta_T(t)=\sum_{n=0}^{\infty}e(t)\delta(t-nT) \tag{25-2}$$

因为 $e(t)$ 只在采样瞬间 $t=nT$ 时才有意义，故上式也可写成

$$e^*(t)=\sum_{n=0}^{\infty}e(nT)\delta(t-nT) \tag{25-3}$$

连续信号经过采样后得到的采样信号，其频谱与连续信号的频谱相比发生了变化。式(25-1)表明理想脉冲序列 $\delta_T(t)$ 是一个周期函数，可以展开成如下傅里叶级数形式：

$$\delta_T(t)=\sum_{n=-\infty}^{\infty}c_n\mathrm{e}^{\mathrm{j}n\omega_s t} \tag{25-4}$$

式中，$\omega_s=2\pi/T$ 为采样角频率，c_n 为对应的傅里叶系数

$$c_n=\frac{1}{T}\int_{-T/2}^{T/2}\delta_T(t)\mathrm{e}^{-\mathrm{j}n\omega_s t}\mathrm{d}t=\frac{1}{T}\int_{0_-}^{0_+}\delta(t)\mathrm{d}t=\frac{1}{T} \tag{25-5}$$

因此有

$$e^*(t)=e(t)\delta_T(t)=\frac{1}{T}\sum_{n=-\infty}^{\infty}e(t)\mathrm{e}^{\mathrm{j}n\omega_s t} \tag{25-6}$$

式(25-6)两边取拉氏变换，应用拉氏变换复数位移定理，可得

$$E^*(s)=\frac{1}{T}\sum_{n=-\infty}^{\infty}E(s+\mathrm{j}n\omega_s) \tag{25-7}$$

上式中，令 $s=\mathrm{j}\omega$，可得采样信号的傅里叶变换为

$$E^*(\mathrm{j}\omega)=\frac{1}{T}\sum_{n=-\infty}^{\infty}E[\mathrm{j}(\omega+n\omega_s)] \tag{25-8}$$

式中，$E(\mathrm{j}\omega)$ 为连续信号 $e(t)$ 的傅里叶变换。

一般来说，连续信号的频谱 $|E(\mathrm{j}\omega)|$ 是单一的连续频谱，如图 25-6 所示，其中 ω_m 为频谱中的最大角频率；而对应的采样信号频谱 $|E^*(\mathrm{j}\omega)|$ 则是以采样频率 ω_s 为周期的无穷多个频谱之和。在图 25-6 中，$n=0$ 时的频谱称为采样频谱的主频谱，它与连续信号的频谱形状一致，仅在幅值上变化为其 $1/T$ 倍。

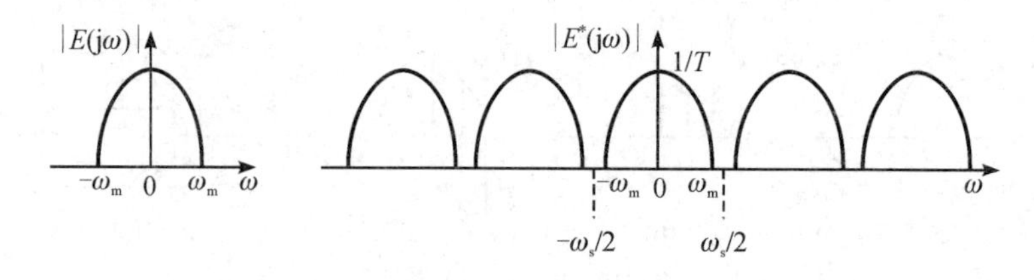

图 25-6　连续信号和采样信号的频谱

思考题 从采样过程可见，采样信号仅在采样瞬间等于连续信号的值，而在其他时刻无定义。那么，从信号频谱的角度看，采样信号能否完全复现连续信号呢？是否包含了连续信号的全部信息呢？

如果采样信号的频谱如图 25-6 所示，则可以采用图 25-7 所示的理想滤波器获得采样频谱的主频谱，再放大 T 倍，从而得到不失真的连续信号的频谱。然而，如果采样信号的频谱如图 25-8 所示，其高频频谱由于叠加而发生畸变，则无法恢复原来连续信号的频谱。因此不难看出，要想从采样信号中完全复现连续信号，对系统的采样频率有一定的要求。

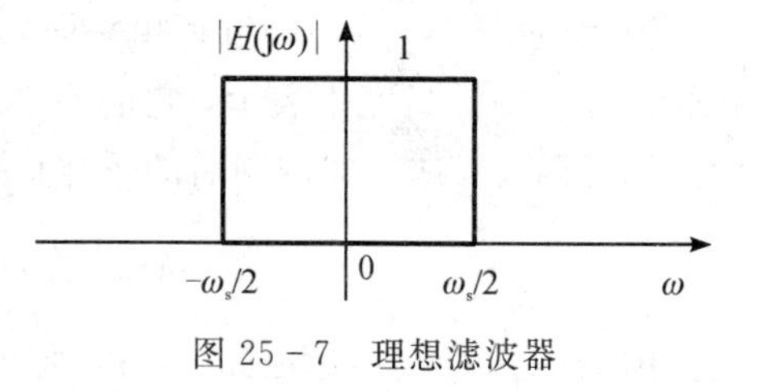

图 25-7　理想滤波器

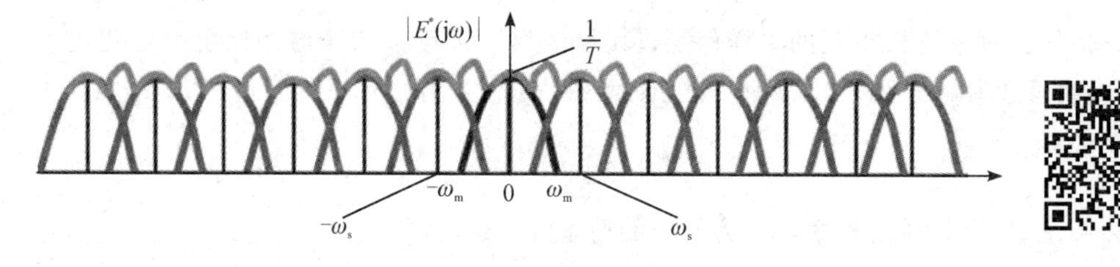

图 25-8　畸变的采样信号频谱

拓展阅读

香农采样定理：如果被采样的连续信号 $e(t)$ 的频谱为有限宽，且频谱的最大宽度为 ω_m，又如果采样角频率 $\omega_s \geqslant 2\omega_m$，并且采样后再加理想滤波器，则连续信号 $e(t)$ 可以不失真地从采样信号 $e^*(t)$ 恢复出来。

思考题 通过采样过程可见，采样频率越高，获得的控制过程时域信息就越多，那是否采样频率越高越好呢？为什么？

在控制工程实践中，采样频率并不是选得越高越好。采样频率选得太高，会增加计算机对存储空间的要求，增加不必要的计算负担。从例 25-1 也可以看出，采样频率选得太高，会导致系统控制器频繁动作，控制过程大幅波动。反之，采样频率选择太小，会导致采样信号无法完全复现连续信号，带来较大的误差，降低系统的性能，甚至导致系统不稳定。

采样频率的选择，一般取决于系统的时间常数等性能指标。系统响应与带宽 ω_b 和截止频率 ω_c 密切相关，在控制信号的频率分量中，超过截止频率 ω_c 的高频分量会大幅衰减。因此，工程实践中一般采样频率可近似取为 $\omega_s = 10\omega_c$。从时域性能指标看，也可以取采样周期为

$$T = \frac{t_r}{10}, \quad T = \frac{t_s}{40} \tag{25-9}$$

其中 t_r、t_s 分别为系统单位阶跃响应的上升时间和调节时间。

连续信号经过采样器后转换成离散信号，经由脉冲控制器处理后仍然是离散信号，而采样控制系统的连续部分只能接收连续信号，因此需要保持器来将离散信号转换为连续信号。从数学上看，保持器本质上是采样点间的插值问题。保持器是具有外推功能的元件，当前时刻的输出信号是过去各时刻输入信号的插值函数。插值函数可以取各种形式，最简单同时也是工程上应用最广的保持器是零阶保持器。这是一种采用恒值外推规律的保持器，它把前一采样时刻脉冲控制器的输出信号不增不减地保持到下一个采样时刻，零阶保持器输入信号和输出信号的关系如图 25－9 所示。

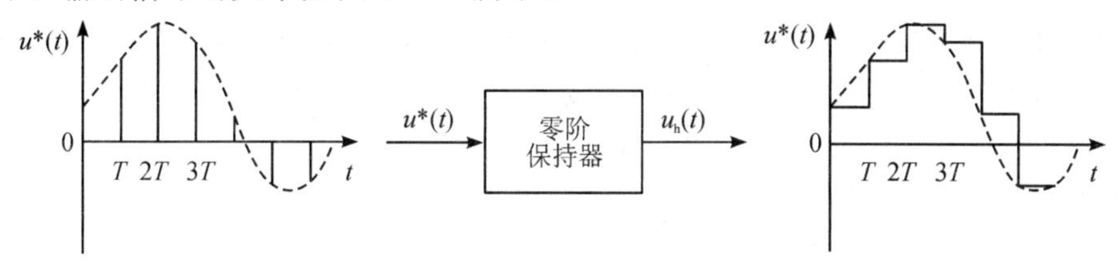

图 25－9　零阶保持器输入输出信号

零阶保持器的单位脉冲响应如图 25－10 所示。可表示为

$$g_h(t) = 1(t) - 1(t-T)$$

上式取拉氏变换，可得零阶保持器传递函数为

$$G_h(s) = \frac{1 - e^{-Ts}}{s} \tag{25-10}$$

上式中令 $s = j\omega$，可得零阶保持器频率特性：

$$G_h(j\omega) = \frac{1 - e^{-j\omega T}}{j\omega} = T\,\frac{\sin(\omega T/2)}{\omega T/2} e^{-j\omega T/2} \tag{25-11}$$

零阶保持器的幅频特性和相频特性如图 25－11 所示。

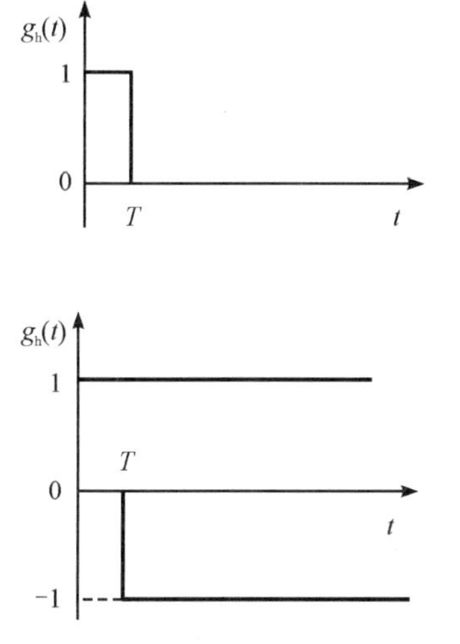

图 25－10　零阶保持器单位脉冲响应

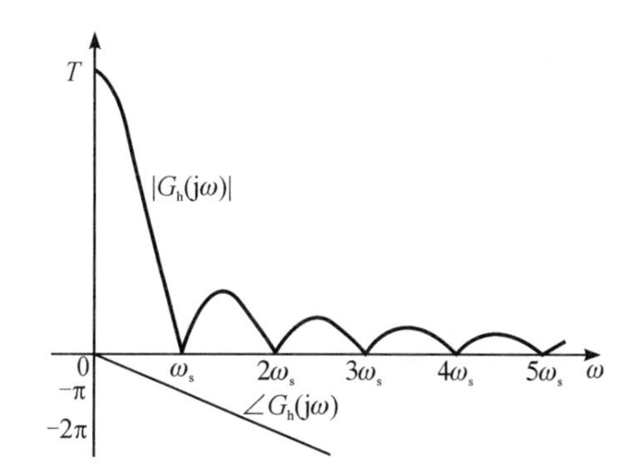

图 25－11　零阶保持器幅频特性和相频特性

由图 25－9 和图 25－11 可见，零阶保持器具有如下特性：

(1) 低通特性：幅值随角频率的增大而迅速衰减，除了主频谱外，还存在一些高频分量，系统输出存在纹波。

(2) 相角滞后：产生相角滞后，且随着频率增大而增加，在 $\omega=\omega_s$ 处，相角滞后可达 180°，从而使得闭环系统稳定性变差。

(3) 时间滞后：输出信号 $u_h(t)$为阶梯信号，如果把阶梯信号的中点连接起来，则可以得到和连续信号 $u(t)$形状一致但在时间上滞后半个周期的信号。相当于给系统增加了一个延迟环节，相角滞后增大，不利于系统稳定性。

25.3　z 变换理论

线性连续控制系统的动态和稳态性能，可以应用拉氏变换的方法进行分析。与此类似，线性离散系统的性能，可以采用 z 变换的方法来分析。z 变换是从拉氏变换直接引申出来的一种变换方法，它实际上是采样函数拉氏变换的变形。因此，z 变换又称为采样拉氏变换，是研究线性离散系统的重要数学工具。

连续函数 $f(t)$的拉氏变换为

$$F(s)=L[f(t)]=\int_0^{\infty} f(t)\mathrm{e}^{-st}\mathrm{d}t$$

若 $f(t)$的采样信号为 $f^*(t)$

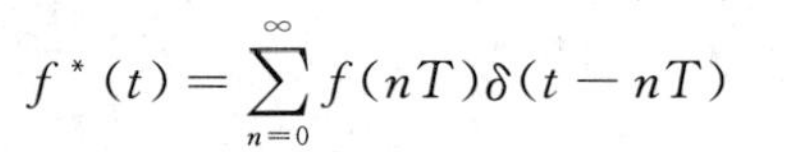

$$f^*(t)=\sum_{n=0}^{\infty} f(nT)\delta(t-nT)$$

精讲视频

则采样信号为 $f^*(t)$的拉氏变换为

$$\begin{aligned}F^*(s)&=\int_0^{\infty}\left[\sum_{n=0}^{\infty} f(nT)\delta(t-nT)\right]\mathrm{e}^{-st}\mathrm{d}t\\&=\sum_{n=0}^{\infty} f(nT)\int_0^{\infty}\delta(t-nT)\mathrm{e}^{-st}\mathrm{d}t=\sum_{n=0}^{\infty} f(nT)\mathrm{e}^{-nTs}\end{aligned}\tag{25-12}$$

上式中 e^{Ts} 是超越函数，为简化书写便于应用，令变量

$$z=\mathrm{e}^{Ts}\tag{25-13}$$

将式(25-13)带入式(25-12)，则采样信号 $f^*(t)$的 z 变换定义为

$$F(z)=Z[f^*(t)]=Z[f(t)]=\sum_{n=0}^{\infty} f(nT)z^{-n}\tag{25-14}$$

严格来说，z 变换是指离散函数采样信号 $f^*(t)$的 z 变换。$Z[f(t)]$是为了书写方便，并不意味着是连续函数 $f(t)$的 z 变换。z 变换仅仅是对采样信号的拉氏变换进行了变量置换，将超越函数转换为 z 的幂级数或有理分式。

将式(25-14)展开，可得

$$F(z)=\sum_{n=0}^{\infty} f(nT)z^{-n}=f(0)+f(1)z^{-1}+f(2)z^{-2}+\cdots\tag{25-15}$$

可见，$F(z)$中，$f(nT)$为 $t=nT$ 采样时刻的幅值，z^{-n} 为对应的时域滞后时间。z 变换和离散序列之间有着非常明确的"幅值"和"定时"的对应关系。

1. z 变换性质

z 变换有一些基本定理，可以使 z 变换的应用变得简单和方便，其内容在许多方面与拉氏变换基本定理有相似之处。

1）线性定理

若 $F_1(z)=Z[f_1^*(t)]$，$F_2(z)=Z[f_2^*(t)]$，a_1 和 a_2 为任意实数，则有

$$Z[a_1f_1^*(t)+a_2f_2^*(t)]=a_1F_1(z)+a_2F_2(z) \tag{25-16}$$

2）实数位移定理

若 $F(z)=Z[f^*(t)]$，n 为任意正整数，则有

$$\begin{aligned} Z[f^*(t-nT)] &= z^{-n}F(z) \\ Z[f^*(t+nT)] &= z^{-n}\left[F(z)-\sum_{k=0}^{n-1}f(kT)z^{-k}\right] \end{aligned} \tag{25-17}$$

3）复数位移定理

若 $F(z)=Z[f^*(t)]$，a 为任意实数，则有

$$Z[f^*(t)\mathrm{e}^{\mp at}]=F(z\mathrm{e}^{\pm aT}) \tag{25-18}$$

4）初值定理

若$\lim\limits_{z\to\infty}F(z)$存在，则有

$$f(0)=\lim_{z\to\infty}F(z) \tag{25-19}$$

5）终值定理

若 $F(z)=Z[f^*(t)]$，且$\lim\limits_{n\to\infty}f(nT)$存在，则有

$$\lim_{t\to\infty}f(t)=\lim_{n\to\infty}f(nT)=\lim_{z\to1}(z-1)F(z) \tag{25-20}$$

6）卷积定理

设 $g(nT)$，$r(nT)$为两个采样函数，它们的离散卷积为

$$c(nT)=g(nT)*r(nT)=\sum_{k=0}^{n}g(kT)r[(n-k)T] \tag{25-21}$$

若 $G(z)=Z[g^*(t)]$，$R(z)=Z[r^*(t)]$，$C(z)=Z[c^*(t)]$，则有

$$C(z)=G(z)\cdot R(z) \tag{25-22}$$

7）z 域尺度定理

若 $F(z)=Z[f^*(t)]$，a 为任意实数，则有

$$Z[a^nf(nT)]=F\left(\frac{z}{a}\right) \tag{25-23}$$

实数位移定理中算子 z 具有明确的物理意义：z^{-k} 代表时域中的延时环节，它将采样信号滞后 k 个采样周期。实数位移定理是一个重要的定理，相当于拉氏变换中的微分和积分定理。应用实数位移定理，可以将描述离散系统的差分方程转换成 z 域的代数方程。

复数位移定理和 z 域尺度定理中，在时间域上对采样信号进行滤波处理，将采样信号乘以指数序列，进行信号增强或者弱化。复数位移定理和 z 域尺度定理给出了滤波处理后的信号 z 变换与原来采样信号 z 变换之间的关系。

2. z 变换求取方法

求离散时间函数的 z 变换有多种方法，下面介绍常用的两种。

1）级数求和法

根据 z 变换的定义，只要知道连续函数 $f(t)$在各个采样时刻的数值，即可按照式

(25-15)求得其 z 变换。这种级数展开式是开放式的，有无穷多项。但有一些常用函数 z 变换的级数展开式，可以用其闭合型函数表示。

例 25-2　求单位阶跃函数的 z 变换。

解　单位阶跃函数的采样信号满足 $f(0)=1$，$f(1)=1$，$f(2)=1$，…，其 z 变换为

$$Z[1(t)]=1+z^{-1}+z^{-2}+\cdots+z^{-n}+\cdots=\frac{1}{1-z^{-1}}=\frac{z}{z-1} \tag{25-24}$$

注意到式(25-24)收敛的条件是 $|z^{-1}|<1$。一般情况下，只要函数 z 变换的无穷级数 $F(z)$ 在 z 平面的某个区域内收敛，则不需要特别指出 $F(z)$ 的收敛域。

例 25-3　求指数函数 e^{-at} 的 z 变换。

解　该函数的采样信号满足 $f(nT)=e^{-anT}$，其 z 变换为

$$\begin{aligned}F(z)&=1+e^{-aT}z^{-1}+e^{-2aT}z^{-2}+\cdots+e^{-2nT}z^{-n}+\cdots\\&=\frac{1}{1-e^{-aT}z^{-1}}=\frac{z}{z-e^{-aT}}\end{aligned} \tag{25-25}$$

2) 部分分式法

若连续函数 $f(t)$ 的拉氏变换 $F(s)$ 已知，则可以利用例 25-2 的指数函数 z 变换结果，对 $F(s)$ 进行部分分式展开求其相应的 z 变换。

假设 $F(s)$ 的所有极点是互异的，

$$F(s)=\sum_{i=1}^{n}\frac{A_i}{s-p_i} \tag{25-26}$$

式中，p_i 为 $F(s)$ 极点，A_i 对应极点的系数。$1/(s-p_i)$ 对应的时间函数为 $e^{p_i t}$，由例 25-3 可知，其对应的 z 变换为 $z/z-e^{p_i T}$，因此有

$$F(z)=\sum_{i=1}^{n}\frac{A_i z}{z-e^{p_i T}} \tag{25-27}$$

随堂练　连续函数 $f(t)$ 的拉氏变换为 $F(s)=1/[s(s+1)]$，求 $f^*(t)$ 的 z 变换。

例 25-4　连续函数 $f(t)=\sin\omega t$，求 $f^*(t)$ 的 z 变换。

解　将 $F(s)$ 做部分分式展开

$$F(s)=\frac{\omega}{s^2+\omega^2}=\frac{1}{2j}\left(\frac{1}{s+j\omega}-\frac{1}{s-j\omega}\right)$$

所以可得

$$F(z)=\frac{1}{2j}\left(\frac{1}{1-e^{j\omega T}z^{-1}}-\frac{1}{1-e^{-j\omega T}z^{-1}}\right)=\frac{(\sin\omega T)z^{-1}}{1-(2\cos\omega T)z^{-1}+z^{-2}}=\frac{z\sin\omega T}{z^2-2z\cos\omega T+1}$$

附表中列出了一些常见函数的拉氏变换和 z 变换。利用此表可以根据给定的函数或其拉氏变换式直接查出其对应的 z 变换，不必再进行繁琐的计算。

3. z 反变换

和拉氏反变换相类似，z 反变换是 z 变换的逆运算，其目的是由象函数 $F(z)$ 求出对应

的采样信号序列 $f^*(t)$或者 $f(nT)$，记做 $Z^{-1}[F(z)]=f^*(t)$。需要特别指出的是，z 反变换仅能得到采样信号序列 $f^*(t)$，而无法得到连续信号 $f(t)$。下面介绍几种常用的 z 反变换方法。

1）幂级数法（长除法）

如果 $F(z)$已是按 z^{-n} 降幂次序排列的级数展开式，即可写出 $f^*(t)$。如果 $F(z)$是有理分式，则用其分母去除分子，可以求出按 z^{-n} 降幂次序排列的级数展开式，再写出 $f^*(t)$。虽然长除法以序列形式给出了 $f(0)$，$f(T)$，$f(2T)$的数值，但是从一组值中一般很难求出 $f^*(t)$或 $f(nT)$的解析表达式。

例 25-5 已知 $F(z)=\dfrac{5z}{z^2-3z+2}$，求 $f^*(t)$。

解 将 $F(z)$改写为

$$F(z)=\frac{5z^{-1}}{1-3z^{-1}+2z^{-2}}$$

长除可得：

$$F(z)=5z^{-1}+15z^{-2}+35z^{-3}+75z^{-4}+\cdots$$

$$f(0)=0,\ f(T)=5,\ f(2T)=15,\ f(3T)=35,\ \cdots$$

$$f^*(t)=0\delta(t)+5\delta(t-T)+15\delta(t-2T)+35\delta(t-3T)+\cdots$$

2）部分分式法

采用部分分式法可以求出离散函数的闭合形式。其方法与拉氏反变换的部分分式法相类似，将 $F(z)$展开成部分分式，就可以通过查表求得 $f^*(t)$或 $f(nT)$。

例 25-6 用部分分式法求例 25-5 中 $F(z)$的 z 反变换。

解 将 $F(z)$展开成部分分式

$$F(z)=\frac{5z}{z^2-3z+2}=\frac{-5z}{z-1}+\frac{5z}{z-2}$$

由 z 反变换表，有

$$Z^{-1}\left[\frac{z}{z-1}\right]=1,\ Z^{-1}\left[\frac{z}{z-2}\right]=2^{\frac{t}{T}}$$

可得

$$f(nT)=-5+5\times2^n\quad(n=0,\ 1,\ 2,\ \cdots)$$

即

$$f^*(t)=\sum_{n=0}^{\infty}5\times(2^n-1)\delta(t-nT)$$

3）留数计算法

由 z 变换定义，有

$$F(z)z^{m-1}=\sum_{k=0}^{\infty}f(kT)z^{m-k-1}$$

令 Γ 为包围 $F(z)z^{m-1}$ 的所有极点的闭合曲线，则有

$$\oint_{\Gamma}F(z)z^{m-1}\mathrm{d}z=\oint_{\Gamma}\sum_{k=0}^{\infty}f(kT)z^{m-k-1}\mathrm{d}z=\sum_{k=0}^{\infty}\oint_{\Gamma}z^{m-k-1}\mathrm{d}z$$

因为

$$\oint_{\Gamma} z^{m-k-1}\mathrm{d}z=\begin{cases}0, & m\neq k\\ 2\pi j, & m=k\end{cases}$$

由柯西留数定理，可得

$$f(kT)=\frac{1}{2\pi j}\oint_{\Gamma}F(z)z^{k-1}\mathrm{d}z=\sum_{i=1}^{n}\mathrm{res}[F(z)z^{k-1},\ z_i] \tag{25-28}$$

式中，z_i 为 $F(z)z^{k-1}$ 的极点，res 表示 $F(z)z^{k-1}$ 在该极点上的留数。

若所有极点 z_i 互异，则其留数为

$$\mathrm{res}[F(z)z^{k-1},\ z_i]=\lim_{z\to z_i}(z-z_i)[F(z)z^{k-1}] \tag{25-29}$$

若极点 z_i 为 q 阶重极点，则其留数为

$$\mathrm{res}[F(z)z^{k-1},\ z_i]=\frac{1}{(q-1)!}\lim_{z\to z_i}\frac{\mathrm{d}^{q-1}}{\mathrm{d}z^{q-1}}[(z-z_i)^q F(z)z^{k-1}] \tag{25-30}$$

例 25-7　用留数法求例 25-5 中 $F(z)$的 z 反变换。

解　由 $F(z)$可得

$$F(z)z^{k-1}=\frac{5z^k}{(z-1)(z-2)}$$

上述函数有两个极点 $z_1=1$，$z_2=2$，其留数分别为

$$\mathrm{res}[F(z)z^{k-1},\ z_1]=\lim_{z\to 1}(z-1)F(z)z^{k-1}=-5$$

$$\mathrm{res}[F(z)z^{k-1},\ z_2]=\lim_{z\to 2}(z-2)F(z)z^{k-1}=5\times 2^k$$

所以可得

$$f(kT)=\sum_{i=1}^{n}\mathrm{res}[F(z)z^{k-1},\ z_i]=5\times(2^k-1)$$

$$f^*(t)=\sum_{k=0}^{\infty}5\times(2^k-1)\delta(t-kT)$$

例 25-8　用留数法求 $F(z)=\dfrac{Tz}{(z-1)^2}$的 z 反变换。

解　由于 $F(z)$在 $z=1$ 处为二重极点，因此其留数为

$$\mathrm{res}[F(z)z^{k-1},\ z_i]=\frac{1}{(2-1)!}\lim_{z\to 1}\frac{\mathrm{d}}{\mathrm{d}z}\left[(z-1)^2\frac{Tz}{(z-1)^2}z^{k-1}\right]=kT$$

因此可得

$$f(kT)=kT,\ (k=0,\ 1,\ 2,\ \cdots)$$

$$f^*(t)=\sum_{k=0}^{\infty}kT\cdot\delta(t-kT)$$

单元作业

求下列函数的 z 反变换。

(1) $X(z)=\dfrac{z}{(z-1)^2(z-2)}$；　(2) $X(z)=\dfrac{z}{(z-\mathrm{e}^{-T})(z-\mathrm{e}^{-3T})}$

第 26 讲 脉冲传递函数、离散系统稳定性分析

学习内容

(1) 脉冲传递函数的基本概念。

(2) 采样系统脉冲传递函数的计算。

(3) 离散系统稳定性分析。

(4) 离散系统稳态误差。

学习目标

(1) 熟悉脉冲传递函数的基本概念。

(2) 熟练计算开环、闭环脉冲传递函数。

(3) 掌握离散系统稳定性条件及判别方法。

(4) 熟练计算离散系统稳态误差。

26.1 脉冲传递函数的基本概念

线性连续系统理论中，把初始条件为零的情况下系统输出信号的拉氏变换与输入信号的拉氏变换之比，定义为传递函数。与此类似，在线性采样系统理论中，把初始条件为零的情况下系统的离散输出信号的 z 变换与离散输入信号的 z 变换之比，定义为脉冲传递函数，或称 z 传递函数。它是线性采样系统理论中的一个重要概念。

对于图 26－1(a)所示的采样系统，脉冲传递函数为

$$G(z)=\frac{C(z)}{R(z)}=\frac{\sum_{n=0}^{\infty}c(nT)z^{-n}}{\sum_{n=0}^{\infty}r(nT)z^{-n}} \tag{26-1}$$

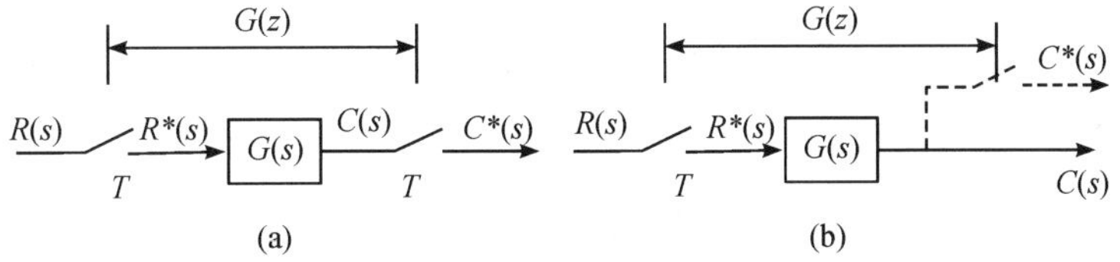

图 26－1 采样系统脉冲传递函数

实际上，许多采样系统的输出信号是连续信号，如图 26－1(b)所示。在这种情况下，为了应用脉冲传递函数的概念，可以在输出端虚设一个采样开关，并令其采样周期与输入端的采样开关相同。

由线性连续系统理论已知，当输入信号为单位脉冲信号 $\delta(t)$时，其输出信号为单位脉

冲响应 $g(t)$。连续系统的传递函数 $G(s)$就是单位脉冲响应函数的拉氏变换，即

$$G(s)=\frac{C(s)}{R(s)}=\int_0^{\infty} g(t)\mathrm{e}^{-st}\mathrm{d}t$$

根据采样系统的单位脉冲响应同样可以求出脉冲传递函数。当输入信号为单位脉冲信号 $\delta(t)$时，其输出信号为单位脉冲响应 $g(t)$。当系统输入信号为如下脉冲序列时

$$r^*(t)=\sum_{n=0}^{\infty} r(nT)\delta(t-nT)$$

根据叠加原理，输出信号为一系列脉冲响应之和，即

$$c(t)=\sum_{n=0}^{\infty} r(nT)g(t-nT)$$

在 $t=kT$ 时刻，输出 $c(t)$的采样值为

$$c(kT)=\sum_{n=0}^{\infty} r(nT)g[(k-n)T]$$

根据卷积定理，可得上式的 z 变换

$$C(z)=G(z)R(z)$$

其中，$C(z)$，$R(z)$分别是离散输出信号的变换与离散输入信号的变换。

$$G(z)=\sum_{n=0}^{\infty} g(nT)z^{-n} \tag{26-2}$$

即，系统的脉冲传递函数 $G(z)$就是系统的单位脉冲响应 $g(t)$经过采样后的离散信号 $g^*(t)$的 z 变换。

脉冲传递函数还可以表示为

$$G(z)=Z[g(t)]=Z\{L^{-1}[G(s)]\}\triangleq Z[G(s)]$$

但要特别注意

$$Z[G(s)]\neq G(s)\Big|_{s=z}$$

如果已知 $R(z)$和 $G(z)$，则在零初始条件下，线性定常离散系统的输出采样信号为

$$c^*(t)=Z^{-1}[C(z)]=Z^{-1}[G(z)R(z)]$$

例 26-1 系统结构如图 26-1(a)所示，求该系统的脉冲传递函数。其中

$$G(s)=\frac{1}{s(0.1s+1)}$$

解 连续部分传递函数做部分分式展开

$$G(s)=\frac{1}{s}-\frac{1}{s+10}$$

脉冲响应函数为

$$g(t)=L^{-1}[G(s)]=1-\mathrm{e}^{-10t}$$

则，脉冲传递函数为

$$G(z)=\sum_{k=0}^{\infty} g(kT)z^{-k}=\sum_{k=0}^{\infty}(1-\mathrm{e}^{-10kT})z^{-k}$$

$$=\frac{z}{z-1}-\frac{z}{z-\mathrm{e}^{-10T}}=\frac{z(1-\mathrm{e}^{-10kT})}{(z-1)(z-\mathrm{e}^{-10T})}$$

也可以通过采样系统的差分方程直接求脉冲传递函数。

例 26-2　已知采样系统差分方程如下，求其脉冲传递函数。

$$y(k+2)-0.7y(k+1)-0.1y(k)=5x(k+1)+x(k)$$

解　设上述系统初始条件为 0，对差分方程做 z 变换，有

$$z^2Y(z)-0.7zY(z)-0.1Y(z)=5zX(z)+X(z)$$

可得

$$G(z)=\frac{Y(z)}{X(z)}=\frac{5z+1}{z^2-0.7z-0.1}$$

26.2　采样系统脉冲传递函数

在介绍采样系统脉冲传递函数模型之前，先不加证明地给出采样拉氏变换的两个重要性质：

(1) 采样函数的拉氏变换具有周期性，即

$$G^*(s)=G^*(s+\mathrm{j}k\omega_s) \tag{26-3}$$

其中，ω_s 为采样角频率。

(2) 若采样函数的拉氏变换 $E^*(s)$ 与连续函数的拉氏变换 $G(s)$ 相乘后再离散化，则 $E^*(s)$ 可以从离散符号中提出来，即

$$\begin{aligned}[G(s)E^*(s)]^* &= G^*(s)E^*(s)\\ Z[G(s)E^*(s)] &= G(z)E(z)\end{aligned} \tag{26-4}$$

这两个性质在建立采样系统脉冲传递函数时十分重要。

计算采样系统的开环脉冲传递函数时，应该注意采样开关在系统中的不同位置对开环脉冲传递函数的影响。

1. 串联环节间无采样开关时的脉冲传递函数

在图 26-2 所示的系统中，两个串联环节之间没有采样开关隔离。这时系统的开环脉冲传递函数为

$$G(z)=Z[G_1(s)G_2(s)]=G_1G_2(z) \tag{26-5}$$

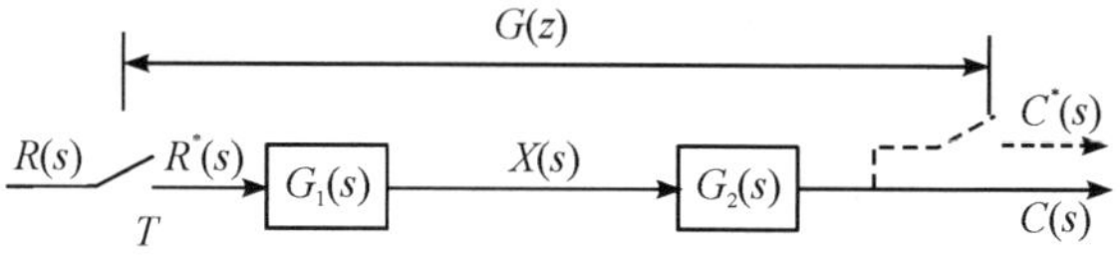

图 26-2　串联环节间无采样开关

式(26-5)表示，没有采样开关分隔的两个环节串联时，其脉冲传递函数为这两个环节的传递函数相乘之积的 z 变换。上述结论也可以推广到无采样开关分隔的 n 个环节串联的情况。

例 26-3　系统结构如图 26-2 所示，求开环脉冲传递函数，其中

$$G_1(s)=\frac{1}{s+a},\ G_2(s)=\frac{1}{s+b}$$

解　由图可得

$$G_1(s)G_2(s)=\frac{1}{s+a}\cdot\frac{1}{s+b}=\frac{1}{b-a}\left[\frac{1}{s+a}-\frac{1}{s+b}\right]$$

其开环脉冲传递函数为

$$G(z)=G_1G_2(z)=\frac{1}{b-a}Z\left[\frac{1}{s+a}-\frac{1}{s+b}\right]$$
$$=\frac{1}{b-a}\left[\frac{z(\mathrm{e}^{-aT}-\mathrm{e}^{-bT})}{(z-\mathrm{e}^{-aT})(z-\mathrm{e}^{-bT})}\right]$$

2. 串联环节间有采样开关且同步时的脉冲传递函数

在图 26-3 所示的开环系统中，两个串联环节之间有采样开关存在，此时

$$C(x)=G_2(s)X^*(s), \quad X(s)=G_1(s)R^*(s)$$

两边做 z 变换，可得

$$C(z)=G_2(z)X(z), \quad X(z)=G_1(z)R(z)$$

系统的开环脉冲传递函数为

$$G(z)=\frac{C(z)}{R(z)}=G_1(z)G_2(z)=Z[G_1(s)]\cdot Z[G_2(s)] \tag{26-6}$$

式(26-6)表明，有采样开关分隔的两个环节串联时，其脉冲传递函数等于两个环节的脉冲传递函数之积。上述结论可以推广到有采样开关分隔的 n 个环节串联的情况。

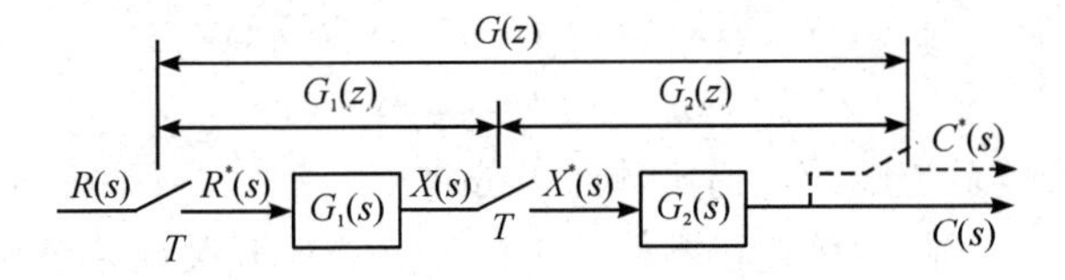

图 26-3 串联环节间有采样开关

例 26-4 系统结构如图 26-3 所示，求开环脉冲传递函数，其中

$$G_1(s)=\frac{1}{s+a}, G_2(s)=\frac{1}{s+b}$$

解 由图可得

$$G_1(z)=Z\left[\frac{1}{s+a}\right]=\frac{z}{z-\mathrm{e}^{-aT}}, \quad G_2(z)=Z\left[\frac{1}{s+b}\right]=\frac{z}{z-\mathrm{e}^{-bT}}$$

其开环脉冲传递函数为

$$G(z)=G_1(z)\cdot G_2(z)=\frac{z^2}{(z-\mathrm{e}^{-aT})(z-\mathrm{e}^{-bT})}$$

3. 有零阶保持器时的脉冲传递函数(中间无采样开关)

在图 26-4 所示的开环系统中，一个零阶保持器串联一个连续环节，中间没有采样开关存在，此时

$$G_O(s)=G_h(s)G(s)=\frac{1-\mathrm{e}^{-Ts}}{s}G(s)$$
$$=(1-\mathrm{e}^{-Ts})G_1(s)$$
$$=G_1(s)-\mathrm{e}^{-Ts}G_1(s)$$

其单位脉冲响应为

$$g_0(t)=L^{-1}[G_0(s)]=g_1(t)-g_1(t-T)$$

由 z 变换实数位移定理(25-17)，可得

$$G_0(z)=G_1(z)-z^{-1}G_1(z)=(1-z^{-1})G_1(z),\ G_1(z)=Z\left[\frac{G(s)}{s}\right] \tag{26-7}$$

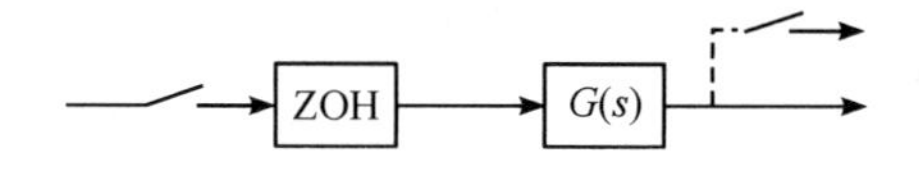

图 26-4　零阶保持器和串联环节

例 26-5　系统结构如图 26-4 所示，求开环脉冲传递函数，其中

$$G(s)=\frac{1}{s(s+1)}$$

解　由题可得

$$G_1(s)=\frac{G(s)}{s}=\frac{1}{s^2(s+1)}=\frac{1}{s^2}-\frac{1}{s}+\frac{1}{s+1}$$

$$G_0(z)=(1-z^{-1})G_1(z)=(1-z^{-1})\left[\frac{z}{(z-1)^2}-\frac{z}{z-1}+\frac{z}{z-e^{-T}}\right]$$

$$=\frac{ze^{-1}+1-2e^{-1}}{(z-1)(z-e^{-1})}=\frac{0.368(z+0.264)}{(z-1)(z-0.368)}$$

4. 采样系统闭环脉冲传递函数

设典型闭环采样控制系统如图 26-5 所示。图中输入端和输出端的采样开关是为了便于分析而虚设的。

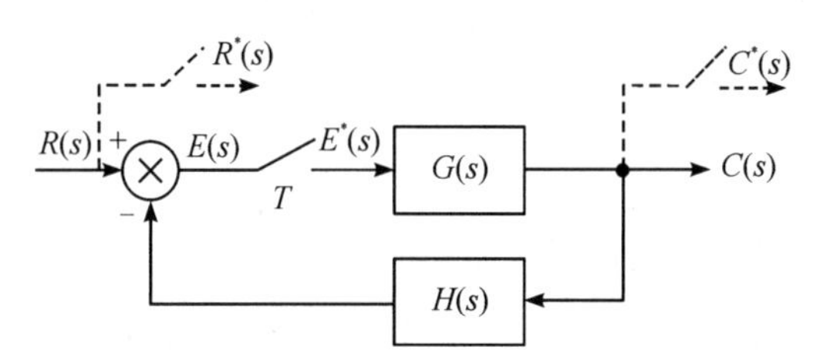

图 26-5　闭环采样系统

由图可得

$$C(s)=G(s)E^*(s),\ E(s)=R(s)-Y(s),\ Y(s)=H(s)G(s)E^*(s)$$

对上式分别做 z 变换，注意到 $G(s)$和 $H(s)$之间没有采样开关，所以有

$$C(z)=G(z)E(z),\ E(z)=R(z)-Y(z),\ Y(z)=GH(z)E(z)$$

可得闭环系统的脉冲传递函数为

$$\Phi(z)=\frac{C(z)}{R(z)}=\frac{G(z)}{1+GH(z)} \tag{26-8}$$

误差脉冲传递函数为

$$\Phi_e(z)=\frac{E(z)}{R(z)}=\frac{1}{1+GH(z)} \tag{26-9}$$

与线性连续系统类似，闭环脉冲传递函数的分母 $1+GH(z)$ 即为闭环采样控制系统的特征多项式。

例 26-6 采样闭环系统结构如图 26-5 所示，采样周期为 1 s，求闭环脉冲传递函数，其中

$$G(s)=\frac{1}{s(s+1)},\ H(s)=1$$

解 开环脉冲传递函数为

$$GH(z)=G(z)=Z\left[\frac{1}{s(s+1)}\right]=\frac{0.632z}{(z-1)(z-0.368)}$$

闭环脉冲传递函数为

$$\frac{G(z)}{1+GH(z)}=\frac{0.632z}{z^2-0.736z+0.368}$$

如果离散控制系统中控制器为数字计算机，则数字控制系统的方框图一般可用图 26-6 表示，其中 $D^*(s)$ 或 $D(z)$ 为数字控制器。

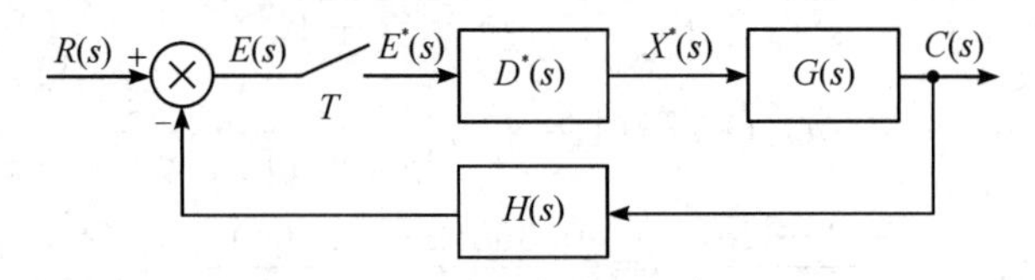

图 26-6 数字控制器采样系统

由图可得

$$C(s)=G(s)X^*(s),\ X^*(s)=D^*(s)E^*(s),\ E(s)=R(s)-G(s)H(s)X^*(s)$$

对上式分别做 z 变换，注意到 $G(s)$ 和 $H(s)$ 之间没有采样开关，所以有

$$C(z)=G(z)X(z),\ X(z)=D(z)E(z),\ E(z)=R(z)-GH(z)X(z)$$

可得闭环系统的脉冲传递函数为

$$\frac{C(z)}{R(z)}=\frac{D(z)G(z)}{1+D(z)GH(z)} \tag{26-10}$$

采样系统的闭环脉冲传递函数与连续系统闭环脉冲传递函数的不同之处在于采样开关的存在。对于图 26-7 所示的有干扰的采样系统，干扰 $N(s)$ 到输出 $C(s)$ 的通道上没有采样开关，所以不能写出输出 $C(s)$ 对干扰 $N(s)$ 的闭环传递函数。

$$C(z)=\frac{G_1G_2(z)}{1+G_1G_2(z)}R(z)+\frac{G_2N(z)}{1+G_1G_2(z)}$$

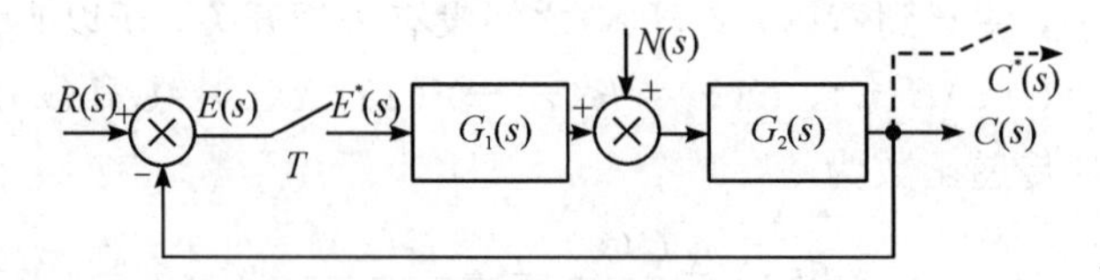

图 26-7 有干扰的采样系统

随堂练 闭环离散系统结构如图 26-8 所示，求 $C(z)$

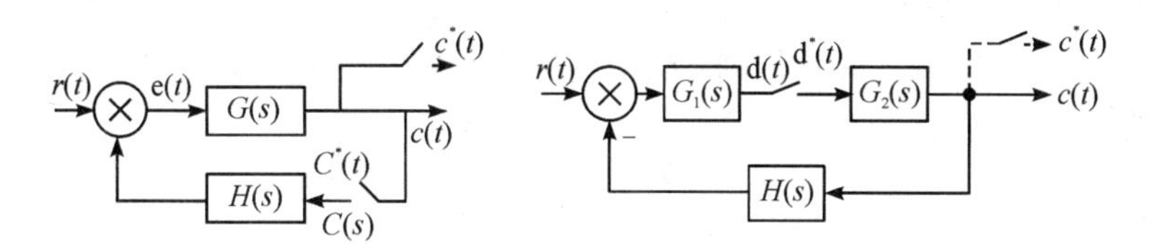

图 26-8　闭环离散系统

26.3　离散系统稳定性分析

精讲视频

正如在线性连续系统分析中的情况一样，线性离散系统稳定性分析也是一个重要概念。为了把连续系统在 S 平面上分析稳定性的结果移植到 Z 平面上分析离散系统的稳定性，首先需要研究这两个复平面的关系。

在 z 变换定义中，$z=e^{Ts}$ 给出了 s 域到 z 域的映射关系。S 平面上任意一点 $s=\sigma+j\omega$ 映射到 Z 平面，有

$$z=e^{T(\sigma+j\omega)}=e^{\sigma T}e^{jT\omega},\quad |z|=e^{\sigma T},\ \angle z=\omega T$$

令 S 平面上的点沿虚轴移动，即 $s=j\omega$，映射到 Z 平面上的点 $z=e^{j\omega T}$，其轨迹为以原点为圆心的单位圆。点当 s 位于 S 平面虚轴的左半部($\sigma<0$)时，这时 $|z|<1$，对应 Z 平面上的单位圆内；当点 s 位于 S 平面虚轴的右半部($\sigma>0$)时，这时 $|z|>1$，对应 Z 平面上的单位圆外部区域，见图 26-9。

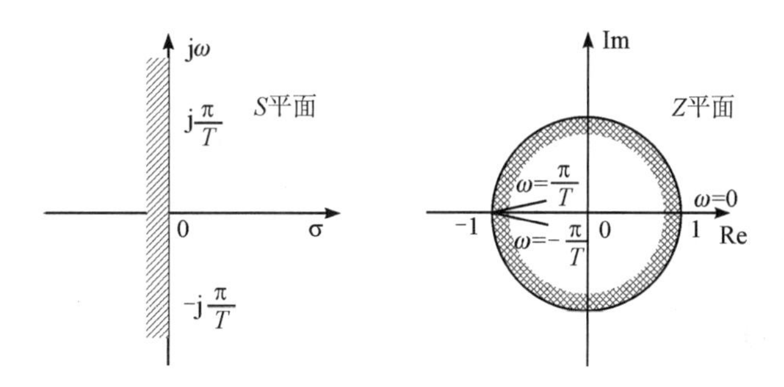

图 26-9　S 平面虚轴在 Z 平面上的映射

对于图 26-5 所示的采样控制系统，其特征方程式为

$$1+GH(z)=0$$

系统的特征根 z_1，z_2，…，z_n 即为闭环脉冲传递函数的极点。根据以上分析可知，闭环采样系统稳定的充分必要条件是：系统特征方程的所有根均分布在 Z 平面的单位圆内，或者所有根的模均小于 1，即

$$|z_i|<1,\ i=1,\ 2,\ \cdots,\ n$$

与分析连续系统的稳定性一样，用直接求解特征方程式根的方法判断系统的稳定性往往比较困难，这时可利用劳斯判据来判断其稳定性。但对于线性采样系统，不能直接应用

劳斯判据，因为劳斯判据只能判断系统特征方程式的根是否在 S 平面虚轴的左半部，而采样系统中希望判别的是特征方程式的根是否在 Z 平面单位圆的内部。因此，必须采用一种线性变换方法，使 Z 平面上的单位圆，映射为新坐标系的虚轴。这种坐标变换称为双线性变换，又称为 w 变换。令

$$z=\frac{w+1}{w-1},\quad 或\quad w=\frac{z+1}{z-1} \tag{26-11}$$

复变量 z 与 w 互为线性变换，故 w 变换又称为双线性变换。令复变量

$$z=x+\mathrm{j}y,\quad w=u+\mathrm{j}v$$

带入式(26-11)，可得

$$u+\mathrm{j}v=\frac{x+\mathrm{j}y+1}{x+\mathrm{j}y-1}=\frac{(x^2+y^2-1)-\mathrm{j}2y}{(x-1)^2+y^2}$$

对于 W 平面上的虚轴，实部 $u=0$，即 $x^2+y^2-1=0$，这就是 Z 平面上以坐标原点为圆心的单位圆的方程。单位圆内 $x^2+y^2<1$，对应于 W 平面上 $u<0$，在虚轴的左半部；单位圆外 $x^2+y^2>1$，对应于 W 平面上 $u>0$，在虚轴的右半部。

例 26-7 设采样控制系统如图 26-10 所示，采样周期 $T=0.25$ s，求能使系统稳定的 K 值范围。

解 开环脉冲传递函数为

$$G(z)=Z\left[\frac{K}{s(s+4)}\right]=\frac{K}{4}Z\left(\frac{1}{s}-\frac{1}{s+4}\right)$$
$$=\frac{K}{4}\left(\frac{z}{z-1}-\frac{z}{z-\mathrm{e}^{-4T}}\right)=\frac{K}{4}\cdot\frac{(1-\mathrm{e}^{-4T})z}{(z-1)(z-\mathrm{e}^{-4T})}$$

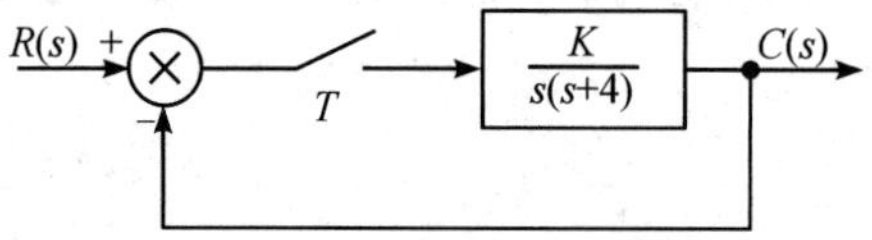

图 26-10 例 26-7 采样控制系统

闭环脉冲传递函数为

$$G_c(z)=\frac{G(z)}{1+G(z)}$$

闭环系统的特征方程为

$$1+G(z)=(z-1)(z-\mathrm{e}^{-4T})+\frac{K}{4}(1-\mathrm{e}^{-4T})z=0$$

令 $z=\dfrac{w+1}{w-1}$，$T=0.25$，代入上式，可得

$$\left(\frac{w+1}{w-1}-1\right)\left(\frac{w+1}{w-1}-0.368\right)+0.158K\,\frac{w+1}{w-1}=0$$

整理后可得

$$0.158Kw^2+1.264w+(2.736-0.158K)=0$$

列劳斯表

$$
\begin{array}{lll}
w^2 & 0.158K & 2.736-0.158K \\
w^1 & 1.264 & \dfrac{1}{s^2(s+1)} \\
w^0 & 2.736-0.158K &
\end{array}
$$

要使系统稳定，必须使劳斯表中第一列各项大于零，即

$$0.158K>0,\ 2-736-0.158K>0$$

所以使系统稳定的 K 值范围是 $0<K<17.3$。

例 26-8　设采样控制系统如图 26-11 所示，判断系统在采样周期 $T=1$ s 和 $T=4$ s 时的稳定性。

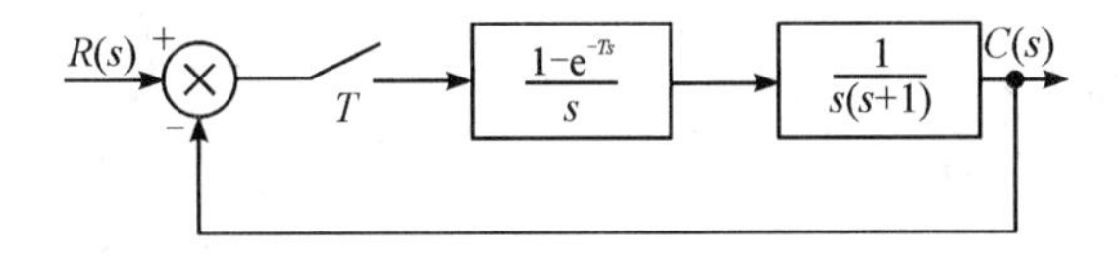

图 26-11　例 26-8 采样控制系统

解　开环脉冲传递函数为

$$
\begin{aligned}
G(z) &= Z\left(\frac{1-e^{-Ts}}{s}\cdot\frac{1}{s(s+1)}\right)=(1-z^{-1})Z\left(\frac{1}{s^2}-\frac{1}{s}+\frac{1}{s+1}\right) \\
&=(1-z^{-1})\left(\frac{Tz}{(z-1)^2}-\frac{z}{z-1}+\frac{z}{z-e^{-T}}\right) \\
&=\frac{T(z-e^{-T})-(z-1)(z-e^{-T})+(z-1)^2}{(z-1)(z-e^{-T})}
\end{aligned}
$$

闭环系统的特征方程为

$$T(z-e^{-T})+(z-1)^2=z^2+(T-2)z+(1-Te^{-T})=0$$

方程是二阶，无需使用双线性变换，可以直接求解，判断根是否在单位圆内。

当 $T=1$ 时，系统特征方程为 $z^2-z+0.632=0$，解得极点为

$$z_{1,2}=0.5\pm j0.618$$

由于极点都在单位圆内，所以系统稳定。

随堂练 判断系统在采样周期 $T=4$ s 时的稳定性。

思考题 从例 26-8 看，加长采样周期，对系统稳定性有什么影响？

26.4　离散系统稳态误差

设典型闭环采样控制系统，如图 26-5 所示。在前面的分析中，已经求得误差脉冲传递

函数如式(26-9)，则系统的误差为

$$E(z)=\frac{1}{1+GH(z)}R(z)$$

设闭环系统稳定，根据终值定理可以求出在输入信号作用下采样系统的稳态误差终值

$$e_{sr}=\lim_{t\to\infty}e(t)=\lim_{z\to 1}(z-1)\frac{1}{1+GH(z)}R(z) \tag{26-12}$$

在连续系统中，如果开环传递函数$G(s)H(s)$具有v个$s=0$的极点，则由$z=e^{Ts}$可知相应$GH(z)$必有v个$z=1$的极点。在离散系统中，也可把开环传递函数$GH(z)$具有$z=1$的极点数v作为划分系统型别的标准，把$GH(z)$中$v=0$，1，2…的系统称为0型、Ⅰ型和Ⅱ型(离散)系统等。

离散系统的3种稳态误差系数以及不同型别的稳态误差推导如下。

(1) 单位阶跃输入时，有

$$e_{sr}=\lim_{z\to 1}(z-1)\frac{1}{1+GH(z)}\frac{z}{z-1}=\frac{1}{\lim\limits_{z\to 1}[1+GH(z)]}=\frac{1}{K_p} \tag{26-13}$$

式中，$K_p=\lim\limits_{z\to 1}[1+GH(z)]$为静态位置误差系数。

(2) 单位斜坡输入时，有

$$e_{sr}=\lim_{z\to 1}(z-1)\frac{1}{1+GH(z)}\frac{Tz}{(z-1)^2}=\frac{T}{\lim\limits_{z\to 1}(z-1)GH(z)}=\frac{T}{K_v} \tag{26-14}$$

式中，$K_v=\lim\limits_{z\to 1}(z-1)GH(z)$为静态速度误差系数。

(3) 单位加速度输入时，有

$$e_{sr}=\lim_{z\to 1}(z-1)\frac{1}{1+GH(z)}\frac{T^2z(z+1)}{2(z-1)^3}=\frac{T^2}{\lim\limits_{z\to 1}(z-1)^2GH(z)}=\frac{T^2}{K_a} \tag{26-15}$$

式中，$K_a=\lim\limits_{z\to 1}(z-1)^2GH(z)$为静态加速度误差系数。

例 26-9 设采样控制系统如图26-12所示，其中$G(s)=\frac{1}{s(0.1s+1)}$，$T=0.1$ s，当输入信号分别为$r(t)=1(t)$，$r(t)=t$时，求该系统稳态误差。

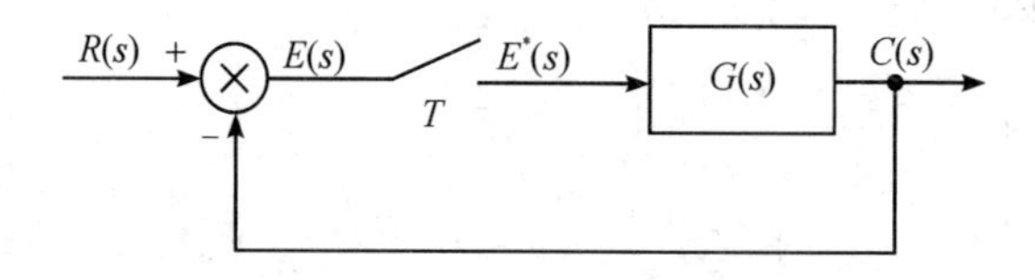

图26-12 例26-9采样控制系统

解 开环脉冲传递函数为

$$G(z)=\frac{z(1-e^{-1})}{(z-1)(z-e^{-1})}$$

该系统误差为

$$E(z)=\frac{1}{1+G(z)}R(z)=\frac{(z-1)(z-0.368)}{z^2-0.736z+0.368}$$

闭环特征根分别为$z_{1,2}=0.368\pm j0.482$，在单位圆内，系统稳定。

单位阶跃输入时，$r(t)=1(t)$，$K_p=\lim\limits_{z\to 1}[1+G(z)]=\infty$，

$$e_{sr}=\lim_{z\to 1}(z-1)\frac{1}{1+G(z)}\frac{z}{z-1}=\frac{1}{K_p}=0$$

单位斜坡输入时，$r(t)=t$，$K_v=\lim\limits_{z\to 1}(z-1)G(z)=1$，

$$e_{sr}=\lim_{z\to 1}(z-1)\frac{1}{1+G(z)}\frac{Tz}{(z-1)^2}=\frac{T}{K_v}=0.1$$

单元作业

1. 采样控制系统如图 26 - 12 所示，其中 $G(s)=\dfrac{4}{s(s+1)}$，$T=1$ s，判断系统稳定性。

2. 采样控制系统如图 26 - 10 所示，其中采样周期 $T=1$ s，当输入信号分别为 $r(t)=1(t)$，$r(t)=t$ 时，求该系统稳态误差。

第 27 讲　离散系统动态性能与数字校正

学习内容

(1) 离散系统时间响应。

(2) 采样器和保持器对系统性能的影响。

(3) 数字控制离散化。

(4) 最少拍系统设计。

学习目标

(1) 熟悉离散系统动态性能分析方法。

(2) 掌握采样器和保持器对系统性能的影响。

(3) 掌握数字控制器离散化设计方法。

(4) 熟练掌握最少拍系统设计原理与方法。

27.1　离散系统时间响应

在已知离散系统结构和参数情况下，采用 z 变换法分析离散系统动态性能时，通常假定输入外作用为单位阶跃函数，先求取其单位阶跃响应再分析性能。

如果可以求出离散系统的闭环脉冲传递函数 $\Phi(z)=C(z)/R(z)$，其中 $R(z)=z/(z-1)$ 通常为单位阶跃函数，则系统输出量的 z 变换函数为

$$C(z)=\frac{z}{z-1}\Phi(z)$$

将上式展成幂级数，通过 z 反变换，可以求出输出信号的脉冲序列 $c(k)$ 或 $c^*(t)$。由于离散系统的时域指标与连续系统相同，故根据单位阶跃响应曲线 $c(k)$ 可以方便地分析离散系统的动态性能。应当指出，由于离散系统的单位阶跃响应曲线只在采样时刻才有值，时域性能指标也只能按照采样值来计算，因而是近似的估计。

在无法求出离散系统的闭环脉冲传递函数 $\Phi(z)$ 的情况下，由于输入信号 $R(z)$ 给定，输出 $C(z)$ 的表达式总是可以写出的，依然可以求取输出信号的脉冲序列 $c(k)$。

例 27-1　设采样控制系统如图 27-1 所示，其中，$G(s)=\dfrac{2}{s(0.1s+1)}$，$T=0.1$ s，绘制系统的单位阶跃响应曲线并估算系统动态性能指标 t_s，$\sigma\%$。

解　开环脉冲传递函数为

$$G(z)=Z\left[\frac{2}{s(0.1s+1)}\right]=\frac{1.264z}{z^2-1.368z+0.368}$$

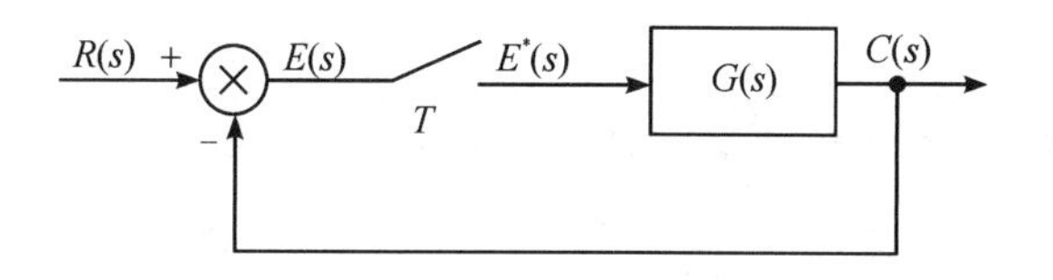

图 27-1　例 27-1 采样控制系统

闭环脉冲传递函数为

$$\Phi(z)=\frac{G(z)}{1+G(z)}=\frac{1.264z}{z^2-0.104z+0.368}$$

系统的阶跃响应为

$$C(z)=\Phi(z)R(z)=\frac{1.264z}{z^2-0.104z+0.368}\cdot\frac{z}{z-1}$$

$$=\frac{1.264z^2}{z^3-1.104z^2+0.472z-0.368}$$

用长除法可得

$$C(z)=1.264z^{-1}+1.395z^{-2}+0.943z^{-3}+0.848z^{-4}+1.004z^{-5}+1.055z^{-6}+1.003z^{-7}+\cdots$$

输出信号的脉冲序列 $c(k)$ 为

$c(1)=1.264$，$c(2)=1.395$，$c(3)=0.943$，$c(4)=0.848$，$c(5)=1.004$，$c(6)=1.055$，…

将输出信号在各采样时刻的值 $c(k)$ 用“ * ”标于图 27-2(a)中，光滑地连接图中各点，便得到了系统单位阶跃响应曲线的大致波形，由该波形曲线可得

$$t_s\approx(6\sim7)T=0.6\sim0.7\ \text{s}，\sigma\%=40\%\sim50\%$$

用 MATLAB 命令“dstep”可求出离散控制系统的阶跃响应，如图 27-2(b)所示。

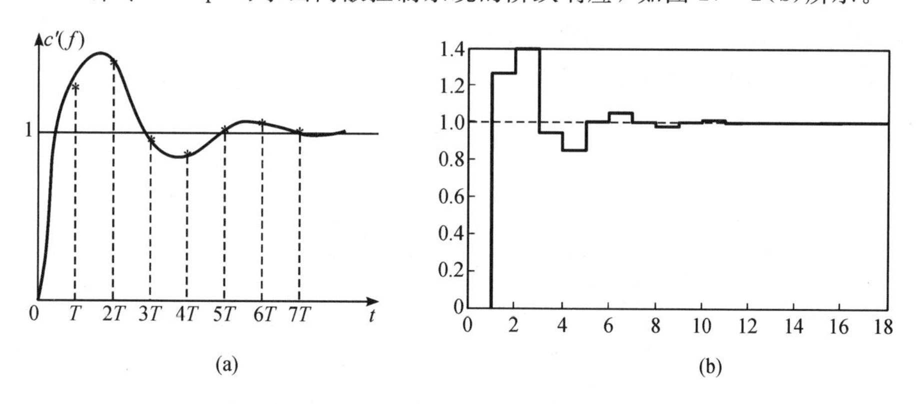

图 27-2　例 27-1 离散系统单位阶跃响应

27.2　采样器和保持器对系统性能的影响

从例 26-8 看出，一个原来稳定的系统，如果采样周期超过一定范围后，系统就会不稳定。通常采样周期越大，系统的稳定性就越差。事实上，采样器和保持器都会影响闭环离散系统的稳定性和动态性能。下面通过一个例子来定性地说明这种影响。

例 27-2　某系统结构如图 27-3 所示，分析采样器和保持器对系统性能的影响。

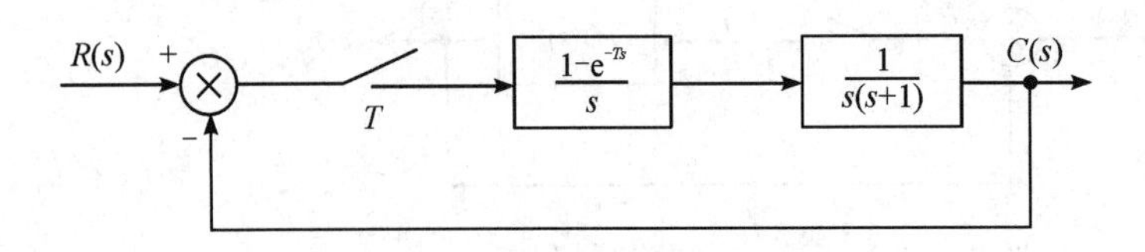

图 27-3　例 27-2 离散系统结构图

精讲视频

解　如果没有采样器和保持器，则为连续系统。其闭环传递函数为

$$\Phi(s)=\frac{1}{s^2+s+1}$$

该系统为标准二阶系统，阻尼比为 $\zeta=0.5$，$\omega_n=1$，其单位阶跃响应为

$$c(t)=1-\frac{e^{-\zeta\omega_n t}}{\sqrt{1-\zeta^2}}\sin\left(\omega_n\sqrt{1-\zeta^2}\,t+\arccos\zeta\right)$$

$$=1-1.154e^{-0.5t}\sin(0.866t+60°)$$

单位阶跃响应曲线如图 27-4 中的曲线 1 所示。

如果在系统中添加采样周期为 $T=0.2$ s 的采样器而没有保持器，则其开环脉冲传递函数为

$$G(z)=Z\left[\frac{1}{s(s+1)}\right]=\frac{0.181z}{(z-1)(z-0.819)}$$

闭环脉冲传递函数为

$$\Phi(z)=\frac{G(z)}{1+G(z)}=\frac{0.181z}{z^2-1.638z+0.819}$$

单位阶跃响应曲线如图 27-4 中的曲线 2 所示。

如果在系统中添加采样周期为 $T=0.2$ s 的采样器和零阶保持器，则其开环脉冲传递函数为

$$G(z)=(1-z^{-1})Z\left(\frac{1}{s^2(s+1)}\right)=\frac{0.019(z+0.94)}{(z-1)(z-0.819)}$$

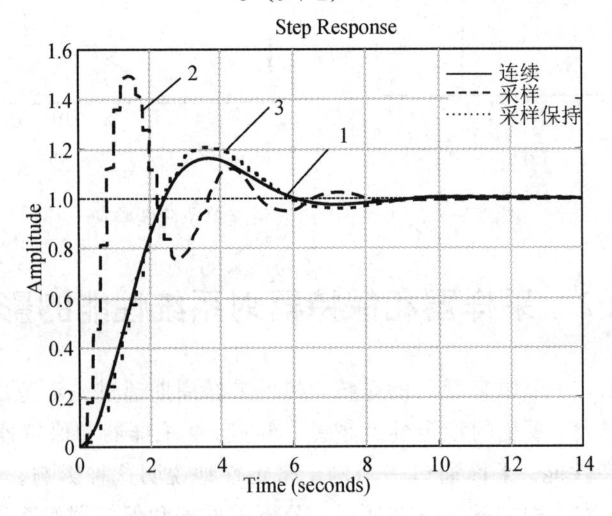

图 27-4　例 27-2 系统单位阶跃响应

闭环脉冲传递函数为

$$\Phi(z)=\frac{G(z)}{1+G(z)}=\frac{0.019(z+0.94)}{z^2-1.80z+0.836}$$

单位阶跃响应曲线如图 27-4 中的曲线 3 所示。

例 27-3 相应的 MATLAB 命令如下：

```
T=0.2;K=1;
G0=zpk([],[0 -1],K);G1=zpk([0],[1 exp(-T)],1-exp(-T),T);G3=c2d(G0,T,'zoh');
sys0=feedback(G0,1);sys1=feedback(G1,1);sys2=feedback(G3,1);
step(sys0);hold on;step(sys1);hold on;step(sys2);hold on;
grid;axis([0 14 0 1.6]);
```

由图 27-4 可见，采样器和保持器对离散系统动态性能有如下影响：

(1) 采样器可使系统峰值时间和调节时间减小，超调量增大。采样造成的信息损失会降低系统的稳定程度。

(2) 零阶保持器使系统峰值时间和调节时间都加长，超调量有所增加。零阶保持器的相角滞后降低了系统的稳定程度。

27.3 数字控制离散化

当控制器用数字计算机实现时，系统称为数字控制系统。数字控制系统是离散控制系统的一种表现形式。数字控制系统的控制问题实际上就是控制器的设计问题。数字控制器的设计可分为连续化设计技术和离散化设计技术。

连续化设计技术是一种离散系统的等效设计方法，即假设系统是一个连续系统，没有采样开关，先设计一个模拟(连续时间)控制器 $G_c(s)$，再离散化得到数字控制器 $D(z)$。常用的离散化方法有双线性变换法和前项差分法。

精讲视频

(1) 双线性变换法。

由 z 变换定义可知，$z=e^{Ts}$，利用级数展开可得

$$z=e^{Ts}=\frac{e^{\frac{1}{2}Ts}}{e^{-\frac{1}{2}Ts}}=\frac{1+\frac{1}{2}Ts+\cdots}{1-\frac{1}{2}Ts+\cdots}\approx\frac{1+\frac{1}{2}Ts}{1-\frac{1}{2}Ts}$$

由上式可得

$$s=\frac{2(z-1)}{T(z+1)} \tag{27-1}$$

(2) 前项差分法。

将 $z=e^{Ts}$ 写成以下形式

$$z=e^{Ts}=1+Ts+\cdots\approx1+Ts$$

由上式可得

$$s=\frac{z-1}{T} \tag{27-2}$$

(3) 后项差分法。

将 $z=\mathrm{e}^{Ts}$ 写成以下形式

$$z=\mathrm{e}^{Ts}=\frac{1}{\mathrm{e}^{-Ts}}\approx\frac{1}{1-Ts}$$

由上式可得

$$s=\frac{z-1}{Tz} \tag{27-3}$$

例 27-4 用后项差分法离散化模拟 PID 控制器。

解 模拟(PID)控制器如下

$$G_c(s)=\frac{U(s)}{E(s)}=K_\mathrm{p}\left(1+\frac{1}{T_is}+T_\mathrm{d}s\right)$$

其中，K_p 为比例增益，T_i 为积分时间常数，T_d 为微分时间常数，用后项差分法离散化模拟 PID 控制器，可得

$$D(z)=\frac{U(z)}{E(z)}=G_c(s)\bigg|_{s=\frac{z-1}{Tz}}=K_\mathrm{p}\left[1+\frac{Tz}{T_i(z-1)}+T_\mathrm{d}\frac{z-1}{Tz}\right]$$

进一步可得

$$(1-z^{-1})U(z)=K_\mathrm{p}\left[(1-z^{-1})+\frac{T}{T_i}+\frac{T_D}{T}(1-2z^{-1}+z^{-2})\right]E(z)$$

等式两边做 z 反变换，可得

$$u(k)=u(k-1)+K_\mathrm{p}[e(k)-e(k-1)]+\frac{K_\mathrm{p}T}{T_i}e(k)+$$

$$\frac{K_\mathrm{p}T_\mathrm{d}}{T}[e(k)-2e(k-1)+e(k-2)] \tag{27-4}$$

上式即为数字 PID 的控制算法，可直接用于计算机程序中。

27.4　最少拍系统设计

连续化设计技术要求采样周期短，因此只能实现比较简单的控制算法。如果因控制任务的需要而选择比较大的采样周期，或者对控制质量要求比较高时，必须从被控对象的特性出发，即根据未控制(校正)系统的脉冲传递函数 $G(z)$ 选择合适的控制器 $D(z)$ 使得闭环传递函数 $\Phi(z)$ 符合要求。

设数字控制系统如图 27-5 所示。系统闭环脉冲传递函数为

$$\Phi(z)=\frac{C(z)}{R(z)}=\frac{D(z)G(z)}{1+D(z)G(z)} \tag{27-5}$$

系统误差闭环脉冲传递函数为

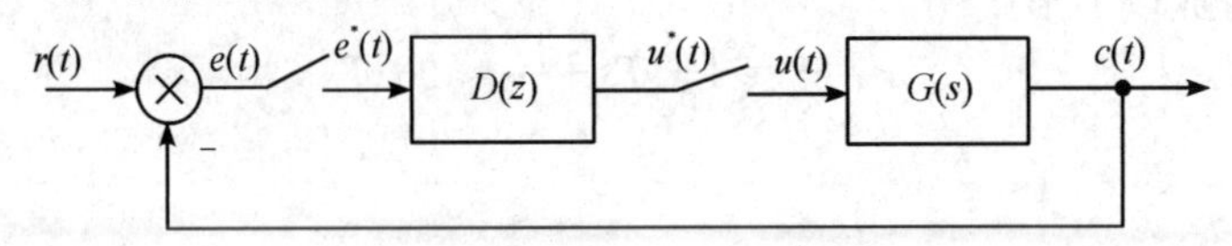

图 27-5　数字控制系统

$$\Phi_e(z)=\frac{E(z)}{R(z)}=\frac{1}{1+D(z)G(z)} \tag{27-6}$$

根据对离散系统性能指标要求，确定闭环脉冲传递函数 $\Phi(z)$ 或者误差脉冲传递函数 $\Phi_e(z)$，然后反求数字控制器脉冲传递函数为

$$D(z)=\frac{\Phi(z)}{G(z)[1-\Phi(z)]}=\frac{1-\Phi_e(z)}{G(z)\Phi_e(z)} \tag{27-7}$$

在采样过程中，通常称一个采样周期为一拍。若在典型输入信号的作用下，经过最少采样周期，系统的采样误差信号减少到零，实现在采样时刻的跟踪，则称系统为最少拍系统。

由图 27－5 及式(27－6)可得，系统误差为

$$E(z)=\frac{1}{1+D(z)G(z)}R(z)=[1-\Phi(z)]R(z)$$

由终值定理可得，系统稳态误差为

$$e(\infty)=\lim_{z\to 1}(z-1)E(z)=\lim_{z\to 1}(z-1)[1-\Phi(z)]R(z) \tag{27-8}$$

当典型输入信号分别为单位阶跃信号、单位斜坡信号和单位加速度信号时，其 z 变换分别如下所示：

$$R(z)=\frac{1}{1-z^{-1}},\ R(z)=\frac{Tz^{-1}}{(1-z^{-1})^2},\ R(z)=\frac{T^2z^{-1}(1+z^{-1})}{2(1-z^{-1})^3}$$

由此可得典型输入信号 z 变换的一般形式为

$$R(z)=\frac{A(z)}{(1-z^{-1})^k} \tag{27-9}$$

式中，$A(z)$ 是不包含 $(1-z^{-1})$ 因子的 z^{-1} 的多项式。将上式代入式(27－8)有

$$e(\infty)=\lim_{z\to 1}(z-1)[1-\Phi(z)]R(z)=\lim_{z\to 1}(z-1)[1-\Phi(z)]\frac{A(z)}{(1-z^{-1})^k}$$

因为 $A(z)$ 不包含 $(1-z^{-1})$ 因子，为使得 $e(\infty)=0$，$[1-\Phi(z)]$ 中必须含有 $(1-z^{-1})$ 的至少 k 次因子，即

$$1-\Phi(z)=(1-z^{-1})^pF(z),(p\geqslant k) \tag{27-10}$$

式中，$F(z)$ 是 z^{-1} 的 n 次多项式。另一方面

$$E(z)=[1-\Phi(z)]R(z)=e(0)+e(1)z^{-1}+e(2)z^{-2}+\cdots$$

要使误差尽快为零，则上式右端应该是 z^{-1} 的最少多项式(z^{-1} 项数越少越好)，因此应使 $1-\Phi(z)$ 中 $(1-z^{-1})^p$ 与 $R(z)$ 分母中的 $(1-z^{-1})^k$ 完全相约，即 $p=k$，于是

$$\begin{aligned}&1-\Phi(z)=(1-z^{-1})^kF(z)\\&\Phi(z)=1-(1-z^{-1})^kF(z)=\varphi_1z^{-1}+\varphi_2z^{-2}+\cdots+\varphi_{k+n}z^{-(k+n)}\end{aligned} \tag{27-11}$$

不难看出，$\Phi(z)$ 具有的最高次幂为 $k+n$。式(27－11)表明，闭环系统在单位脉冲作用下，其输出响应将在 $k+n$ 个采样周期后变为零，或者说，在典型输入信号作用下，系统将经过 $k+n$ 个采样周期达到稳态并实现跟踪。当 $n=0$，即 $F(z)=1$ 时，系统可经过最短时间(k 个采样周期)达到稳态。

根据式(27－11)，可得满足最少拍系统要求的闭环脉冲传递函数为

$$\Phi(z)=1-(1-z^{-1})^k \tag{27-12}$$

对应的数字控制器脉冲传递函数为

$$D(z)=\frac{\Phi(z)}{G(z)[1-\Phi(z)]}=\frac{1-(1-z^{-1})^{k}}{G(z)(1-z^{-1})^{k}} \tag{27-13}$$

例 27-5 设数字控制系统如图 27-6 所示，采样周期 $T=1$ s。若要求系统在单位阶跃输入时实现最少拍控制，试求数字控制器 $D(z)$。

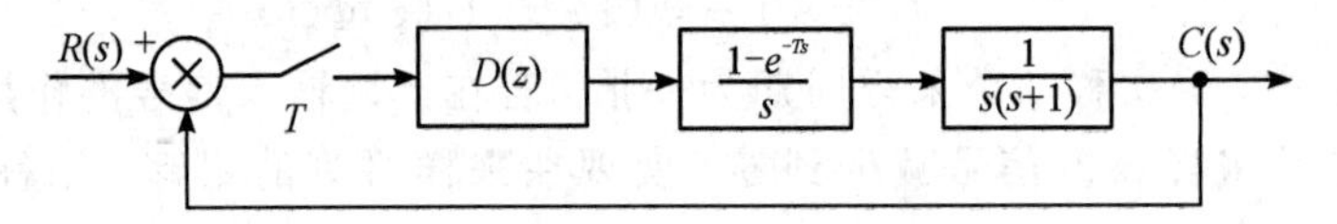

图 27-6 数字控制系统

解 未添加数字控制器时，系统开环脉冲传递函数为

$$G(z)=Z\left[\frac{1-e^{-Ts}}{s^{2}(s+1)}\right]=(1-z^{-1})\left[\frac{Tz}{(z-1)^{2}}-\frac{z}{z-1}+\frac{z}{z-e^{-T}}\right]$$

$$=\frac{0.368z^{-1}(1+0.717z^{-1})}{(1-z^{-1})(1-0.368z^{-1})}$$

要求系统在单位阶跃输入时实现最少拍控制，则

$$\Phi(z)=1-(1-z^{-1})^{k}=z^{-1}$$

所以

$$D(z)=\frac{\Phi(z)}{G(z)[1-\Phi(z)]}=\frac{(1-z^{-1})(1-0.368z^{-1})}{0.368z^{-1}(1+0.717z^{-1})}\cdot\frac{z^{-1}}{1-z^{-1}}=\frac{2.72(1-0.368z^{-1})}{1+0.717z^{-1}}$$

思考题

(1) 最少拍系统的调节时间与输入信号的形式有没有关系？由什么决定？

(2) 针对单位斜坡输入设计的最少拍系统，对单位阶跃输入信号的调节时间是多少拍？

单元作业

系统如图 27-6 所示，求若要求系统在单位斜坡输入 $r(t)=t$ 时实现最少拍控制，试求数字控制器 $D(z)$。

第 28 讲　非线性控制系统概述

学习内容

（1）非线性系统概述。

（2）典型非线性特性。

学习目标

（1）了解非线性系统的基本概念及特征。

（2）了解非线性系统分析的一般方法。

（3）熟悉典型非线性特性及其对系统运动的影响。

28.1　非线性系统概述

前面几章研究了线性系统的分析与设计问题。事实上，几乎所有的实际控制系统中都有非线性部件，或是部件特性中含有非线性。在一些系统中，人们甚至还有目的地应用非线性部件来改善系统性能和简化系统结构。因此，严格地讲，几乎所有的控制系统都是非线性的。理想的线性系统几乎不存在，因为组成控制系统的各元件的动态和静态特性都会存在不同现象和程度的非线性。

例 28－1　随动系统非线性分析。

在随动系统中，放大元件由于受电源电压和输出功率限制，在输入电压超出放大器线性工作范围时，输出呈现饱和现象。执行元件电动机，由于转动轴上存在摩擦力矩和负载力矩，只有在电枢电压足够大时，电机才转动，存在死区。当电枢电压超过一定数值时，电机转数将不再增加，呈现饱和现象。传动机构则受加工和装配精度的限制，在换向时存在间隙特性。

在构成系统的环节中有一个或一个以上的非线性特性时，称此系统为非线性系统。非线性对象的运动规律要用非线性代数方程和(或)非线性微分方程描述，而不能用线性方程组描述。一般地，非线性系统的数学模型可以表示为

$$f\left(t, \frac{\mathrm{d}^n y}{\mathrm{d}t^n}, \cdots, \frac{\mathrm{d}y}{\mathrm{d}t}, y\right)=g\left(t, \frac{\mathrm{d}^m r}{\mathrm{d}t^m}, \cdots, \frac{\mathrm{d}r}{\mathrm{d}t}, r\right) \tag{28-1}$$

其中，y，r 分别是系统的输出和输入，$f(\cdot)$，$g(\cdot)$是非线性函数。

例 28－2　液位系统非线性特性及线性化。图 28－1 为圆柱形液位系统。H 为液位高度，Q_i 为液体流入量，Q_o 为液体流出量，C 为水箱横截面积。根据水力学原理，有 $Q_o=k\sqrt{H}$，其中，比例系数 k 取决于液体黏度和阀阻。系统方程为

$$C\frac{\mathrm{d}H}{\mathrm{d}t}=Q_i-Q_o=Q_i-k\sqrt{H}$$

显然液位系统的输入输出关系方程为非线性微分方程。

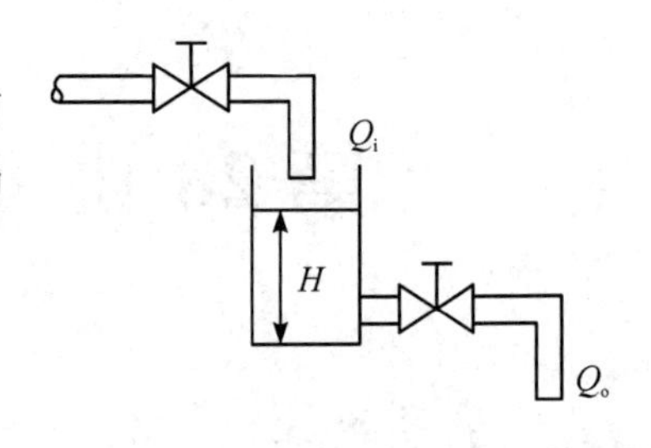

图 28-1　液位系统

当该系统在某一工作点液位 H_0 附近微小波动时，可以采用小偏差线性化方法将非线性模型线性化。设对应的平衡状态液位输入量为 Q_{i0}，则有

$$\Delta H=H-H_0,\ \Delta Q_i=Q_i-Q_{i0}$$

对$\sqrt{H}$做泰勒展开，可得

$$\sqrt{H}=\sqrt{H_0}+\frac{1}{2\sqrt{H_0}}(H-H_0)+\cdots$$

取泰勒展开的一阶近似，有

$$C\frac{\mathrm{d}(\Delta H)}{\mathrm{d}t}=\Delta Q_i-\frac{k}{2\sqrt{H_0}}\Delta H$$

在该平衡点附近，忽略微小的非线性影响后，系统近似为线性系统了。

用线性方程组来描述系统，只不过是在一定的范围内和一定的近似程度上对系统的性质所作的一种理想化的抽象。用线性方法研究控制系统，所得的结论往往是近似的，当控制系统中非线性因素较强时(称为本质非线性)，用线性方法得到的结论，必然误差很大，甚至完全错误。此时只有使用非线性系统的分析和设计方法才能得到较为理想的结果。

线性系统的重要特征是可以应用线性叠加原理。由于描述非线性系统运动的数学模型为非线性微分方程，因此不能应用叠加原理，故能否应用叠加原理是两类系统的本质区别。非线性系统的运动主要有以下特点：

1. 稳定性分析复杂

按照平衡状态的定义，在无外作用且系统输出的各阶导数等于零时，系统处于平衡状态。显然，对于线性系统只有一个平衡状态 $c=0$，线性系统的稳定性即为该平衡状态的稳定性，而且取决于系统本身的结构和参数，与外作用和初始条件无关。而非线性系统可能存在多个平衡状态，各平衡状态可能是稳定的也可能是不稳定的。非线性系统的稳定性不仅与系统的结构和参数有关，也与初始条件以及系统的输入信号的类型和幅值有关。

例 28-3　考虑下述非线性系统

$$\dot{x}=x^2-x=x(x-1)$$

显然系统存在两个平衡状态 $x=0$，$x=1$。令初始状态为 x_0，求解上述方程，可得

$$x(t)=\frac{x_0\mathrm{e}^{-t}}{1-x_0+x_0\mathrm{e}^{-t}}$$

时间响应和初始状态为 x_0 有关。当 $x_0<1$ 时，$x(t)$递减趋于0；当 $x_0>1$，$t<\ln\dfrac{x_0}{x_0-1}$时，$x(t)$递增趋于无穷大。不同初始条件下的时间响应曲线如图 28-2 所示。考虑上述平衡态受到微小扰动的影响，显然平衡态 $x=1$ 是不稳定的，而平衡态 $x=0$ 是稳定的。

由上例可见，非线性系统可能存在多个平衡状态，各平衡状态可能是稳定的也可能是不稳定的。初始条件不同，系统运动稳定性也不同。平衡状态的稳定性不仅与系统的结构和参数有关，而且与系统的初始条件有直接关系。

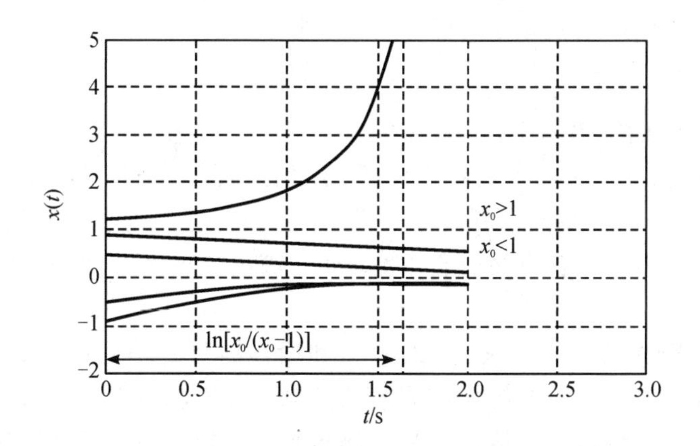

图 28－2　非线性系统时间响应

2. 可能存在自持振荡现象

所谓自持振荡是指没有外界周期变化信号的作用时，系统内部产生的具有固定振幅和频率的稳定周期运动。线性系统的运动状态只有收敛和发散，只有在临界稳定的情况下才能产生周期运动，但由于环境或装置老化等不可避免的因素存在，使这种临界振荡只可能是暂时的。而非线性系统则不同，即使无外加信号，系统也可能产生一定幅度和频率的持续性振荡，这是非线性系统所特有的。

例 28－4　考虑著名的范德波尔方程

$$\ddot{x}-2\rho(1-x^2)\dot{x}+x=0\quad(\rho>0)$$

该方程描述具有非线性阻尼的二阶系统。当扰动使得 $x<1$ 时，$-2\rho(1-x^2)<0$，系统具有负阻尼，从外部获得能量，$x(t)$的运动呈现发散形式；当扰动使得 $x>1$ 时，$-2\rho(1-x^2)>0$，系统具有正阻尼消耗能量，$x(t)$的运动呈现收敛形式；而当 $x=1$ 时，$-2\rho(1-x^2)=0$，系统为零阻尼，$x(t)$的运动呈现等幅振荡形式。上述分析表明，系统能够克服扰动对 $x(t)$的影响，保持振幅为 1 的等幅振荡，如图 28－3 所示。

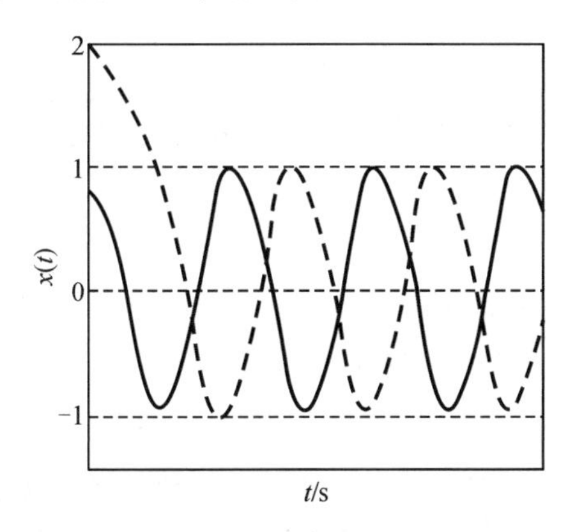

图 28－3　范德波尔自激振荡

拓展阅读

必须指出，长时间大幅度的振荡会造成机械磨损，增加控制误差，因此许多情况下不希望自持振荡发生。但在控制中通过引入高频小幅度的颤振，可克服间歇、死区等非线性因素的不良影响。而在振动试验中，还必须使系统产生稳定的周期运动。因此研究自持振荡的产生条件与抑制，确定其频率与幅度，是非线性系统分析的重要内容。

3. 频率响应发生畸变

稳定的线性系统的频率响应，即正弦信号作用下的稳态输出量是与输入同频率的正弦信号，其幅值 A 和相位 φ 为输入正弦信号频率 ω 的函数。而非线性系统的频率响应除了含有与输入同频率的正弦信号分量(基波分量)外，还含有关于 ω 的高次谐波分量，使输出波形发生非线性畸变。若系统含有多值非线性环节，输出的各次谐波分量的幅值还可能发生跃变。

非线性系统的分析与设计方法：系统分析和设计的目的是通过求取系统的运动形式，以解决稳定性问题为中心，对系统实施有效的控制。由于非线性系统形式多样，受数学工具限制，一般情况下难以求得非线性方程的解析解，只能采用工程上适用的近似方法。在实际工程问题中，如果不需精确求解输出函数，往往把分析的重点放在以下三个方面：

(1) 某一平衡点是否稳定，如果不稳定应如何校正；

(2) 系统是否会产生自持振荡，如何确定其周期和振幅；

(3) 如何利用或消除自持振荡以获得需要的性能指标。比较基本的非线性系统的研究方法有如下几种：

1. 小范围线性近似法

这是一种在平衡点的近似线性化方法，通过在平衡点附近泰勒展开，可将一个非线性微分方程化为线性微分方程，然后按线性系统的理论进行处理。该方法局限于小区域研究。

2. 逐段线性近似法

将非线性系统近似为几个线性区域，每个区域用相应的线性微分方程描述，将各段的解合在一起即可得到系统的全解。

3. 相平面法

相平面法是非线性系统的图解法，由于平面在几何上是二维的，因此只适用于阶数最高为二阶的系统。

4. 描述函数法

描述函数法是非线性系统的频域法，适用于具有低通滤波特性的各种阶次的非线性系统。

5. 李雅普诺夫法

李雅普诺夫法是根据广义能量概念确定非线性系统稳定性的方法，原则上适用于所有非线性系统，但对于很多系统，寻找李雅普诺夫函数相当困难。

6. 计算机仿真

利用计算机模拟，可以满意地解决实际工程中相当多的非线性系统。这是研究非线性系统的一种非常有效的方法，但它只能给出数值解，无法得到解析解，因此缺乏对一般非线性系统的指导意义。

本章仅介绍相平面法和描述函数法。

28.2　典型非线性特性

非线性特性种类很多，且对非线性系统尚不存在统一的分析方法，所以将非线性特性分类，然后根据各个非线性的类型进行分析得到具体的结论，才能用于实际。按非线性环节的物理性能及非线性特性的形状划分，非线性特性有死区、饱和、间隙和继电器等。

设非线性特性可以表示为

$$y=f(x)$$

将非线性特性视为一个环节，按照线性系统中比例环节的描述，定义非线性环节输出为 y 与输入为 x 的比值为**等效增益**

$$k=\frac{y}{x}=\frac{f(x)}{x} \tag{28-2}$$

需要指出的是，线性系统比例环节的增益是常值，而上式定义的非线性环节的等效增益为变增益，因而可以将非线性特性视为变增益比例环节。

1. 死区特性

又称不灵敏区，通常以阈值、分辨率等指标衡量。死区特性如图 28－4(a)所示。常见于测量、放大元件中，一般的机械系统、电机等，都不同程度地存在死区。其特点是当输入信号在零值附近的某一小范围之内时，没有输出。只有当输入信号大于此范围时，才有输出。执行机构中的静摩擦影响也可以用死区特性表示。死区特性的函数表达形式为

$$y(t)=\begin{cases}0 & |x(t)|\leqslant\Delta \\ k_0[x(t)-\Delta\,\mathrm{sgn}x(t)] & |x(t)|>\Delta\end{cases} \tag{28-3}$$

死区特性及其等效增益曲线如图 28－4(a)所示。当$|x|<\Delta$ 时，$k=0$；当$|x|>\Delta$ 时，k 为$|x|$的增函数，且随着$|x|$的增大，趋于 k_0。

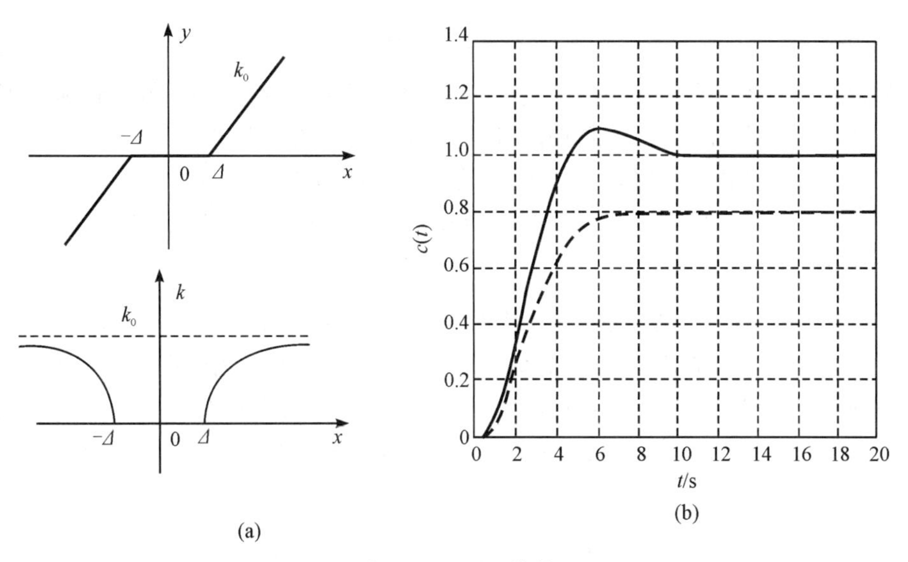

图 28－4　死区特性

控制系统中存在死区特性，最直接的影响是将导致系统产生稳态误差，其中测量元件

的死区特性尤为明显。当$|x|<\Delta$时，系统处于开环状态，失去调节作用。当系统输入为速度信号时，死区特性导致系统输出在时间上产生滞后，降低系统的跟踪精度，甚至使随动系统不能准确跟踪目标。

当系统存在微小扰动信号时，在系统稳态值附近，死区的作用可减少扰动信号的影响。死区特性对系统运动的影响如图 28-1(b)中虚线所示，实线为线性系统无死区时的输出响应。

2. 饱和特性

饱和也是一种常见的非线性，存在于铁磁元件及各种放大器中，具特点是当输入信号超过某一范围后，输出信号不再随输入信号变化而保持某一常值。饱和特性的函数表达形式为

$$y(t)=\begin{cases}k_0x(t) & |x(t)|\leqslant a\\ k_0a\,\text{sgn}x(t)] & |x(t)|>a\end{cases} \tag{28-4}$$

饱和特性及其等效增益曲线如图 28-5(a)所示。当$|x|<a$时，$k=k_0$，输出随输入线性变化；当$|x|>a$时，输出保持常值，k为$|x|$的减函数，且随着$|x|$的增大，趋于零。

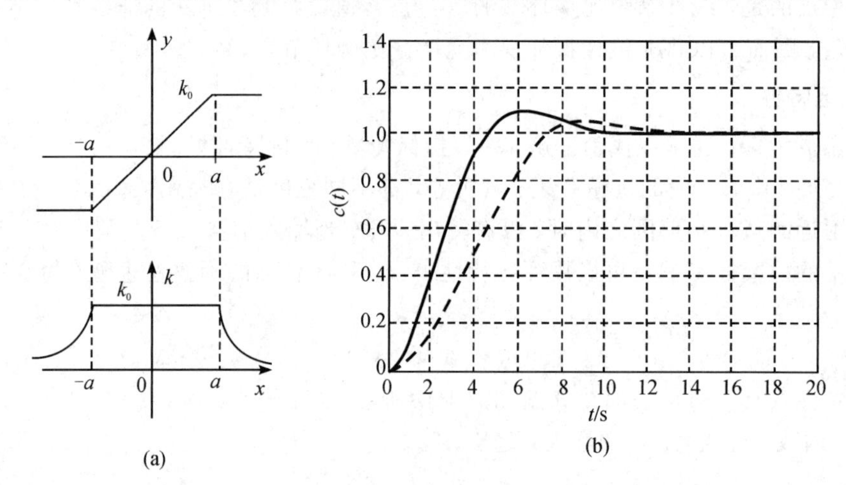

图 28-5 饱和特性

饱和特性将使系统在大信号作用之下的等效增益降低，系统动态响应快速性下降，跟踪精度降低，稳态误差增加。深度饱和情况下，甚至使系统丧失闭环控制作用。还有些系统中专门利用饱和特性作信号限幅，限制某些物理参量，保证系统安全合理地工作。饱和特性对系统运动的影响如图 28-5(b)中虚线所示，实线为线性系统无死区时的输出响应。

3. 间隙特性

又称回环。传动机构的间隙是一种常见的回环非线性特性，在齿轮传动中，由于间隙存在，当主动齿轮方向改变时，从动轮保持原位不动，直到间隙消除后才改变转动方向。铁磁元件中的磁滞现象也是一种回环特性。间隙特性的函数表达形式为

$$y(t)=\begin{cases}k_0(x-b) & \dot{x}>0 \quad x>2b-a\\ k_0(a-b) & \dot{x}<0 \quad x>a-2b\\ k_0(x+b) & \dot{x}<0 \quad x<a-2b\\ k_0(b-a) & \dot{x}>0 \quad x<2b-a\end{cases} \tag{28-5}$$

间隙特性为非单值函数，间隙特性及其等效增益曲线如图 28-6(a)所示。受间隙特性

影响，在主动轮改变方向的瞬间和从动轮由停止变化跟随主动轮的瞬间($x=\pm(a-2b)$)，等效增益曲线发生转折；当主动轮转角过零时，等效增益发生跳变，在其他运动点上，等效增益的绝对值是$|x|$的减函数。

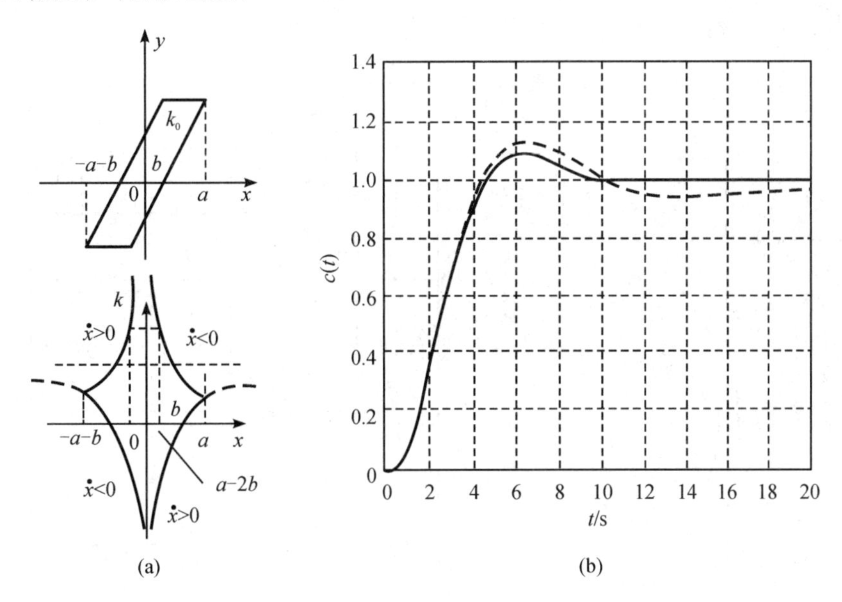

图 28-6　间隙特性

间隙特性对系统影响较为复杂，相当于死区，降低系统跟踪精度，使系统稳态误差增大。非单值函数特性改变方向导致负载系统运动变化加剧，频率响应的相位滞后也增大，从而使系统动态性能恶化。间隙过大可导致震荡、不稳定。采用双片弹性齿轮(无隙齿轮)可消除间隙对系统的不利影响。间隙特性对系统运动的影响如图 28-6(b)中虚线所示，实线为线性系统无间隙时的输出响应。

4. 继电器特性

继电器、接触器、可控硅等电气元件的特性通常都表现为继电特性。由于继电器吸合电压与释放电压不等，使其特性中包含了死区、回环及饱和特性。图 28-7 为理想继电器和包含其他特性的非理想继电器。

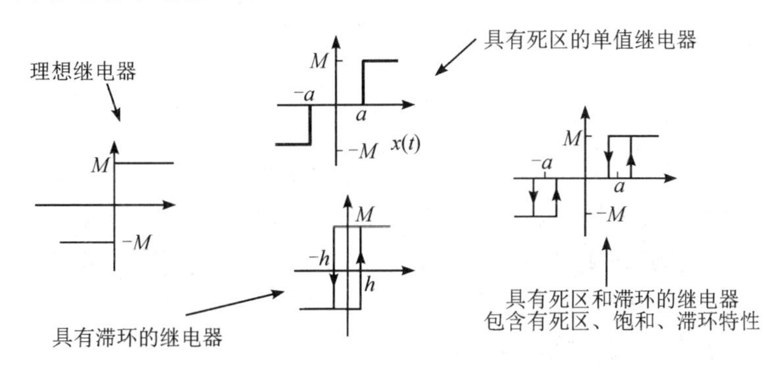

图 28-7　继电器特性

理想继电器特性的函数表达形式为

$$y(t)=\begin{cases}+M, & x>0 \\ -M, & x<0\end{cases} \tag{28-6}$$

理想继电器特性及其等效增益曲线如图 28-8(a)所示。当输入 x 趋于零时，等效增益趋于无穷大；由于输出幅值不变，故当$|x|$增大时，等效增益趋于零。

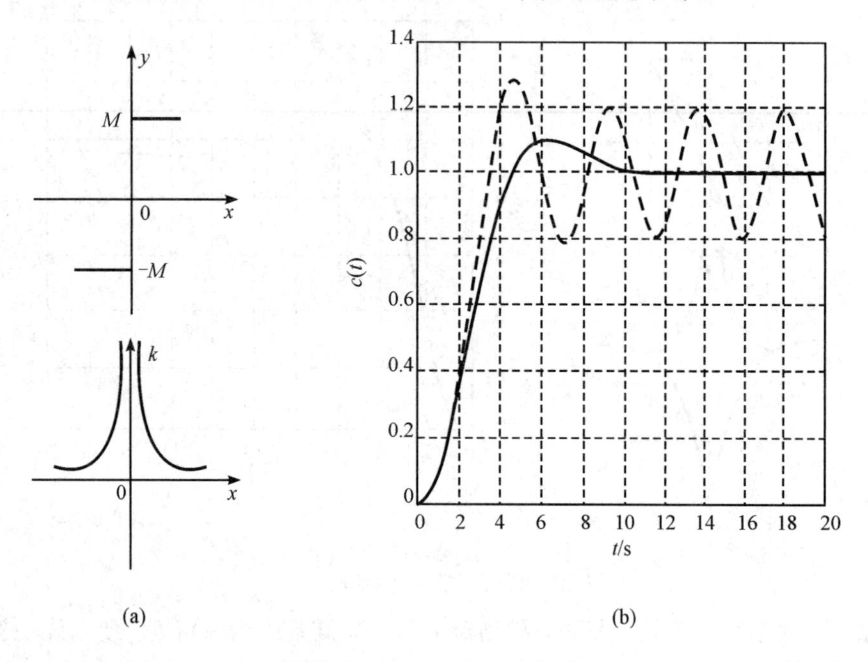

图 28-8 理想继电器特性

由于实际系统中的继电器特性具有一定开关速度，会对系统的响应造成高频小幅度振荡。继电器特性对系统运动的影响如图 28-8(b)中虚线所示，实线为线性系统的输出响应。继电器的切换特性使用得当也可改善系统的性能。

5. 摩擦特性

摩擦特性是机械传动机构中普遍存在的非线性特性。摩擦力阻挠系统的运动，即表现为与物体运动方向相反的制动力。摩擦力一般表现为三种形式：物体开始运动需要克服的静摩擦力、开始运动后的动摩擦力与物体运动的滑动平面相对速率成正比的黏性摩擦力。摩擦特性的函数表达形式为

$$y(t)=\begin{cases}F_1, & \text{静摩擦力} \\ F_2, & \text{动摩擦力} \\ k_0\dot{x}, & \text{黏性摩擦力}\end{cases} \tag{28-7}$$

摩擦特性及其等效增益曲线如图 28-9(a)所示。摩擦特性的等效增益为物体运动速率绝对值$|x|$的减函数。当$|x|$趋于无穷大时，等效增益趋于 k_0；当$|x|$在零附近做微小变化时，由于静摩擦力和动摩擦力的突变，等效增益变化剧烈。

摩擦特性对系统性能的影响最主要的是造成低速运动的不平滑性。即当系统的输入轴做低速平稳运动时，输出轴的旋转特性呈现跳跃式的变化。这种低速爬行现象是由静摩擦力到动摩擦力的跳变产生的。这种脉冲式的输出变化产生的低速爬行往往导致不能跟踪目标，甚至丢失目标。摩擦特性对系统运动的影响如图 28-9(b)中虚线所示，实线为线性系

统无摩擦时的输出响应。

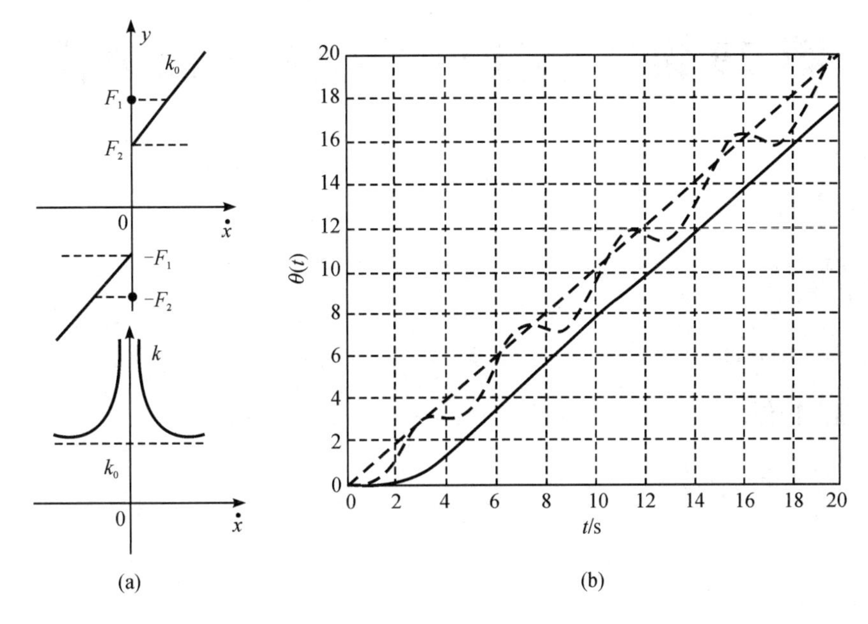

图 28-9　摩擦特性

单元作业

写出图 28-7 中，具有死区和滞环的继电器特性的函数表达式。

第29讲　非线性系统相平面分析

学习内容

(1) 相平面概念及相轨迹绘制。

(2) 奇点与极限环。

(3) 非线性系统相平面分析。

学习目标

(1) 了解相平面的基本概念。

(2) 掌握相轨迹绘制方法。

(3) 熟悉奇点、极限环特征。

(4) 熟练运用相平面法分析非线性系统。

29.1　相平面概念及相轨迹绘制

精讲视频

相平面法是求解一阶或二阶线性或非线性系统的一种图解方法。它可以给出某一平衡状态稳定性的信息和系统运动的直观图像。它可以看作状态空间法在一阶和二阶情况下的应用。所以，它属于时间域的分析方法。

考虑下列常微分方程描述的二阶时不变系统

$$\ddot{x}=f(x,\ \dot{x}) \tag{29-1}$$

其中，$f(x,\ \dot{x})$是$x(t)$和$\dot{x}(t)$的线性或者非线性函数。该方程的解可以用$x(t)$的时间函数曲线来表示，也可用时间t做参变量，以$x(t)$和$\dot{x}(t)$的关系曲线来表示。$x(t)$和$\dot{x}(t)$称为该系统运动的相变量(状态变量)。以$x(t)$为横坐标，$\dot{x}(t)$为纵坐标构成的直角坐标平面称作相平面。相变量从初始时刻t_0对应的状态点$(x_0,\ \dot{x}_0)$起，随着时间的推移，在相平面上运动形成的曲线称为相轨迹。在相轨迹上用箭头符号表示参变量时间的增加方向。对于任一初始条件，相平面上有一条相轨迹与之对应，多个初始条件下的运动对应多条相轨迹，形成相轨迹簇(相平面图)。

若已知$x(t)$和$\dot{x}(t)$的时间曲线如图29-1(b)(c)所示，则可根据任一时间点的$x(t)$和$\dot{x}(t)$的值，得到对应的相轨迹上的点，以时间为参变量，就可以获得一条相轨迹，如图29-1(a)所示。

注意到式(29-1)可以改写为

$$\ddot{x}=\frac{d\dot{x}}{dt}=\frac{d\dot{x}}{dx}\frac{dx}{dt}=\dot{x}\frac{d\dot{x}}{dx}=f(x,\ \dot{x}) \tag{29-2}$$

或者

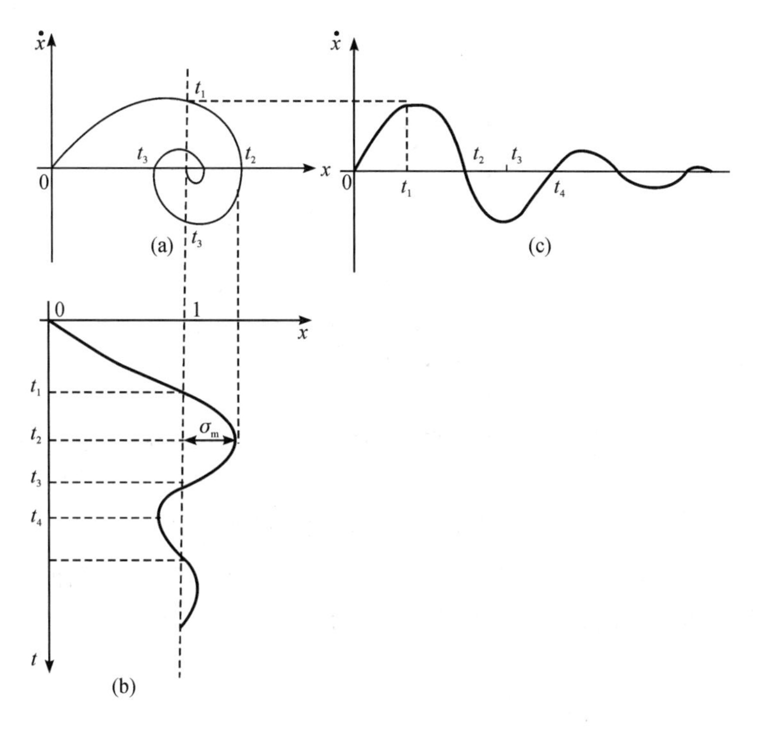

图 29－1　系统相轨迹绘制

$$\frac{\mathrm{d}\dot{x}}{\mathrm{d}x}=\frac{f(x,\dot{x})}{\dot{x}} \tag{29-3}$$

式(29－3)给出了相轨迹在相平面上任一点(x_0，$\dot{x}_0$)处的切线斜率。相轨迹上任何一点都满足这个方程。该方程的解表示相轨迹曲线方程。

相平面法的主要工作是作相轨迹，有了相平面图，系统的性能也就表示出来了。对于较简单的微分方程描述的系统，可以采用解析法直接绘制相平面图。

例 29－1　单位质量的自由落体运动。

解　以地面为参考零点，向上为正，则当忽略大气影响时，单位质量的自由落体运动为

$$\ddot{x}=-g$$

由式(29－3)，可得

$$\dot{x}\mathrm{d}\dot{x}=-g\mathrm{d}x$$

方程两边同时积分，可得

$$\dot{x}^2=-2gx+c，(c\ 为常数)$$

作相轨迹簇，相平面图如图 29－2 所示。

由分析可知，其相平面图为一簇抛物线。在上半平面，由于速度为正，所以位移增大，箭头向右；在下上半平面，由于速度为负，所以位移减小，箭头向左。设质量体从地面往上抛，此时位移量 x 为零，而速度量为正，设该初始点为 A 点，该质量体将沿 AB 曲线开始相轨迹运动，随着质量体的高度增大，速度越来越小，到达 B 点时质量体达最高点，此时速度为零，然后又沿由 BC 曲线自由落体下降，直至到达地面 C 点，此时位移量为零，而速度为负的最大值。如果初始点不同，质量体将沿不同的曲线运动。

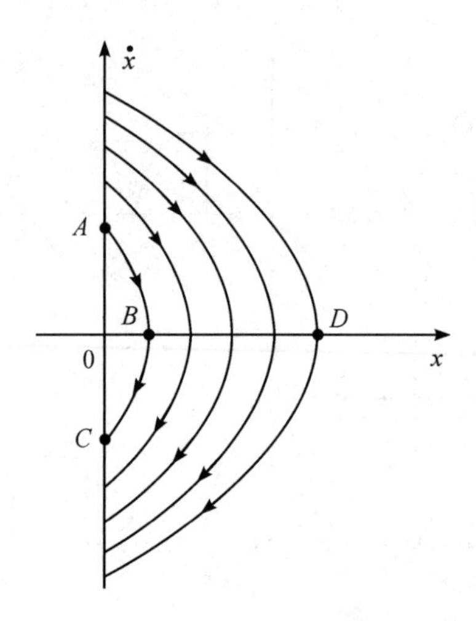

图 29-2　单位质量的自由落体运动相平面

例 29-2　二阶系统的微分方程为 $\ddot{x}+\omega^2 x=0$，试绘制系统的相平面图。

解　根据式(29-3)上述微分方程可以改写为

$$\dot{x}\mathrm{d}\dot{x}+\omega^2 x\mathrm{d}x=0$$

用分离变量法对 $\dot{x}$，x 分别积分，得

$$\dot{x}^2+(\omega x)^2=[\dot{x}(0)]^2+[\omega x(0)]^2$$

记等式右端由初始条件决定的非负的量为$(\omega A)^2$，得相轨迹方程如下

$$\left(\frac{\dot{x}}{\omega}\right)^2+x^2=A^2$$

这是以原点为中心的椭圆或圆簇的方程，相轨迹如图 29-3 所示。可见，该系统为自持振荡，初始条件不同，椭圆的大小也随之变化，中间的一个椭圆是初始条件为(1，0)的相轨迹。

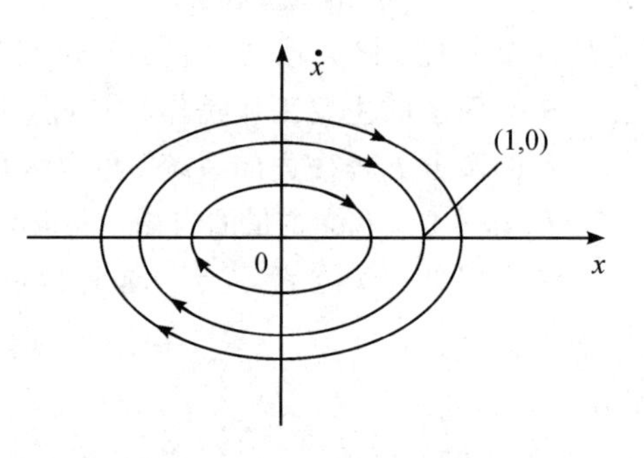

图 29-3　二阶系统相轨迹

由以上两例，可看到相平面图的一些性质：

(1) 当选择取 x 作为横坐标，$\dot{x}$ 作为纵坐标时，在上半平面($\dot{x}>0$)，则系统状态沿相轨迹曲线运动的方向是 x 增大的方向，即向右移动；类似地，在下半平面，相轨迹向左移动。

(2) 相平面上除原点外的任一点(x_0，$\dot{x}_0$)处的相轨迹的斜率由式(29-3)唯一确定。通过该点的相轨迹只有一条，各条相轨迹曲线不会在该点相交。

(3) 自持振荡的相轨迹是封闭曲线。

(4) 在相轨迹通过 x 轴的点(原点除外)，相轨迹的斜率为无穷大，相轨迹与 x 轴垂直相交。

在作相轨迹时，考虑对称性往往能使作图简化。如果 $f(x,\ \dot{x})$是 $\dot{x}$ 的偶函数，即 $f(x,\ \dot{x})=f(x,\ -\dot{x})$，则相轨迹关于 x 轴对称。如果 $f(x,\ \dot{x})$是 x 的偶函数，即 $f(x,\ \dot{x})=f(-x,\ \dot{x})$，相轨迹关于 $\dot{x}$ 轴对称。如果 $f(x,\ \dot{x})$满足 $f(x,\ \dot{x})=-f(-x,\ -\dot{x})$，则相轨迹关于原点对称。

能用解析法作相平面图的系统只局限于比较简单的系统，对于大多数非线性系统很难用解析法求出解。从另一角度考虑，如果能够求出系统的解析解，系统的运动特性也已经清楚了，也就不必用相平面法分析系统了。因此，对于分析非线性系统更实用的是**等倾线图解法**。

平面上任一光滑的曲线都可以由一系列短的折线（相交切线）近似代替。等倾线是指相平面上相轨迹斜率相等的诸点的连线。设斜率为 k，则由式(29－3)得

$$k\dot{x}=f(x,\ \dot{x}) \tag{29-4}$$

这是一条曲线，与该曲线相交的任何相轨迹在交点处的切线斜率均为 k，所以式(29－4)代表的曲线称为等倾线。给定不同的 k 值，可以画出不同切线斜率的等倾线。画在等倾线上斜率为 k 的短线段就给出了相轨迹切线的方向场，如图 29－4 所示（参见下例）。这样，只要从某一初始点出发，沿着方向场各点的切线方向将这些短线段用光滑曲线连接起来，便可得到系统的一条相轨迹。

例 29－3　绘制系统 $\ddot{x}+2\zeta\omega\dot{x}+\omega^2x=0$ 的相轨迹。

解　系统方程可以改写为

$$\dot{x}\,\frac{\mathrm{d}\dot{x}}{\mathrm{d}x}+2\zeta\omega\dot{x}+\omega^2x=0$$

令相轨迹斜率为 k，代入上式得到相轨迹的等倾线方程

$$\dot{x}=-\frac{\omega^2}{2\zeta\omega+k}x=\alpha x$$

可见，等倾线是通过原点的直线簇，等倾线的斜率等于 α，而 k 则是在相轨迹通过等倾线处相轨迹的斜率。设系统参数 $\zeta=0.5$，$\omega=1$。求得对应于不同 k 值的等倾线，如图 29－4 所示。

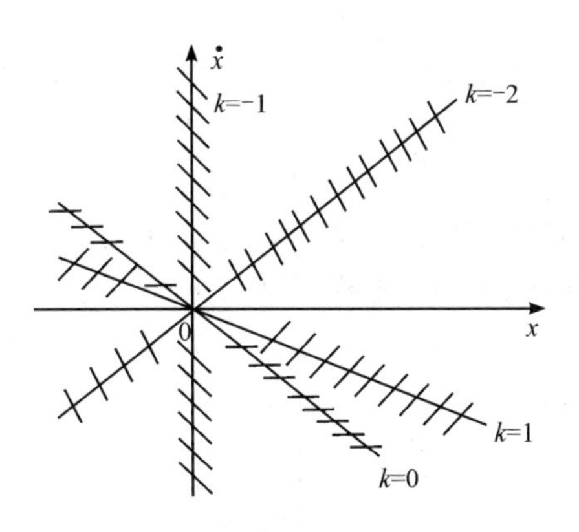

图 29－4　二阶系统等倾线

初始点为 A 的相轨迹可以按下述方法绘制。在 $k=-1$ 和 $k=-1.2$ 的两等倾线之间绘制相轨迹时，一条短线段近似替代相轨迹曲线，其斜率取起始等倾线的斜率即－1。此短线段交 $k=-1.2$ 的等倾线于 B 点，近似认为此短线段 AB 是相轨迹的一部分。同样，从 B 点出发，在 $k=-1.2$ 和 $k=-1.4$ 的两等倾线之间绘斜率为－1.2 的短线段，它交 $k=-1.4$ 的等倾线于 C 点，近似认为此短线段 BC 是相轨迹的一部分。重复上述作图方法，依次求得折线 ABCDE…，直至原点。就用这条折线作为由初始点 A 出发的相轨迹曲线，如图 29－5 所示。

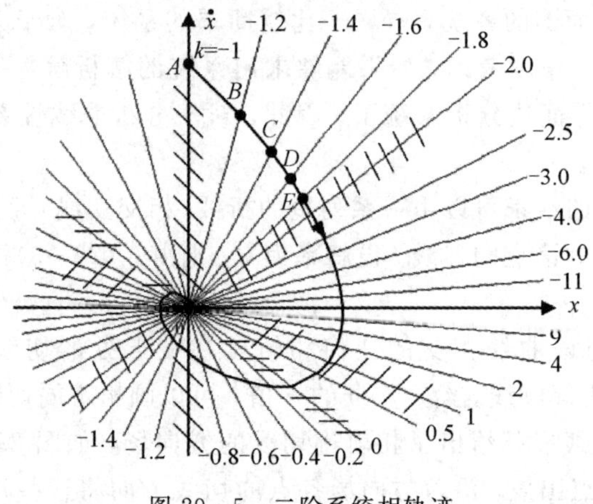

图 29-5　二阶系统相轨迹

对线性二阶系统，等倾线是一些直线。但一般来说，非线性系统的等倾线则是曲线或折线。

例 29-4　绘制系统 $\ddot{x}+0.2(x^2-1)\dot{x}+x=0$ 的相轨迹。

解　系统方程可以改写为

$$\dot{x}\frac{\mathrm{d}\dot{x}}{\mathrm{d}x}+0.2(x^2-1)\dot{x}+x=0$$

令 $k=\mathrm{d}\dot{x}/\mathrm{d}x$，相轨迹的等倾线方程为

$$\dot{x}=\frac{x}{0.2(1-x^2)-k} \tag{29-5}$$

当短线段的倾角为 0°时，其斜率 $k=0$，式(29-5)成为

$$\dot{x}=\frac{x}{0.2(1-x^2)}$$

该式表示的曲线上的每一点斜率均为 0。当短线段的倾角为 45°时，其斜率 $k=1$，式(29-5)成为

$$\dot{x}=\frac{x}{0.2(1-x^2)-1}$$

该式表示曲线上的每一点斜率均为 1。如此可以作出其他斜率的等倾线，由等倾线方程可知，该系统的等倾线是曲线而非直线。这样就可以作出如图 29-6 所示的斜率的分布场，分别以 A 点(1.6，2)和 B 点(1.5，0.5)为初始点，绘制两条相轨迹如图 29-6 实线所示。

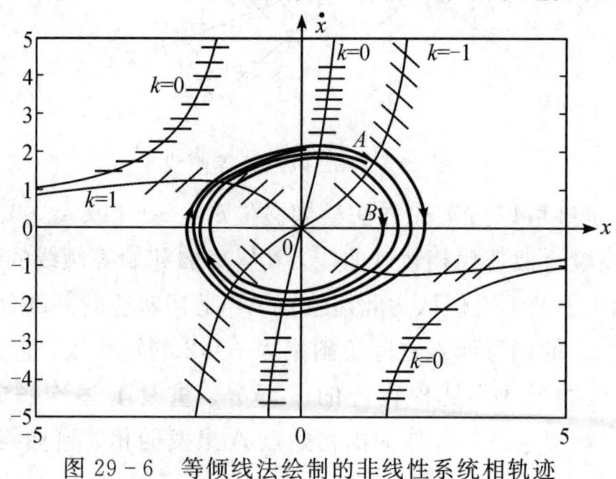

图 29-6　等倾线法绘制的非线性系统相轨迹

29.2　奇点和极限环

以微分方程 $\ddot{x}=f(x,\ \dot{x})$ 表示的二阶系统，其相轨迹在相平面上任一点 $(x_0,\ \dot{x}_0)$ 处的切线斜率由式(29－3)给出，相轨迹上任何一点都满足这个方程。若在某点处 $f(x,\ \dot{x})$ 和 $\dot{x}$ 同时为零，即

$$\frac{\mathrm{d}\dot{x}}{\mathrm{d}x}=\frac{f(x,\ \dot{x})}{\dot{x}}\ \frac{\mathrm{d}\dot{x}}{\mathrm{d}x}=\frac{f(x,\ \dot{x})}{\dot{x}}=\frac{0}{0} \tag{29-6}$$

的不定形式，则称该点为相平面的奇点。

由定义可知，奇点一定位于相平面的横轴上，在奇点处，系统的速度和加速度均为 0。对于二阶系统来说，系统不再发生运动，处于平衡状态，故奇点亦称为平衡点。首先研究线性系统的奇点。二阶线性系统的系统方程为

精讲视频

$$\ddot{x}+2\zeta\omega\dot{x}+\omega^2x=0$$

系统方程可以改写为

$$\frac{\mathrm{d}\dot{x}}{\mathrm{d}x}=-\frac{2\zeta\omega\dot{x}+\omega^2x}{\dot{x}}$$

根据奇点定义，$(x,\ \dot{x})=(0,\ 0)$ 点为系统的奇点。根据系统特征根在复平面的不同分布，系统运动形式不同，奇点类型也不同，可分为以下 6 种情况，见图 29－7。

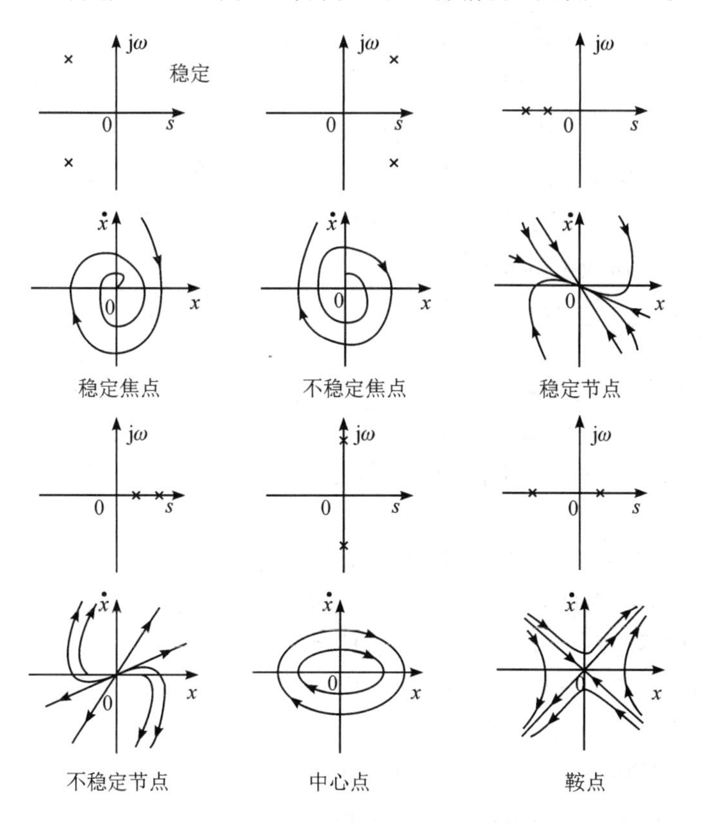

图 29－7　二阶系统不同奇点分类

当阻尼比为 $0<\zeta<1$ 时，系统有一对负实部的共轭复根，系统稳定，其相轨迹呈螺旋线形，轨迹簇收敛于奇点，这种奇点称为稳定焦点。

当阻尼比为 $-1<\zeta<0$ 时，系统有一对正实部的共轭复根，系统不稳定，其相轨迹也呈螺旋线形，但轨迹簇发散至无穷，这种奇点称为不稳定焦点。

当阻尼比 $\zeta>1$ 时，系统有两个负实根，系统稳定，相平面内的相轨迹簇无振荡地收敛于奇点，这种奇点称为稳定节点。

当阻尼比 $\zeta<-1$ 时，系统有两个正实根，系统不稳定，相平面内的相轨迹簇直接从奇点发散出来，这种奇点称为不稳定节点。

当阻尼比 $\zeta=0$ 时，系统有一对共轭虚根，系统等幅振荡，其相轨迹为一簇围绕奇点的封闭曲线，这种奇点称为中心点。

如果二阶线性系统的 $\ddot{x}$ 项和 x 项异号，则系统有一个正实根，有一个负实根，系统是不稳定的，其相轨迹呈鞍形，中心是奇点，这种奇点称为鞍点。

综上所述，对应不同的阻尼比，系统的两个特征根在复平面上的分布不同，系统的运动以及相平面图也不同。换言之，特征根在复平面的位置决定了奇点的性质。二阶线性系统的相轨迹和奇点的性质，由系统本身的结构与参量决定，而与初始状态无关。不同的初始状态只能在相平面上形成一组几何形状相似的相轨迹，而不能改变相轨迹的性质。由于相轨迹的性质与系统的初始状态无关，相平面中局部范围内相轨迹的性质就有决定性意义，从局部范围内相轨迹的性质可以推知全局。

在非线性系统中，稳定性分析是针对奇点而言的，在分析中特别关心的是奇点的稳定性和奇点附近的运动，相平面法的任务之一就是分析奇点附近运动的特性。对于非线性系统，可以用小范围线性化方法求出其在平衡点附近的线性化方程，然后再去分析系统的相轨迹和奇点的情况。设系统微分方程 $\ddot{x}=f(x,\ \dot{x})$ 为解析函数，$(x_0,\ \dot{x}_0)$ 是系统的奇点。可以将 $f(x,\ \dot{x})$ 在该奇点附近展成泰勒级数，并忽略奇点小邻域泰勒展开的高次项，近似为奇点附近增量的二阶线性微分方程：

$$\Delta\ddot{x}=\left.\frac{\partial f(x,\ \dot{x})}{\partial \dot{x}}\right|_{(x_0,\ \dot{x}_0)}\Delta\dot{x}+\left.\frac{\partial f(x,\ \dot{x})}{\partial x}\right|_{(x_0,\ \dot{x}_0)}\Delta x \tag{29-7}$$

另外，对于线性系统来说，奇点的类别完全确定了系统运动的性质。而对于非线性系统来说，奇点的类别只能确定系统在平衡状态附近的行为，而不能确定整个相平面上的运动状态，所以还要研究离平衡状态较远处的相平面图。其中极限环具有特别重要的意义。

相平面上如果存在一条孤立的相轨迹，而且它附近的其他相轨迹都无限地趋向或者离开这条封闭的相轨迹，则这条封闭相轨迹为极限环。极限环本身作为一条相轨迹来说，既不存在平衡点，也不趋向无穷远，而是一个封闭的环圈，它把相平面分隔成内部平面和外部平面两个部分。任何一条相轨迹都不能从内部平面穿过极限环而进入外部平面，也不能从外部平面穿过极限环而进入内部平面。

应当指出，不是相平面内所有的封闭曲线都是极限环。在例 29-2 的无阻尼线性二阶系统中，由于不存在由阻尼所造成的能量损耗，因而相平面图是一簇连续的封闭曲线。这类闭合曲线不是极限环，因为它们不是孤立的，在任何特定的封闭曲线附近，仍然存在着封闭曲线。而极限环是相互独立的，在任何极限环的附近都不可能有其他的极限环。

极限环是非线性系统中的特有现象，它只发生在非守恒系统中。这种周期运动的原因不在于系统无阻尼，而是系统的非线性特性导致系统的能量做交替变化，这样就有可能从某种非周期性的能源中获取能量而维持周期运动。

根据极限环邻近相轨迹的运动特点，可将极限环分为三种类型：

(1) 稳定的极限环。如果起始于极限环邻近范围的内部或外部的相轨迹最终均卷向极限环，则该极限环称为稳定的极限环，其内部及外部的相轨迹均为极限环的稳定区域。稳定的极限环对微小状态的扰动具有稳定性。系统沿极限环的运动表现为自持振荡。例 29－4 系统的相轨迹就是稳定的极限环。

(2) 不稳定的极限环。如果起始于极限环邻近范围的内部或外部的相轨迹最终均卷离极限环，则该极限环称为不稳定极限环。不稳定的极限所表示的周期运动是不稳定的。因为即使系统状态沿极限环运动，但状态的微小扰动都将使系统的运动偏离该闭合曲线，并将永远回不到闭合曲线。不稳定极限环的邻近范围其内部及外部均为该极限环的不稳定区域。

(3) 半稳定的极限环。如果起始于极限环邻近范围的内部相轨迹均卷向极限环，外部相轨迹均卷离极限环；或者内部相轨迹均卷离极限环，外部相轨迹均卷向极限环，则这种极限环称为半稳定极限环。对于半稳定极限，相轨迹均卷向极限环的内部或外部邻域称为该极限环的稳定区域，相轨迹均卷离极限环的内部或外部邻域称为该极限环的不稳定区域。同样，半稳定极限环代表的等幅振荡也是一种不稳定运动。因为即使系统状态沿极限环运动，但状态的微小扰动都有可能使系统的运动偏离该闭合曲线，并将永远回不到闭合曲线。

例 29－5　已知非线性系统微分方程为

$$\ddot{x}+0.5\dot{x}+2x+x^2=0$$

求系统奇点，并绘制系统相平面图。

解　系统方程可以改写为

$$\frac{\mathrm{d}\dot{x}}{\mathrm{d}x}=-\frac{0.5\dot{x}+2x+x^2}{\dot{x}}$$

令 $\mathrm{d}\dot{x}/\mathrm{d}x=0$，求得系统的两个奇点(0，0)，(－2，0)。为确定奇点类型，做近似线性化。在奇点(0，0)附近，因为 x 和 $\dot{x}$ 都很小，系统的微分方程可以近似为

$$\ddot{x}+0.5\dot{x}+2x=0$$

特征根为 $-0.25\pm \mathrm{j}1.39$，故奇点(0，0)为稳定焦点。

在奇点(－2，0)处，按照式(29－7)做泰勒展开

$$\Delta\ddot{x}=\left.\frac{\partial f(x,\dot{x})}{\partial\dot{x}}\right|_{(x_0,\dot{x}_0)}\Delta\dot{x}+\left.\frac{\partial f(x,\dot{x})}{\partial x}\right|_{(x_0,\dot{x}_0)}\Delta x=-0.5\Delta\dot{x}+2\Delta x$$

特征根为 1.19 和－1.69，故奇点(－2，0)为鞍点。

根据奇点的位置和奇点类型，结合线性系统奇点类型和系统运动形式的对应关系，绘制本系统在各奇点附近的相轨迹，再使用等倾线法，绘制其他区域的相轨迹，获得系统的相平面图，如图 29－8 所示。由图可知，该系统在有些初始状态下是稳定的，收敛于原点，而在有些初始状态下是不稳定的。该例说明，非线性系统的运动及稳定性与初始条件有关。

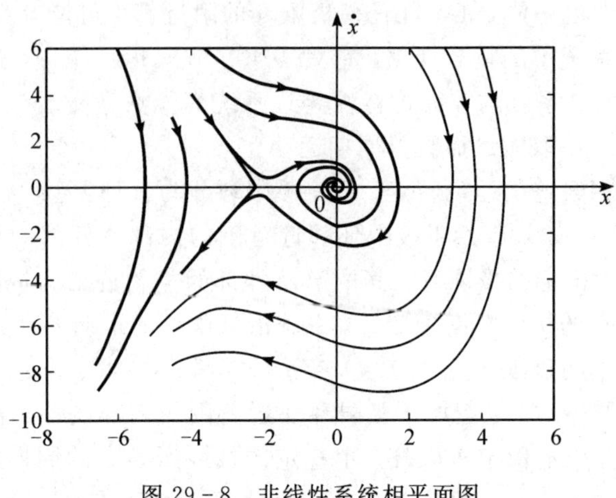

图 29－8　非线性系统相平面图

29.3　非线性系统相平面分析

例 29－6　机械系统中的库仑摩擦力。对于如图 29－9 所示的机械系统，分析其运动特性，其中质量 m 受到弹簧力和库仑摩擦力。绘制系统相平面图。

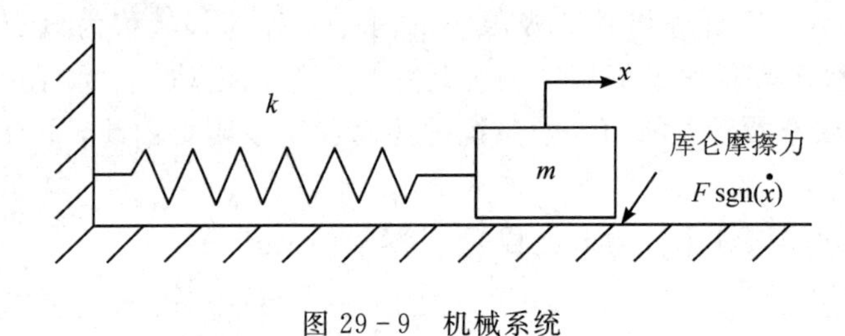

图 29－9　机械系统

解　系统方程为

$$\begin{cases} m\ddot{x}=-kx-F & (\dot{x}>0) \\ m\ddot{x}=-kx+F & (\dot{x}<0) \end{cases}$$

改写为

$$\begin{cases} \dot{x}\,\dfrac{\mathrm{d}\dot{x}}{\mathrm{d}x}=-\dfrac{k}{m}\left(x+\dfrac{F}{k}\right) & (\dot{x}>0) \\ \dot{x}\,\dfrac{\mathrm{d}\dot{x}}{\mathrm{d}x}=-\dfrac{k}{m}\left(x-\dfrac{F}{k}\right) & (\dot{x}<0) \end{cases}$$

积分并整理得

$$\begin{cases} \dfrac{\dot{x}^2}{C^2}+\dfrac{(x+F/k)^2}{(C\sqrt{m/k})^2}=1 & (\dot{x}>0) \\ \dfrac{\dot{x}^2}{C^2}+\dfrac{(x-F/k)^2}{(C\sqrt{m/k})^2}=1 & (\dot{x}<0) \end{cases}$$

其中，C 为积分常数。

由此可见，当 $\dot{x}>0$ 时，系统相轨迹是中心在$(-F/k,\ 0)$的一簇椭圆；而当 $\dot{x}<0$ 时，

其相轨迹是中心在$(F/k, 0)$的一簇椭圆，其相轨迹见图 29－10。由图可见，当质量沿相轨迹运动到 x 轴的$(-F/k, 0)$和$(F/k, 0)$之间时将停止运动，这是库仑摩擦力造成的运动死区。若初始点为 A 点，则相轨迹为 ABC，终止于 C 点。

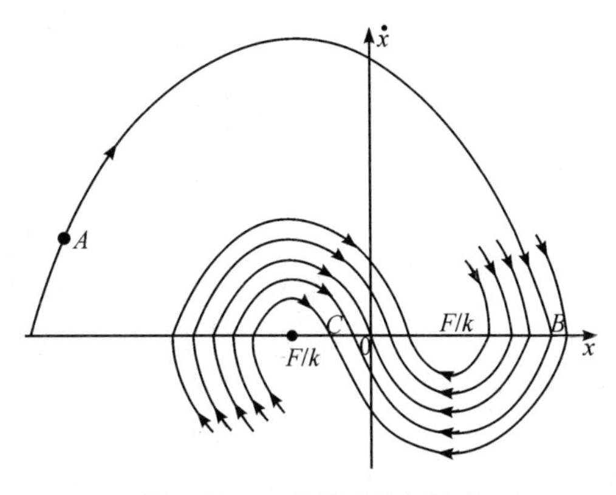

图 29－10　机械系统相轨迹

许多与信号有关的非线性控制系统由分区线性系统构成。所以对这类非线性系统可以按照非线性特性将相平面划分为几个区域，每个区域对应一个线性系统。分析每一个线性系统奇点的性质，并结合某种作图方法就可以绘制出该区域内的相轨迹。线性系统的奇点如果在线性系统对应的区域内，就称为实奇点，否则称为虚奇点。因为虚奇点对应的运动方程不适用于该虚奇点所在的区域，所以即使虚奇点是稳定的，运动也无法到达该虚奇点。

例 29－7　分段线性的角度随动系统。图 29－11(a)所示的是某角度随动系统的方块图，其中执行电机近似为一阶惯性环节，增益 $K_1(e)$是随信号大小变化的，大信号时的增益为 1，小信号时的增益为 $k(k<1)$，其特性如图 29－11(b)所示。分析输入为阶跃信号和斜坡信号时的系统运动情况。

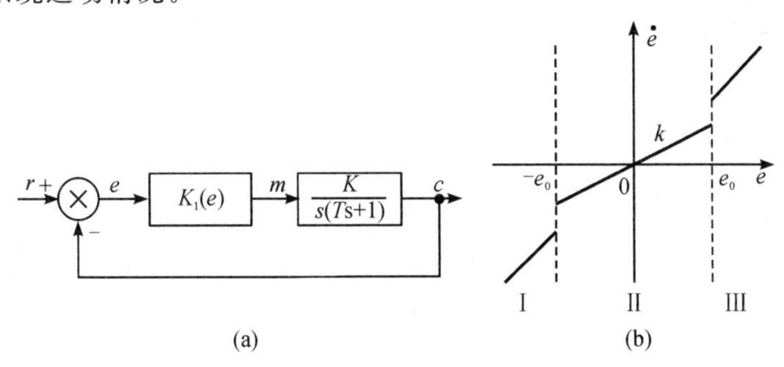

图 29－11　分段线性角度随动系统

解　线性部分的系统方程为

$$\frac{C(s)}{M(s)}=\frac{K}{s(Ts+1)}$$

由图 29－11(a)可得

$$E(s)=R(s)-C(s)=R(s)-\frac{K}{s(Ts+1)}M(s)$$

所以微分方程为

$$T\ddot{e}+\dot{e}=T\ddot{r}+\dot{r}-Km$$

由图 29－11(b)可得非线性特性的表达式为

$$m=\begin{cases} e & |e|>e_0 \\ ke & |e|<e_0 \end{cases}$$

由于 e 和 m 的关系分为 3 个线性段，在$|e|>e_0$ 时斜率均为 1，在$|e|<e_0$ 时斜率均为

k，所以尽管在相平面上有 3 区域(记为Ⅰ、Ⅱ和Ⅲ)，但系统只有两个不同的微分方程。

(1) 阶跃输入 $r(t)=1(t)$的情形。由于 $\dot{r}=0$，$\ddot{r}=0$，故有

$$\begin{cases} T\ddot{e}+\dot{e}+Ke=0 & \text{区域Ⅰ，Ⅲ} \\ T\ddot{e}+\dot{e}+kKe=0 & \text{区域Ⅱ} \end{cases}$$

奇点为 $e=0$，$\dot{e}=0$，即原点。所以对区域Ⅱ，它是实奇点；对区域Ⅰ和Ⅲ，它是虚奇点。通过选 K 和 T 值，使 $1-4kKT>0$，且使 $1-4KT<0$。不妨设

$$T=1,\ K=4,\ k=0.062,\ e_0=0.2$$

输入较大时，如$|e|>e_0$，运动在区域Ⅰ、Ⅱ，$1-4KT<0$，为欠阻尼，所以原点是稳定焦点；输入较小时，如$|e|<e_0$，运动方程在区域Ⅱ，$1-4kKT>0$，为过阻尼，故原点是稳定节点。其相轨迹如图 29-12 所示。

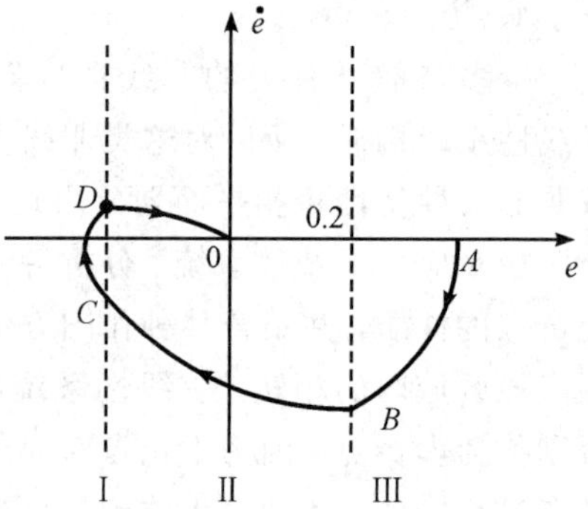

图 29-12　系统在阶跃输入下的相轨迹

A 点出发的运动以原点为稳定焦点，但到达边界的 B 点后，原点又变成了稳定节点。CD 段运动在区域Ⅰ。如此每经过边界时，都改变运动的性质，只有最后进入区域Ⅱ，沿 DO 段渐近收敛到原点。在这种情况下，调节过程可以加快。因为误差信号较大时，系统为欠阻尼，运动速度较快，所以使误差很快变小；而误差变小后，系统为过阻尼，可以避免振荡。

(2) 斜坡输入 $r(t)=R+Vt$ 的情形。由于 $\dot{r}=V$，$\ddot{r}=0$，故有

$$\begin{cases} T\ddot{e}+\dot{e}+Ke=V & (\text{区域Ⅰ，Ⅲ}) \\ T\ddot{e}+\dot{e}+kKe=V & (\text{区域Ⅱ}) \end{cases}$$

在区域Ⅱ，奇点为$(e,\dot{e})=(V/(kK),0)$，记 $P_2=V/(kK)$。在区域Ⅰ和Ⅲ，奇点为$(e,\dot{e})=(V/(kK),0)$，记 $P_1=V/K$。显然 $P_2>P_1$。参数设置同上，取

$$T=1,\ K=4,\ k=0.062,\ e_0=0.2$$

则有 $1-4kKT>0$，且 $1-4KT<0$。则 e 轴上的 P_2 点是稳定节点，P_1 点是稳定焦点。但它们的位置将与参数设定有关。下面分 3 种情况讨论。

(a) $V<kKe_0$：这时 $P_2=V/(kK)<e_0$，所以是实奇点；$P_1=V/K<ke_0<e_0$，所以是虚奇点。设 $r(t)=0.3+0.04t$，则

$$e(0)=r(0)-c(0)=0.3$$

$$\dot{e}(0)=\dot{r}(0)-\dot{c}(0)=0.04$$

$$P_2=\frac{V}{kK}=0.16$$

$$P_1=\frac{V}{K}=0.01$$

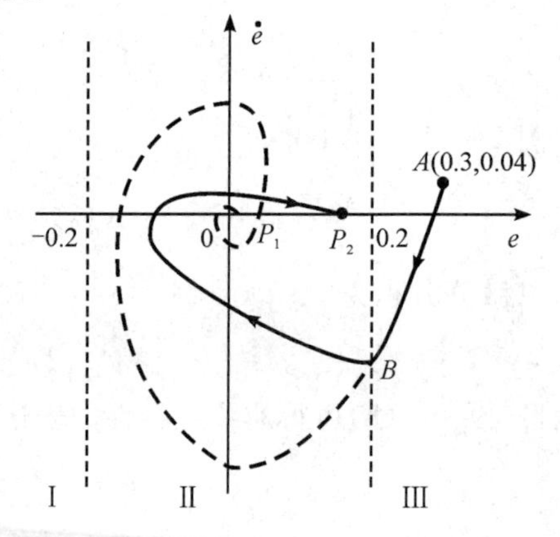

图 29-13　系统在斜坡输入(a)下的相轨迹

其相轨迹如图 29-13 所示。运动在到达边界进入区域Ⅱ后改变性质，P_2 代表稳定的实节点，

所以运动收敛到 P_2，因此稳态误差 $e_{ss}=P_2$。

(b) $kKe_0<V<Ke_0$：这时 $P_2=V/(kK)>e_0$，所以是虚奇点；$P_1=V/K<e_0$，所以也是虚奇点。设 $r(t)=0.4t$，则

$$e(0)=r(0)-c(0)=0,\quad \dot{e}(0)=\dot{r}(0)-\dot{c}(0)=0.4$$

$$P_2=\frac{V}{kK}=1.6,\quad P_1=\frac{V}{K}=0.1$$

其相轨迹如图 29-14 所示。因为两个奇点都是虚奇点，运动无法收敛到任何奇点，每到达边界便改变运动方程，最后将终止在边界处，因此稳态误差 $e_{ss}=e_0$。

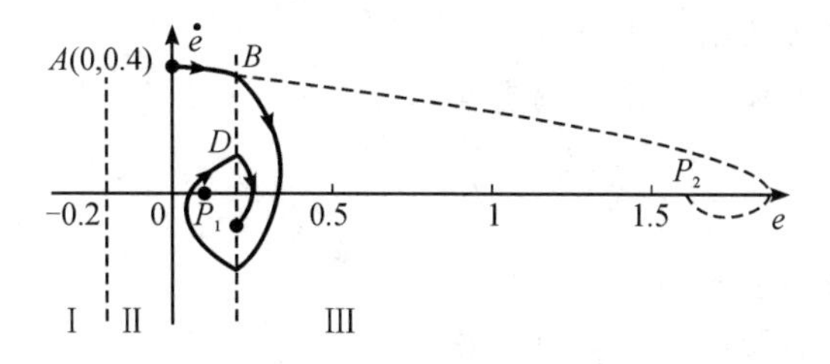

图 29-14　系统在斜坡输入(b)下的相轨迹

(c) $V>Ke_0$：这时 $P_2=V/(kK)>e_0$，是虚奇点；$P_1=V/K>e_0$，是实奇点。设 $r(t)=1.2t$，则

$$e(0)=r(0)-c(0)=0,\quad \dot{e}(0)=\dot{r}(0)-\dot{c}(0)=1.2$$

$$P_2=\frac{V}{kK}=4.8,\quad P_1=\frac{V}{K}=0.3$$

其相轨迹如图 29-15 所示。初始点 A 在区域Ⅱ内，所以系统便向 P_2 稳定节点运动，而一旦运动到边界，进入区域Ⅲ后，系统便向 P_1 稳定焦点运动，如此在 $e_0=0.2$ 线两边穿越，直至收敛到 P_1 点，因此稳态误差 $e_{ss}=P_1$。

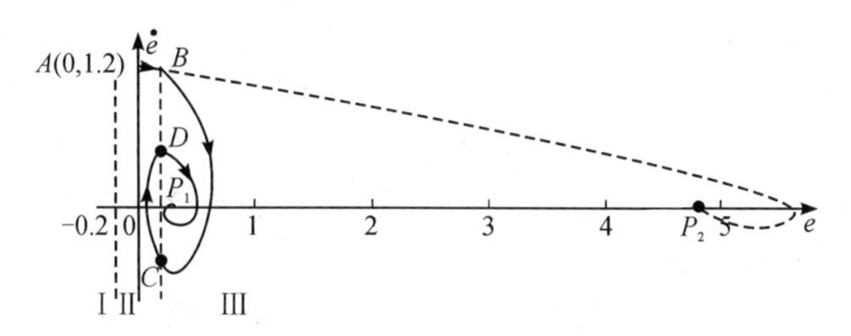

图 29-15　系统在斜坡输入(c)下的相轨迹

单元作业

试确定下述系统的奇点的类型，并画出相平面图。

$$\ddot{x}-(1-x^2)\dot{x}+x=0$$

第30讲　描述函数法

学习内容

(1) 描述函数的概念。

(2) 典型非线性环节的描述函数。

(3) 描述函数法分析非线性系统稳定性。

学习目标

(1) 掌握描述函数的基本概念。

(2) 熟练求取简单非线性环节描述函数。

(3) 掌握描述函数法分析非线性系统稳定性的原理。

(4) 熟练进行极限环稳定性分析。

(5) 熟练运用描述函数法进行非线性系统参数设计。

精讲视频

30.1　描述函数的概念

对于线性系统，当输入是正弦信号时，输出稳定后是相同频率的正弦信号，其幅值和相位随着频率的变化而变化，这就是利用频率特性分析系统的频域法的基础。对于非线性系统，当输入是正弦信号时，输出稳定后通常不是正弦信号，它可以分解成一系列正弦波的叠加，其基波频率与输入正弦的频率相同。

描述函数法的基本思想是，当系统满足一定的假设条件时，系统中非线性环节，在正弦信号作用下的输出可以用一次谐波分量来近似。由此导出非线性环节的近似等效频率特性，即描述函数。这时非线性系统就近似的等效为一个线性系统。可以应用线性系统理论中的频率法对系统进行频率分析。

设非线性环节 $y=f(x)$ 的正弦输入为 $x(t)=X\sin\omega t$，稳态输出 $y(t)$ 为非正弦的周期信号，可以展开成傅里叶级数：

$$y(t)=A_0+\sum_{n=1}^{\infty}(A_n\cos n\omega t+B_n\sin n\omega t)=A_0+\sum_{n=1}^{\infty}Y_n\sin(n\omega t+\varphi_n) \qquad (30-1)$$

式中，A_0 为直流分量，$A_0=\dfrac{1}{2\pi}\int_0^{2\pi}y(t)\mathrm{d}\omega t$。

$$\begin{aligned}&A_n=\frac{1}{\pi}\int_0^{2\pi}y(t)\cos n\omega t\,\mathrm{d}\omega t,\quad B_n=\frac{1}{\pi}\int_0^{2\pi}y(t)\sin n\omega t\,\mathrm{d}\omega t\\&Y_n=\sqrt{A_n^2+B_n^2},\quad \varphi_n=\arctan\frac{A_n}{B_n}\end{aligned} \qquad (30-2)$$

由于系统通常具有低通滤波特性，其他高次谐波各项系数比基波小，所以可以用基波分量近似系统的输出。假定非线性环节关于原点对称，则输出的直流分量等于零，即 $A_0=0$，则

$$y(t) \approx A_1\cos\omega t + B_1\sin\omega t = Y_1\sin(\omega t + \varphi_1) \tag{30-3}$$

上式表明，非线性环节可近似认为具有和线性环节类似的频率响应形式。为此，定义正弦输入信号下，非线性环节的稳态输出中一次谐波分量和输入信号的复数比为非线性环节的描述函数，用 N 表示，即

$$N = \frac{Y_1}{X}e^{j\varphi_1} = \frac{B_1 + jA_1}{X} \tag{30-4}$$

如果非线性环节中不包含储能机构(即非记忆)，即 N 的特性可以用代数方程(而不是微分方程)描述，则 Y_1 与频率无关。描述函数只是输入信号幅值 X 的函数，即 $N=N(X)$，而与 ω 无关。

例 30－1　求理想继电器特性的描述函数。

解　理想继电器特性在输入正弦信号 $x(t)=X\sin\omega t$ 时的输出响应如图 30－1 所示。

其输出数学表达式为

$$y(t) = \begin{cases} +M & (0 < \omega t \leqslant \pi) \\ -M & (\pi \leqslant \omega t \leqslant 2\pi) \end{cases} \tag{30-5}$$

显然 $y(t)$是斜对称的奇函数，由式(30－2)可求得

$$A_0 = A_1 = 0,$$

$$B_1 = \frac{1}{\pi}\int_0^{2\pi} y(t)\sin\omega t\,d\omega t = \frac{2}{\pi}\int_0^{\pi} M\sin\omega t\,d\omega t = \frac{4M}{\pi} \tag{30-6}$$

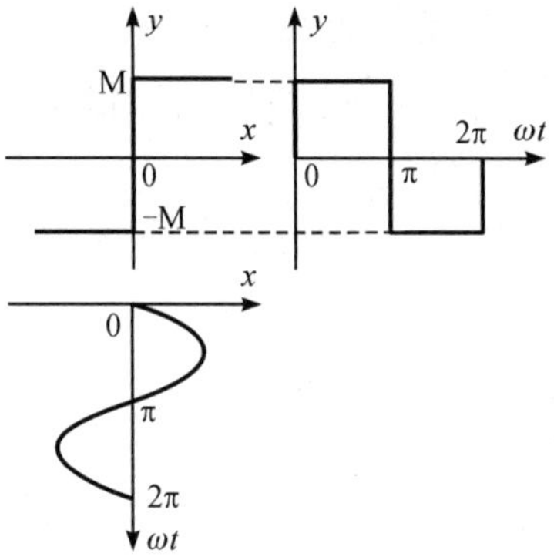

图 30－1　理想继电器正弦输出响应

则其描述函数为

$$N = \frac{Y_1}{X}\angle 0^\circ = \frac{4M}{\pi X} \tag{30-7}$$

非线性系统应用描述函数法分析需要满足以下特定条件：

(1) 非线性系统应可简化为一个非线性环节和一个线性部分闭环连接的典型结构形式，如图 30－2 所示。

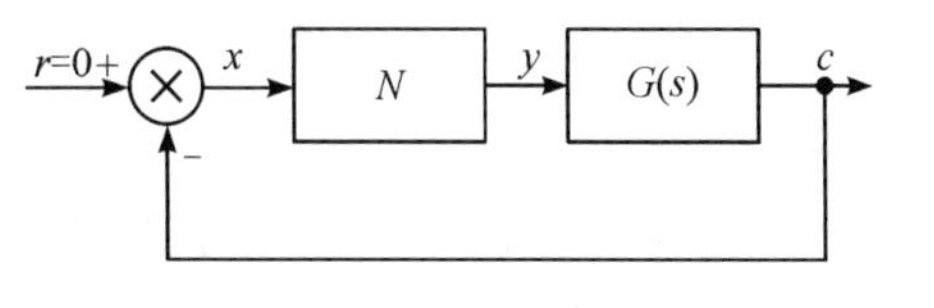

图 30－2　非线性系统典型结构形式

(2) 非线性环节输入输出特性 $y(x)$是奇函数，即 $f(-x)=-f(x)$，或者正弦输入下的输出为时间 t 的奇对称函数，即 $y(t+\pi/\omega)=-y(t)$，以保证非线性环节的正弦响应不包含直流分量 A_0。

(3) 系统的线性部分应具有较好的低通滤波性能。高次谐波分量在经过线性部分传递以后，由于低通滤波的作用，高次谐波分量将被大大削弱，因此闭环通道内近似地只有一次谐波分量流通，从而保证描述函数法的结果比较准确。

描述函数的物理意义：线性系统的频率特性反映正弦信号作用下，系统稳态输出与输入同频率的分量的幅值和相位相对于输入信号的变化；而非线性环节的描述函数则反映非线性系统正弦响应中一次谐波分量的幅值和相位相对于输入信号的变化。因此忽略高次谐波分量，仅考虑基波分量，非线性环节的描述函数表现为复数增益的放大器。

值得注意的是，线性系统的频率特性是输入正弦信号频率 ω 的函数，与正弦信号的幅值 X

无关，而由描述函数表示的非线性环节的近似频率特性则是输入正弦信号幅值 X 的函数，因而描述函数又表现为关于输入正弦信号的幅值 X 的复变增益放大器，这正是非线性环节的近似频率特性与线性系统频率特性的本质区别。当非线性环节的频率特性由描述函数近似表示后，就可以推广应用频率法分析非线性系统的运动性质，问题的关键是描述函数的计算。

30.2　典型非线性环节的描述函数

典型非线性环节一般具有分段线性的特点，描述函数的计算重点在于确定正弦响应曲线和对应的积分区间，一般采用图解方法计算。

1. 饱和特性

非线性环节饱和特性如图 30-3(a)所示。当输入为正弦信号时，其输出波形如图 30-3(b)所示。

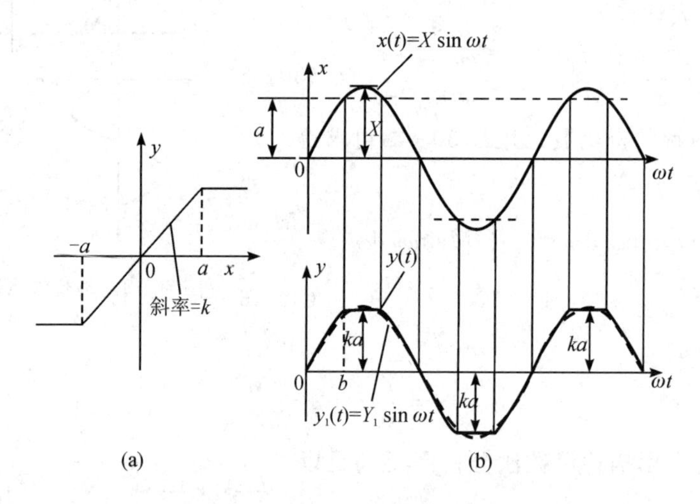

图 30-3　饱和特性及其正弦响应

根据输出波形，饱和非线性环节的输出由下式表示：

$$y(t)=\begin{cases} kX\sin\omega t & (\omega t<\beta) \\ ka & (\beta<\omega t<\pi-\beta) \\ kX\sin\omega t & (\pi-\beta<\omega t<\pi) \end{cases} \tag{30-8}$$

由式(30-2)可求得

$$\begin{aligned} & A_0=A_1=0, \\ & B_1=\frac{4}{\pi}\int_0^{\beta}kX\sin^2\omega t\,\mathrm{d}\omega t+\frac{4}{\pi}\int_{\beta}^{\pi/2}ka\sin\omega t\,\mathrm{d}\omega t \\ & \quad=\frac{4k}{\pi}\left[\frac{X\beta}{2}-\frac{X}{2}\sin\beta\cos\beta+a\cos\beta\right] \end{aligned} \tag{30-9}$$

因 $a=X\sin\beta$，将 $\beta=\arcsin a/X$，$\sin\beta=a/X$，$\cos\beta=\sqrt{1-(a/X)^2}$ 代入上式，可得

$$B_1=\frac{2kX}{\pi}\left[\arcsin\frac{a}{X}+\frac{a}{X}\sqrt{1-\left(\frac{a}{X}\right)^2}\right]$$

则有

$$N=\frac{Y_1}{X}\angle\varphi_1=\frac{2k}{\pi}\left[\arcsin\frac{a}{X}+\frac{a}{X}\sqrt{1-\left(\frac{a}{X}\right)^2}\right] \tag{30-10}$$

当输入 X 幅值较小，不超出线性区时，该环节是个比例系数为 k 的比例环节，所以饱和特性的描述函数为

$$N=\begin{cases}\frac{2k}{\pi}\left[\arcsin\frac{a}{X}+\frac{a}{X}\sqrt{1-\left(\frac{a}{X}\right)^2}\right] & (X>a)\\ k & (X\leqslant a)\end{cases} \tag{30-11}$$

由此可见，饱和特性的描述函数 N 与频率无关，它仅仅是输入信号振幅的函数。

2. 死区特性

非线性环节死区特性如图 30－4(a)所示。当输入为正弦信号时，其输出波形如图 30－4(b)所示。

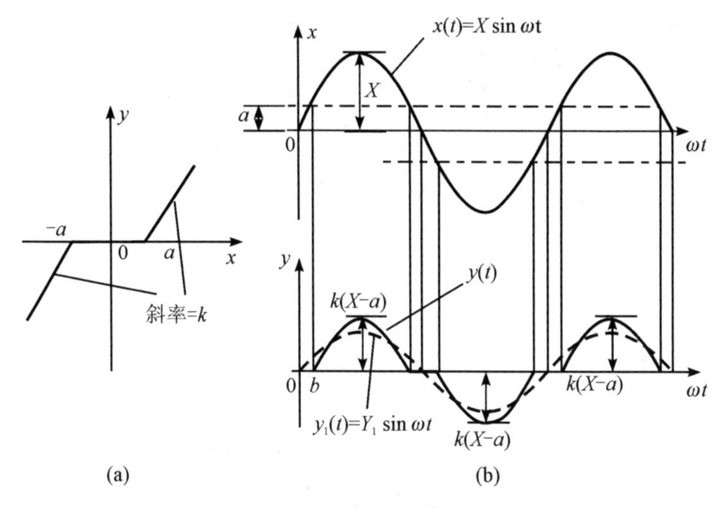

图 30－4　死区特性及其正弦响应

根据输出波形，饱和非线性环节的输出由下式表示：

$$y(t)=\begin{cases}0 & (\omega t<\beta)\\ k(X\sin\omega t-a) & (\beta<\omega t<\pi-\beta)\\ 0 & (\pi-\beta<\omega t<\pi)\end{cases} \tag{30-12}$$

由式(30－2)可求得

$$\begin{aligned}&A_0=A_1=0,\\ &B_1=\frac{4}{\pi}\int_{\beta}^{\frac{\pi}{2}}k(X\sin\omega t-a)\mathrm{d}\omega t\\ &\quad=\frac{4kX}{\pi}\left[\frac{\pi}{2}-\arcsin\frac{a}{X}-\frac{a}{X}\sqrt{1-\left(\frac{a}{X}\right)^2}\right]\end{aligned} \tag{30-13}$$

当输入 X 幅值小于死区 a 时，输出为零，因而描述函数 N 也为零，故死区特性描述函数为

$$N=\begin{cases}k-\frac{2k}{\pi}\left[\arcsin\frac{a}{X}+\frac{a}{X}\sqrt{1-\left(\frac{a}{X}\right)^2}\right] & (X>a)\\ 0 & (X\leqslant a)\end{cases} \tag{30-14}$$

3. 继电器特性

非线性环节继电器特性及输入为正弦信号时的输出波形如图 30-5 所示。

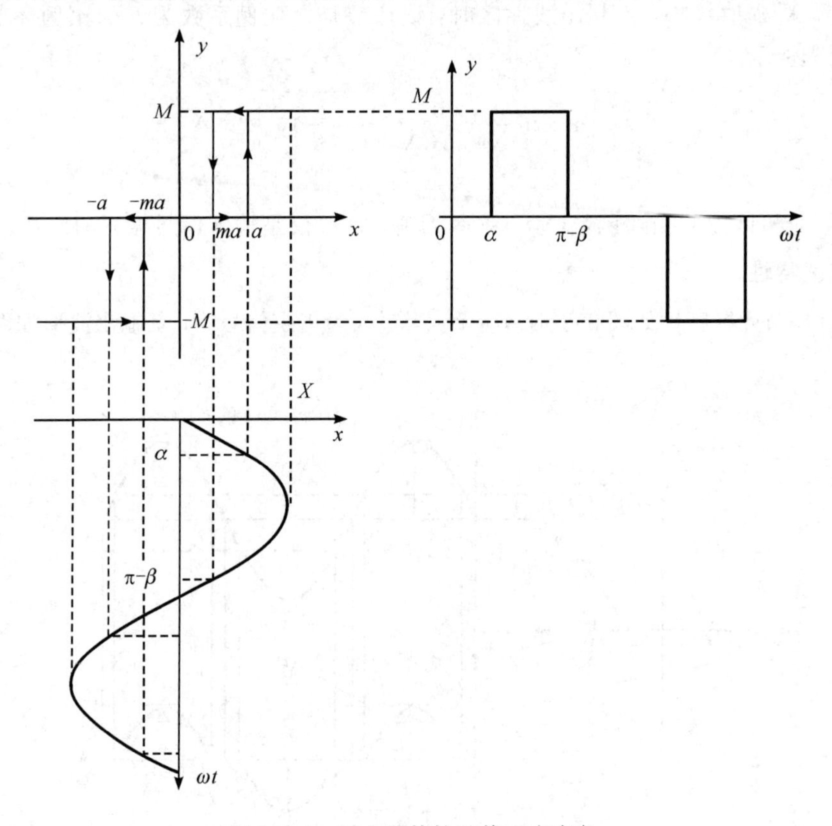

图 30-5　继电器特性及其正弦响应

根据输出波形，饱和非线性环节的输出由下式表示：

$$y(t)=\begin{cases}0 & (\omega t\leqslant\alpha)\\ M & (\alpha<\omega t\leqslant\pi-\beta)\\ 0 & (\pi-\beta<\omega t\leqslant\pi+\alpha)\\ -M & (\pi+\alpha<\omega t\leqslant 2\pi-\beta)\\ 0 & (2\pi-\beta<\omega t\leqslant 2\pi)\end{cases}\tag{30-15}$$

式中，$a=X\sin\alpha$，$ma=X\sin\beta$，$X\geqslant a$。由式(30-2)可求得

$$\begin{aligned}A_1&=\frac{2}{\pi}\int_{\alpha}^{\pi-\beta}M\cos\omega t\,\mathrm{d}\omega t=\frac{2aM}{\pi X}(m-1)\\ B_1&=\frac{2}{\pi}\int_{\alpha}^{\pi-\beta}M\sin\omega t\,\mathrm{d}\omega t=\frac{2M}{\pi}\left[\sqrt{1-\left(\frac{a}{X}\right)^2}+\sqrt{1-\left(\frac{ma}{X}\right)^2}\right]\end{aligned}\tag{30-16}$$

因此，继电器特性的描述函数为

$$N=\frac{2M}{\pi X}\left[\sqrt{1-\left(\frac{a}{X}\right)^2}+\sqrt{1-\left(\frac{ma}{X}\right)^2}\right]+\mathrm{j}\,\frac{2aM}{\pi X^2}(m-1)\quad(X\geqslant a)\tag{30-17}$$

取 $a=0$，得理想继电器特性的描述函数为

$$N=\frac{4M}{\pi X} \tag{30-18}$$

取 $m=1$，得死区继电器特性的描述函数为

$$N=\frac{4M}{\pi X}\sqrt{1-\left(\frac{a}{X}\right)^2}\quad (X\geqslant a) \tag{30-19}$$

取 $m=-1$，得滞环继电器特性的描述函数为

$$N=\frac{4M}{\pi X}\sqrt{1-\left(\frac{a}{X}\right)^2}-\mathrm{j}\,\frac{4aM}{\pi X^2}\quad (X\geqslant a) \tag{30-20}$$

30.3　描述函数法分析非线性系统稳定性

若非线性系统经过适当简化后，具有图 30-2 所示的一个非线性环节和一个线性部分闭环连接的典型结构形式，且非线性环节和线性部分满足描述函数法应用的条件，则非线性环节的描述函数可以等效成为一个具有复变增益的比例环节。于是非线性系统经过谐波线性化处理后，已经变成一个等效的线性系统，可以应用线性系统理论中的频率稳定判据分析非线性系统的稳定性。

对于图 30-2 所示的系统，当采用非线性环节的描述函数近似等效时，闭环系统的特征方程为

$$1+N(X)G(\mathrm{j}\omega)=0 \tag{30-21}$$

或者

$$G(\mathrm{j}\omega)=-\frac{1}{N(X)} \tag{30-22}$$

称 $-1/N(X)$ 为非线性环节的**负倒描述函数**，$-1/N(X)$ 曲线上箭头表示随 X 增大，$-1/N(X)$ 的变化方向。

对于线性系统，我们已经知道可以用奈氏判据来判断系统的稳定性。若系统开环稳定，则闭环稳定的充要条件是 $G(\mathrm{j}\omega)$ 轨迹不包围复平面的 $(-1, \mathrm{j}0)$ 点。在非线性系统中推广运用奈氏判据时，$(-1, \mathrm{j}0)$ 点扩展为 $-1/N(X)$ 曲线。例如，对于图 30-6(a)，系统线性部分的频率特性 $G(\mathrm{j}\omega)$ 没有包围非线性部分负倒描述函数 $-1/N(X)$ 的曲线，系统是稳定的；图 30-6(b) 系统 $G(\mathrm{j}\omega)$ 轨迹包围了 $-1/N(X)$ 的轨迹，系统不稳定。

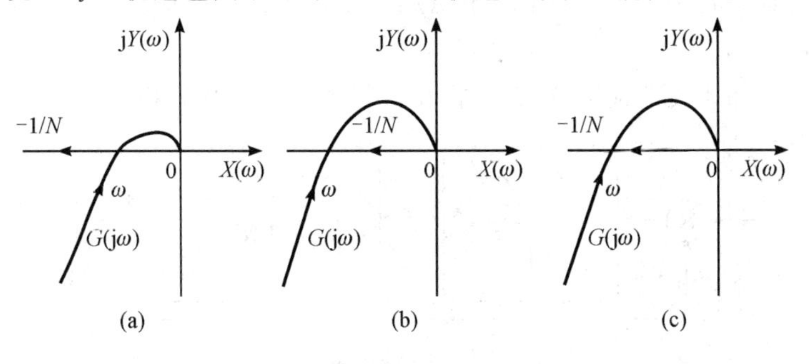

图 30-6　非线性系统奈氏稳定性判别

图 30-6(c)系统 $G(\mathrm{j}\omega)$轨迹与 $-1/N(X)$轨迹相交，式(30-22)成立，即有

$$
\begin{gathered}
|G(\mathrm{j}\omega)|=\left|\frac{1}{N(X)}\right|, \quad \angle G(\mathrm{j}\omega)=-\pi-\angle N(X) \\
\operatorname{Re}[G(\mathrm{j}\omega)N(X)]=-1, \quad \operatorname{Im}[G(\mathrm{j}\omega)N(X)]=0
\end{gathered} \tag{30-23}
$$

由上式可以解得交点处的频率 ω 和幅值 X。系统处于周期运动时，非线性环节的输入近似为等幅振荡 $x(t)=X\sin\omega t$，系统输出将出现自持振荡，存在极限环。即每一个交点，对应着一个周期运动的极限环。如果该周期运动能够维持，即在外界微小扰动作用下使得系统偏离该周期运动，而当扰动消失后，系统的运动仍能恢复原周期运动，则称为稳定的极限环。

例 30-2 已知非线性系统的 $G(\mathrm{j}\omega)$曲线与 $-1/N(X)$曲线如图 30-7 所示，试分析其稳定性。

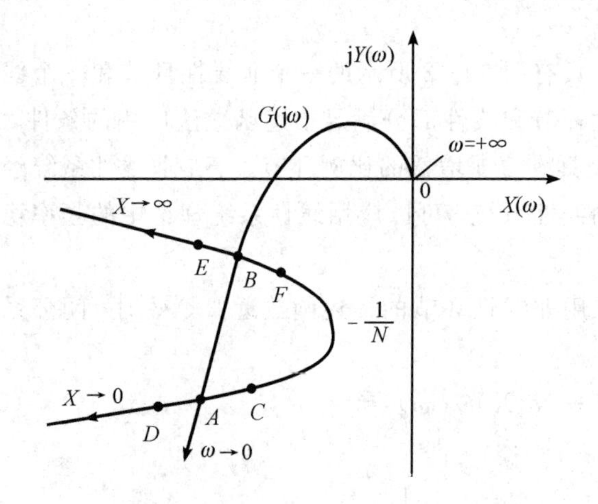

图 30-7 稳定极限环和不稳定极限环

精讲视频

解 如果系统工作在 A 点，当遇到扰动使工作点运动到 D 点附近，由于 $G(\mathrm{j}\omega)$曲线没有包围该点，系统稳定，其幅值 X 逐渐变小，越来越远离 A 点；当扰动使工作点离开 A 点到 C 点附近，由于 $G(\mathrm{j}\omega)$曲线包围了该点，系统不稳定，其幅值 X 逐渐变大，同样远离 A 点，向 F 点的方向运动，因此 A 点是不稳定的极限环。

如果系统工作在 B 点，当遇到扰动使工作点运动到 E 点附近，由于 $G(\mathrm{j}\omega)$曲线没有包围该点，系统稳定，其幅值 X 变小，工作点又回到了 B 点；当扰动使工作点运动到 F 点附近，由于 $G(\mathrm{j}\omega)$曲线包围了该点，系统不稳定，其幅值变大，同样回到 B 点，因此 B 点是稳定的极限环。

例 30-3 已知非线性系统结构如图 30-8 所示，试分析其稳定性。

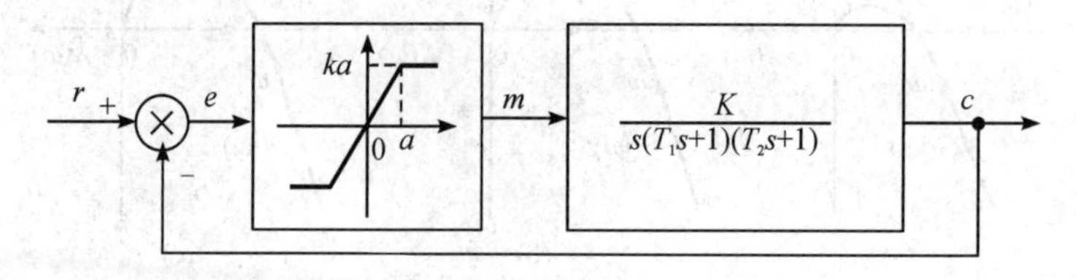

图 30-8 非线性系统结构

解　前面已推导出饱和非线性的描述函数为

$$N=\begin{cases}\dfrac{2k}{\pi}\left[\arcsin\dfrac{a}{X}+\dfrac{a}{X}\sqrt{1-\left(\dfrac{a}{X}\right)^2}\right] & (X>a)\\ k & (X\leqslant a)\end{cases}$$

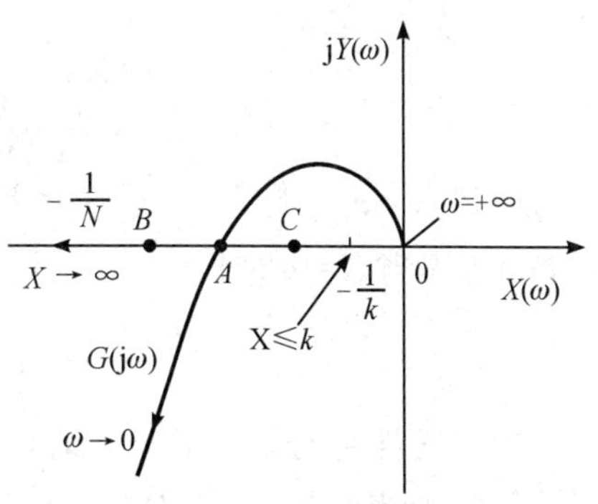

图 30-9　例 30-3 系统特性曲线

则当 $X\leqslant a$ 时，$-1/N=-1/k$；当 $X\to\infty$ 时，$-1/N=-\infty$。对于线性部分，当 $\omega\to 0$ 时，$G(\mathrm{j}\omega)=\infty\angle-90°$；当 $\omega\to\infty$时，$G(\mathrm{j}\omega)=0\angle-270°$奈氏曲线与负实轴有一交点，其坐标为$(-KT_1T_2/(T_1+T_2),\ \mathrm{j}0)$，交点频率为 $1/\sqrt{T_1T_2}$。本题饱和非线性描述函数的负倒特性曲线和线性部分频率特性的奈氏曲线如图 30-9 所示。

当线性部分放大倍数 K 充分大，使得 $KT_1T_2/(T_1+T_2)>1/k$ 时，$G(\mathrm{j}\omega)$与$-1/N(X)$曲线相交于 A 点，产生极限环。当扰动使得幅值 X 变大时，$-1/N(X)$上该点 A 移到交点左侧 B 点，使得 $G(\mathrm{j}\omega)$曲线不包围 B 点，系统稳定，于是其幅值 X 逐渐变小，又回到交点 A。当扰动使得幅值 X 变小时，A 点移到交点右侧 C 点，使得$G(\mathrm{j}\omega)$曲线包围 C 点，系统不稳定，于是其幅值 X 逐渐变大，同样回到交点 A。因此，该极限环为稳定极限环，其极限环的频率等于 A 点的频率 $1/\sqrt{T_1T_2}$，其极限环的幅值对应于$-1/N(X)$在 A 点的幅值。

无论是稳定极限环，还是不稳定极限环，都是控制系统所不希望的。对于上述系统，只要使线性部分放大倍数 K 小到使 $KT_1T_2/(T_1+T_2)<1/k$，则系统的 $G(\mathrm{j}\omega)$与$-1/N(X)$没有交点，就不会产生极限环。

用描述函数法设计非线性系统时，很重要的一条是避免线性部分的 $G(\mathrm{j}\omega)$轨迹和非线性部分$-1/N(X)$的轨迹相交，这可以通过改变非线性系统的参数或者增加校正装置的方式实现。

例 30-4　已知非线性系统结构如图 30-10 所示，其中参数 $M=3$，$a=1$。试分析其稳定性，若存在极限环，如何消除？

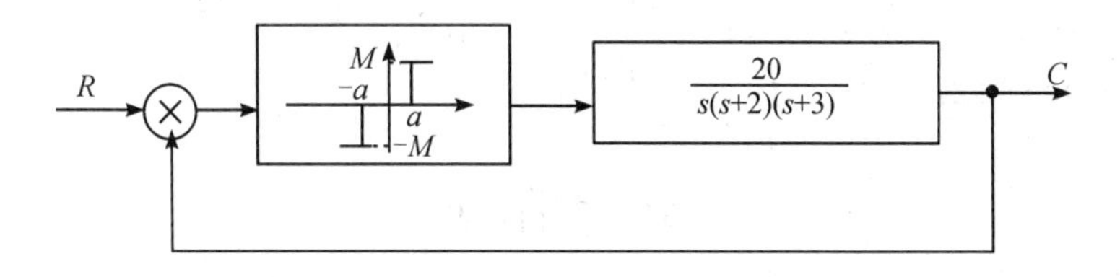

图 30-10　非线性系统结构

解　前面已推导出死区继电器非线性的描述函数为

$$N=\frac{4M}{\pi X}\sqrt{1-\left(\frac{a}{X}\right)^2},\quad (X\geqslant a)$$

则其负倒描述函数为

$$-\frac{1}{N(X)}=\frac{-\pi X}{4M\sqrt{1-\left(\frac{a}{X}\right)^{2}}}=\frac{-\pi X}{12\sqrt{1-\left(\frac{1}{X}\right)^{2}}}$$

显然当 $X=1$ 和 $X\to\infty$ 时，$-1/N(X)\to-\infty$。该负倒函数为 X 的二次函数，存在极值，可求得当 $X=\sqrt{2}$ 时，

$$-\frac{1}{N(X)}\bigg|_{\max}=-\frac{\pi a}{2M}=-\frac{\pi}{6}$$

对于线性部分，当 $\omega\to0$ 时，$G(j\omega)=\infty\angle-90°$；当 $\omega\to\infty$ 时，$G(j\omega)=0\angle-270°$ 奈氏曲线与负实轴有一交点，交点坐标为 $(-2/3, j0)$，交点频率为 $\sqrt{6}$。本题死区继电器非线性描述函数的负倒特性曲线和线性部分频率特性的奈氏曲线如图 30-11 所示。

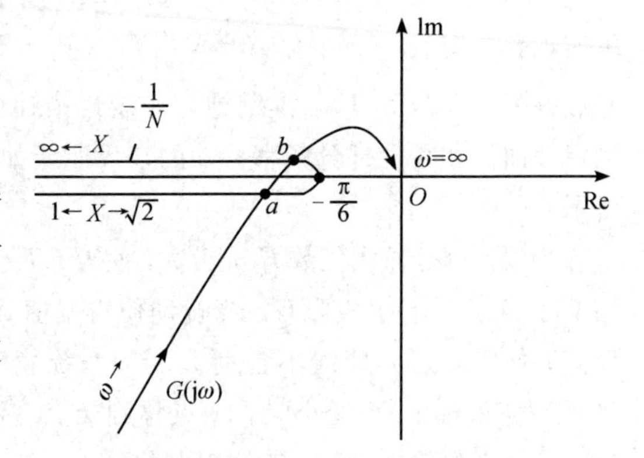

图 30-11　例 30-4 系统特性曲线

显然，$G(j\omega)$ 与 $-1/N(X)$ 曲线有两个交点 a，b，会产生极限环。由

$$-\frac{1}{N(X)}=\frac{-\pi X}{12\sqrt{1-\left(\frac{1}{X}\right)^{2}}}=-\frac{2}{3}$$

求得极限环对应的幅值分别为 $X_a=1.11$，$X_b=2.3$，频率都是 $\omega=\sqrt{6}$。

思考题　$G(j\omega)$ 与 $-1/N(X)$ 曲线有两个交点 a，b，这两个交点的坐标分别是多少？这两个交点对应的极限环，哪个是稳定的？

若要消除上述极限环，则要避免线性部分的 $G(j\omega)$ 轨迹和非线性部分的 $-1/N(X)$ 轨迹相交，可以通过减小线性部分的增益 K 或者调整死区继电器的参数实现。由 $-KT_1T_2/(T_1+T_2)>-\pi/6$，可求得 $K<15.72$。或者由

$$-\frac{1}{N(X)}\bigg|_{\max}=-\frac{\pi a}{2M}<-\frac{2}{3}$$

求得 $M/a<2.36$，可取 $a=1$，$M=2$。

单元作业

试用描述函数法分析图 30-12 所示系统的稳定性。

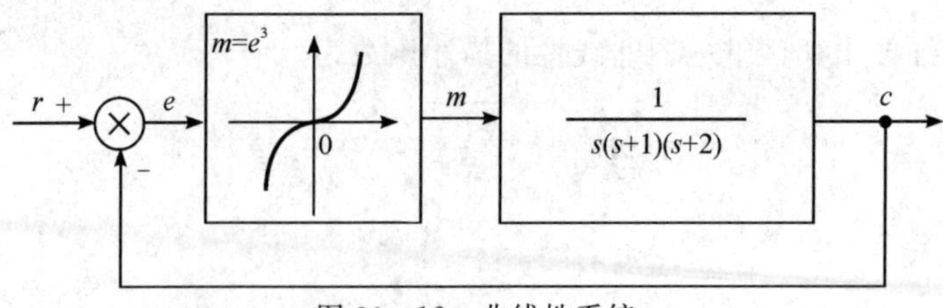

图 30-12　非线性系统

附录　常用函数的拉氏变换和 z 变换对照表

$f(t)$	$F(s)$	$F(z)$
$\delta(t)$	1	1
$\delta(t-kT)$	e^{-kTs}	z^{-k}
$1(t)$	$\frac{1}{s}$	$\frac{z}{z-1}$
t	$\frac{1}{s^2}$	$\frac{zT}{(z-1)^2}$
$\frac{1}{2}t^2$	$\frac{1}{s^3}$	$\frac{z(z+1)T^2}{2(z-1)^3}$
e^{-at}	$\frac{1}{s+a}$	$\frac{z}{z-e^{-aT}}$
te^{-at}	$\frac{1}{(s+a)^2}$	$\frac{zTe^{-aT}}{(z-e^{-aT})^2}$
$a^{t/T}$	$\frac{1}{s-(1/T)\ln a}$	$\frac{z}{z-a}(a>0)$
$1-e^{-at}$	$\frac{a}{s(s+a)}$	$\frac{z(1-e^{-aT})}{(z-1)(z-e^{-aT})}$
$e^{-at}-e^{-bt}$	$\frac{b-a}{(s+a)(s+b)}$	$\frac{z(e^{-aT}-e^{-bT})}{(z-e^{-aT})(z-e^{-bT})}$
$\sin\omega t$	$\frac{\omega}{s^2+\omega^2}$	$\frac{z\sin\omega T}{z^2-2z\cos\omega T+1}$
$\cos\omega t$	$\frac{s}{s^2+\omega^2}$	$\frac{z^2-z\cos\omega T}{z^2-2z\cos\omega T+1}$
$e^{-at}\sin\omega t$	$\frac{\omega}{(s+a)^2+\omega^2}$	$\frac{ze^{-aT}\sin\omega T}{z^2-2ze^{-aT}\cos\omega T+e^{-2aT}}$
$e^{-at}\cos\omega t$	$\frac{s+a}{(s+a)^2+\omega^2}$	$\frac{z(z-e^{-aT}\cos\omega T)}{z^2-2ze^{-aT}\cos\omega T+e^{-2aT}}$

参考文献

[1] 薛安克，彭冬亮，陈雪亭. 自动控制原理. 3版. 西安：西安电子科技大学出版社，2015.
[2] 胡寿松. 自动控制原理. 7版. 北京：科学出版社，2019.
[3] 王建辉，顾树生. 自动控制原理. 2版. 北京：清华大学出版社，2014.
[4] 孙亮. 自动控制原理. 3版. 北京：高等教育出版社，2011.
[5] 刘胜. 自动控制原理. 3版. 武汉：华中科技大学出版社，2021.
[6] 侍洪波，杨文，曹萃文，等. 自动控制原理. 北京：化学工业出版社，2021.
[7] 李国勇，李虹. 自动控制原理. 3版. 北京：电子工业出版社，2017.